普通高等院校应用型人才培养“十四五”系列教材

网络工程设计与实践项目化教程（第三版）

杨建清　何小平　詹贤平◎主　编
李秀娟　唐　超　李　俊　江志晃◎副主编

中国铁道出版社有限公司
CHINA RAILWAY PUBLISHING HOUSE CO., LTD.

内 容 简 介

在当今数智化时代，网络已成为人们学习、工作和生活的一部分，几乎所有企业都会接入互联网。本书正是通过实际案例讲解如何构建和维护中小企业网络。

本书共五个项目，即中小企业网络需求分析、企业网络逻辑设计、企业网络物理设计、企业网络施工、企业网络测试验收试运行，完全按照网络工程项目实践的实际工作流程编写，并融入项目管理思想。每个项目包括项目综述、学习目标、项目流程、项目任务和知识链接等内容，将理论融入项目实践中，使读者能够较快掌握企业网络工程设计的理论知识，提高网络设计的实际操作能力。

本书适合作为高等院校计算机网络专业的教材，也可作为企业网络工程设计人员的培训教材和计算机爱好者的自学参考书。

图书在版编目（CIP）数据

网络工程设计与实践项目化教程 / 杨建清，何小平，詹贤平主编. -- 3 版. -- 北京 ：中国铁道出版社有限公司，2025. 8. --（普通高等院校应用型人才培养“十四五”系列教材）. -- ISBN 978-7-113-32251-9

Ⅰ. TP393

中国国家版本馆 CIP 数据核字第 2025G3M105 号

书　　名：**网络工程设计与实践项目化教程**

作　　者：杨建清　何小平　詹贤平

策　　划：唐　旭　贾　星　　　　编辑部电话：（010）63549501

责任编辑：贾　星　贾淑媛

封面设计：刘　颖

责任校对：安海燕

责任印制：赵星辰

出版发行：中国铁道出版社有限公司（100054，北京市西城区右安门西街 8 号）

网　　址：https://www.tdpress.com/51eds

印　　刷：东港股份有限公司

版　　次：2016 年 8 月第 1 版　2025 年 8 月第 3 版　2025 年 8 月第 1 次印刷

开　　本：787 mm × 1 092 mm 1/16　印张：17.75　字数：409 千

书　　号：ISBN 978-7-113-32251-9

定　　价：55.00 元

前言

近年来，随着信息技术的不断发展，企业的网络技术也在不断升级。党的二十大报告提出："坚持把发展经济的着力点放在实体经济上，推进新型工业化，加快建设制造强国、质量强国、航天强国、交通强国、网络强国、数字中国。"建设网络强国已成为我国的重大战略决策之一，而要建设网络强国，则需要培养大量的网络技术人才。

本书以培养适应社会需要的网络应用型人才为出发点，以工作过程教学思想为指导，采用项目导向、任务驱动方式编写，以构建一个中小型企业局域网为主线，循序渐进地导入计算机网络的各项知识，把每个项目中的重点、难点融入项目案例中加以解决，培养学生应用计算机网络相关理论知识解决实际问题的能力。

全书共分五个项目：中小企业网络需求分析、企业网络逻辑设计、企业网络物理设计、企业网络施工、企业网络测试验收试运行。课后练习作为训练项目，实现学习、模拟和行动实践，真正提升学生实际工作能力。

本书在前两版的基础上重新修订，采用华为技术有限公司的网络设备，根据网络建设的需求，在核心层、汇聚层和接入层选用不同级别的设备，并通过华为的 eSight 运维管理系统对网络设备进行管理，为读者提供全系列设备配置方法和管理运维方法，有效帮助读者进行项目实践。同时，对第二版中存在的不足进行了修订。

本书由杨建清、何小平、詹贤平任主编，李秀娟、唐超、李俊、江志晃任副主编，王俊波、武金龙、肖东升等参与编写。

本书为广东培正学院课程建设的成果。华为技术有限公司、云宏信息科技股份有限公司等对本书的编写给予了大力的支持和帮助，在此表示衷心的感谢。

限于编者水平，书中难免有不妥之处，望同行和读者批评指正。

编　者

2024 年 12 月

案例说明

本书通过实际的案例讲解如何构建和维护中小企业网络，以构建中小企业网络（富源服饰有限责任公司）的工作流程为次序，按照工程流程描述如何构建中小企业网络，主要流程如下：

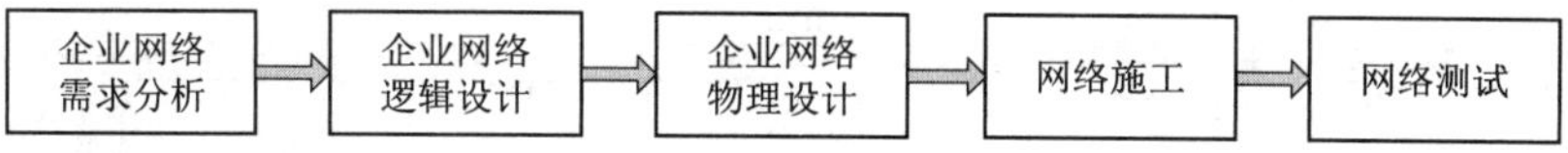

1. 运用企业网的依据

企业平面布局图如图1所示。

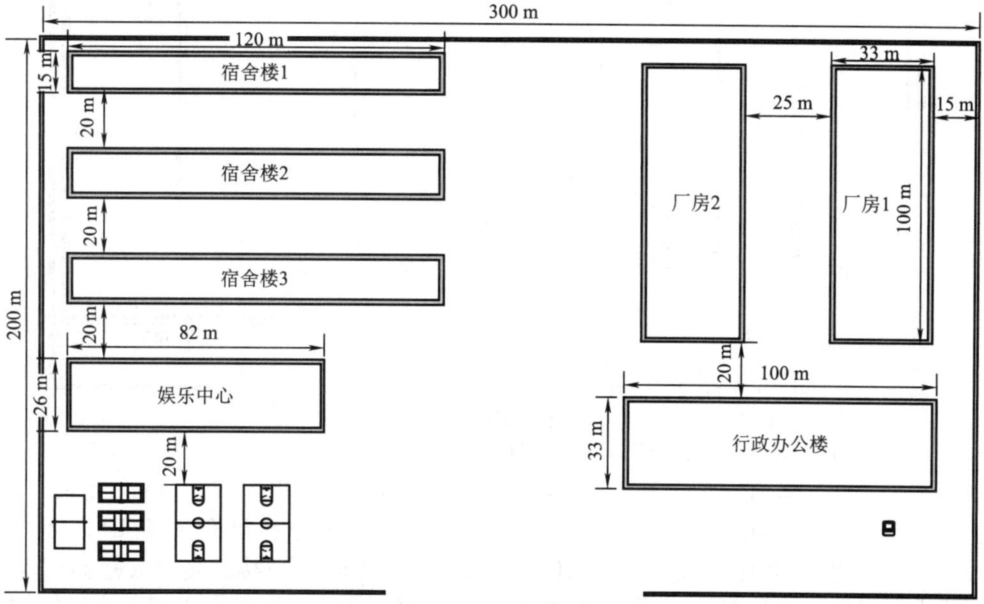

图1　企业平面布局图

企业占地范围长300 m左右，宽200 m左右，内设职工宿舍楼、行政办公楼、娱乐中心、厂房、运动场等。

企业具体的建筑物有6栋，其中：

行政办公楼是4层建筑（楼高15 m，长100 m，宽33 m），内设6个部门，分别是财务部、市场部、研发部、外联部、行政部、生产部，另外设置3个会议室。

厂房共2栋，为厂房1和厂房2，均是4层建筑（楼高15 m，长100 m，宽33 m）。

职工宿舍楼共3栋，分别为宿舍楼1、宿舍楼2和宿舍楼3，每栋均是6层建筑（楼高21 m，长120 m，宽15 m，其中楼层1为开放环境，没有设置房间，设置乒乓球台，每层60个房间共300个房间）。

娱乐中心是4层建筑（楼高15 m，长82 m，宽26 m），其中有饮食中心、卡拉OK室、大礼堂、小商场、网吧等设施。

2. 运用到的技术和重点

为完成企业网络的组建,本书运用需求分析方法编写用户需求说明书;运用网络设计技术对企业网络进行逻辑设计和物理设计;运用网络施工技术对网络进行综合布线设计与实施;运用网络配置技术对网络设备进行选型与配置;运用测试技术对网络进行整体测试;最后编写和整理网络技术文档,形成具体材料与数据。其中,网络需求分析、网络逻辑设计、网络物理设计、网络配置是本书的重点技术。

3. 运用到的扩展作业企业

本书运用到的扩展作业企业为汇源服饰厂,其厂房平面图如图 2 所示。

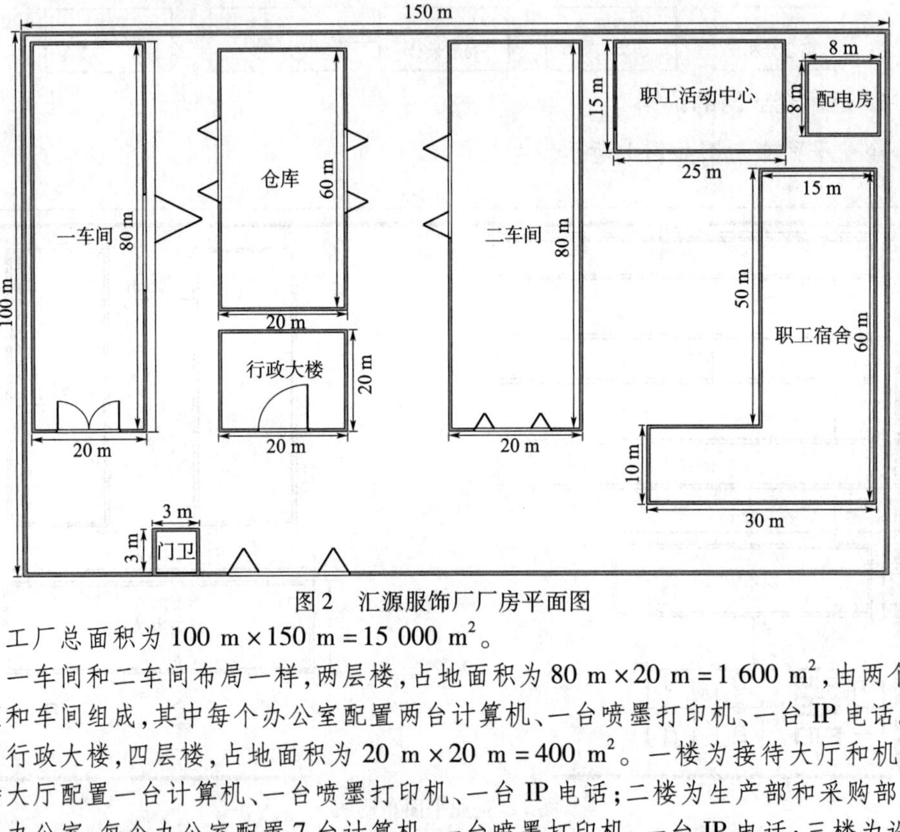

图 2　汇源服饰厂厂房平面图

工厂总面积为 100 m×150 m = 15 000 m^2。

一车间和二车间布局一样,两层楼,占地面积为 80 m×20 m = 1 600 m^2,由两个办公室和车间组成,其中每个办公室配置两台计算机、一台喷墨打印机、一台 IP 电话。

行政大楼,四层楼,占地面积为 20 m×20 m = 400 m^2。一楼为接待大厅和机房,接待大厅配置一台计算机、一台喷墨打印机、一台 IP 电话;二楼为生产部和采购部,有两个办公室,每个办公室配置 7 台计算机、一台喷墨打印机、一台 IP 电话;三楼为设计部,配置一台图形工作站、5 台计算机、一台喷墨打印机、一台激光打印机、一台绘图仪、两台 IP 电话;四楼为财务部、管理部、总经理办公室,有 3 个办公室,每个办公室配置 5 台计算机、两台打印机、两台 IP 电话。

仓库,一层楼,占地面积为 60 m×20 m = 1 200 m^2,有一个办公室和仓库,办公室配置 3 台计算机、两台喷墨打印机。

职工活动中心,三层楼。占地面积为 15 m×25 m = 375 m^2。一楼为运动中心;二楼为网络娱乐中心,配置 100 台计算机,全部采用无盘系统,一台服务器、一台 IP 电话;三楼为图书馆,配置一台计算机、一台 IP 电话。

职工宿舍,5 层楼,占地面积为 60 m×15 m + 15 m×10 m = 1 050 m^2,每层有 15 个房间。

门卫室,占地面积 3 m×3 m = 9 m^2,配置一台计算机和一台 IP 电话。

配电房占地面积 8 m×8 m = 64 m^2。

目 录

项目一

中小企业网络需求分析

项目综述

根据企业网络的物理结构和用户需求的具体情况，明确企业对网络的具体需求，通过设计企业网络需求调研问卷，调研企业的具体网络应用需求、性能需求、安全需求，并撰写企业网络需求说明书。

学习目标

（1）能够对企业的网络状况进行分析，设计需求分析调研问卷。

（2）能够对企业的需求分析进行具体调研和总结，形成需求分析文档。

（3）具有与他人合作及沟通的能力。

项目流程

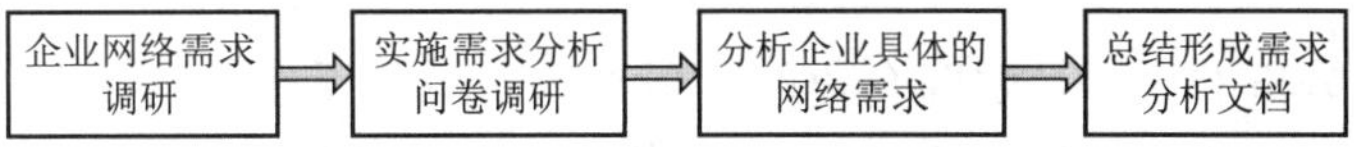

任务一　实施网络需求调研

任务描述

网络建设的根本目的是满足企业信息技术的应用需求。在用户需求分析中，首先就是确定组建网络目标，调研用户需求正是为了真正了解企业网络建设的目的。用户需求调研的方法有多种，例如会谈纪要法、关键人物接触法、用户访谈法、问卷调研法等。一般在用户需求分析过程中，这几种方法要综合起来使用，本次任务根据企业的实际情况进行网络需求具体调研。

任务目标

（1）通过小组分工或组建任务组的形式完成任务，使学生能在教师的指导下完成需求分析调研工作。

（2）掌握网络工程工作流程和网络需求分析的基本方法。

（3）培养学生与人沟通、组织、协调和文字编辑与处理的能力。

任务实施

一、调研企业网络现状

对企业物理环境、企业从事的行业、企业用户情况和企业的性质进行分析，初步确定企业网络的基本需求方向，对后继的网络需求分析奠定基础。

1. 分析企业物理环境

企业的物理环境对网络设计非常重要，关系到以后物理设计的综合布线各子系统设计、逻辑网段划分等重要设计，所以到企业实地调研非常重要。

实地到企业调研，观察企业的物理环境，确定企业的占地面积，长、宽各多少米；确定楼栋分布情况，楼栋之间的距离，每栋楼的具体占地面积、长宽比例、楼层高度、功能以及房间（或者隔断的功能区）数目等参数；确定企业内道路走向、通信和电力线缆走向。确定以上参数后绘制企业物理平面结构图，制作楼栋参数的统计表。

2. 分析企业用户群

对一个网络项目进行需求分析时，需要了解用户群的需求，确定需要调研哪些用户、哪些用户具有代表性。初步调研就是要了解企业用户的职业岗位群，确定调研用户群对象。经过对企业用户初步分析后，总结用户对象，对用户群分类，编写用户群类别表。

二、企业业务需求调研

业务需求分析的目标是明确企业的业务类型、应用系统软件种类，以及它们对网络功能指标（如带宽、服务质量）的要求。业务需求是企业建网中的首要环节，是进行网络规划与设计的基本依据。哪种业务就建哪种网络，缺乏企业业务需求分析的网络规划是盲目的，会为网络建设埋下各种隐患。企业需求调查应从如下几个方面收集信息，并作好记录。

1. 主要相关人员

一个公司的组织结构图将有助于区分主要相关人员和主要相关群体。当收集需求时，应该从组织结构图的顶层开始，逐次向下收集。一般而言，将与下列两种主要相关人员打交道：

- 信息提供者：负责解释业务策略、长期计划和其他常见的业务需求。
- 决策者：负责批示网络设计或决定投资规模。

有时候主要信息提供者同时又是决策者，但一般来说这两者是分开的，从一部分人那里收集信息和需求，而由另外一部分人进行资料报批和审批。

在收集需求信息之前，应该和项目负责人及主要技术人员建立良好交流。在交流过程中，应该了解具体网络设计人员分工，而后，通过常用通信方式（电话、微信、E－mail、QQ 等）建立交流平台，保持联系，随时让项目负责人及主要技术人员了解工程进展进度和方向。

2. 确定关键时间点

项目的时间限制是完工的最后期限，必须制订严格的项目实施计划，确定各阶段时间和关键时间点。在计划确定之后形成项目建设日程表。

3. 确定企业的投资规模

建立和维护网络费用是网络设计的主要限制因素之一。至少有一个主要相关人员，如管理信息服务机构（MIS）的主管或公司总裁，来决定该项目所能使用的总费用。投资是管理方面的问题，公司管理层必须密切关注网络设计过程和进展情况。向项目负责人申报经费预算问题时，应该同时考虑一次性费用和非一次性费用。表 1－1 所示的费用清单中列出了各种耗资项目，这些项目在网络设计、施工和维护工作中必须给予考虑。

表 1－1　费用清单

投资项目	投资子项	投资性质
核心网络	核心网络设备	一次性投资
	核心主机设备	一次性投资
	核心存储设备	一次性投资
汇聚网络	汇聚网络设备	一次性投资
接入网络	接入网络设备	一次性投资
综合布线	综合布线	一次性投资
机房建设	机房装修	一次性投资
	UPS	一次性投资
	防雷	一次性投资
	消防	一次性投资
	监控	一次性投资
平台软件	数据库管理软件	一次性投资
	应用服务器软件	一次性投资
	门户软件	一次性投资
软件开发	应用软件产品购置	一次性投资
运营维护费用	通信线路费	周期性投资
	设备维护费	周期性投资
	材料消耗费	周期性投资
	人员消耗费	周期性投资
不可预见费用		一次性投资

4. 确定业务活动

业务主要分为工作业务和非工作业务。工作业务要求网络具备良好的安全性、可靠性、可用性、稳定性；非工作业务要求网络满足高带宽、多并发用户、高稳定性。主要是通过业务类型的分析确定业务活动，形成各类业务对网络的要求，主要包括最大用户数、并发用户数、峰值带宽、正常带宽等参数。

5. 预测增长率

预测增长率主要从以下几个方面考虑：

- 企业分支机构的增长率。
- 网络覆盖区域的增长率。
- 用户的增长率。
- 应用增长率。
- 通信带宽的增长率。
- 存储信息的增长率。

预测增长率的方法有两种：一种方法是采用统计分析法，根据该网络的前若干年的统计数据，预测未来几年的增长率；另一种方法是模型匹配法，根据不同的行业、领域建立各种增长率模型，根据经验预测未来几年的增长率。

6. 确定网络的可靠性和可用性

网络的可靠性和可用性非常重要，这些指标会影响网络设计思路。常规情况，系统是进行 7 天 ×8 小时连续运行，从硬件和软件两方面来保证系统的高可靠性。硬件可靠性主要通过设备冗余、通信线路冗余和电源冗余实现。软件可靠性充分考虑异常情况的处理，具有强的容错能力、错误恢复能力、错误记录及预警能力，并给用户以提示。

7. 确定网络安全性

网络安全性需求，主要从不同用户对网络安全的需求，以及企业对信息的保密程度确定。应从企业的信息点分布和信息分类出发，根据分类信息的涉密性质、敏感程度、传输与存储、访问控制等安全要求确定企业网络安全性。

8. 创建 Web 站点

Web 站点可以自建或者托管服务提供商。企业内部创建自己的内部 Web 站点供企业员工访问，便于企业内部信息宣传和展开工作。另外，创建对外的 Web 站点，主要用于宣传企业的形象、理念和产品。

9. 确定远程访问

富源服饰有限责任公司属于服装生产类企业，其产品主要销往国内，也有订单出口业务，在全国不同的区域设有办事处，需要信息沟通和数据传输。由于企业在全国范围内设有办事处，还有订单出口业务，可以通过 VPN 方式进行远程访问。

三、撰写企业网络调研报告

撰写企业调研报告的目的是为下一步的网络问卷调研做准备，为进一步网络需求分析奠定基础。要根据企业的实际情况撰写网络需求分析问卷调研表。

1. 企业网络调研报告的格式

调研报告一般由标题和正文两部分组成。

（1）标题：标题可以采用规范化的标题格式，基本格式为“××关于××××的调研报告”、“关于××××的调研报告”和“××××调研”等。

（2）正文：正文一般分前言、主体、结尾三部分。

- 前言：写明调研的起因或目的、时间和地点、对象或范围、经过与方法，以及人员组成等调研本身的情况，从中引出中心问题或基本结论。
- 主体：这是调研报告最主要的部分，这部分详述调查研究的基本情况、做法、经验，以及分析调查研究所得材料中得出的各种具体认识、观点和基本结论。
- 结尾：结尾的写法也比较多，可以提出解决问题的方法、对策或下一步改进工作的建议。

2. 撰写企业网络调研报告

关于富源服饰有限责任公司网络状况的调研报告

本次调研的主要目的：了解富源服饰责任有限公司的网络业务、企业建筑布局、占地面积、长宽比例；确定楼栋分布情况、楼栋之间的距离、每栋楼的具体占地面积、长宽比例、楼层高度、功能，以及房间（或者隔断功能区）数目等参数；确定企业内道路走向、通信和电力线缆走向等。本次调研接触到该公司的经理，了解公司各部门的基本情况、员工情况，参观了整个企业，测量了各建筑物及建筑物之间布局的参数。本次调研参加人员有本项目组负责人××和××等。

1）富源服饰有限责任公司企业的物理布局和功能

在该公司领导的大力支持下，完成了对该公司的初步调研工作，该公司具体的建筑情况和功能如下：

（1）企业占地范围长在300 m左右，宽200 m左右，内设职工宿舍楼、行政办公楼、休闲中心、厂房、运动场等。

（2）企业具体的建筑物有7栋，其中：

- 行政办公楼是4层建筑（楼高15 m，长100 m，宽33 m），内设6个部门，分别是财务部、市场部、研发部、外联部、行政部、生产部。另外，设置三个会议室。
- 厂房共2栋，为厂房1和厂房2，均是4层建筑（楼高15 m，长100 m，宽33 m）。
- 职工宿舍楼共3栋，分别为1号、2号和3号宿舍楼，每栋均是6层建筑（楼高21 m，长120 m，宽15 m，其中楼层1为开放环境，没有设置房间，设置乒乓球台，每层60个房间共300个房间）。
- 休闲中心是4层建筑（楼高15 m，长82 m，宽26 m），其中有饮食中心、卡拉OK室、大礼堂、小商场、网吧等设施。

（3）具体的平面图如下：

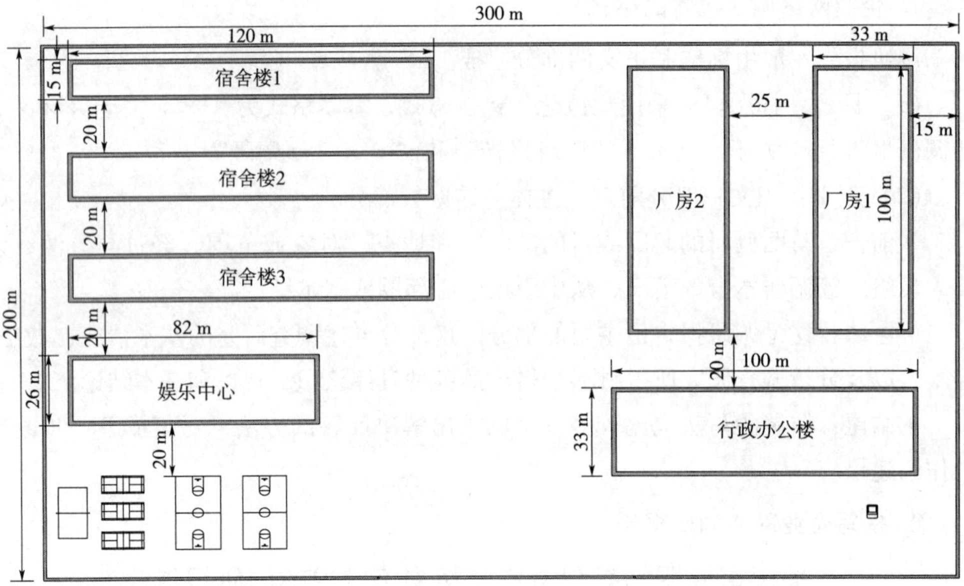

针对公司的建筑物的功能，对每栋建筑物的基本情况、功能和功能区的隔断情况进行分析，得出具体的参数如下：

企业楼栋参数表

楼栋序号	名　称	功　能	占地面积（m^2）	长（m）	宽（m）	高（m）	楼层数	房间数（隔断功能区）
1	行政办公楼	行政办公	3 300	100	33	15	4	16
2	娱乐中心	娱乐、购物、休闲	2 132	82	26	15	4	8
3	宿舍楼 1	职工住宿	1 800	120	15	21	6	300
4	宿舍楼 2	职工住宿	1 800	120	15	21	6	300
5	宿舍楼 3	职工住宿	1 800	120	15	21	6	300
6	厂房 1	生产	3 300	100	33	15	4	16
7	厂房 2	生产	3 300	100	33	15	4	16

2）富源服饰有限责任公司用户群调研

经过对富源服饰有限责任公司用户群的了解，按照公司员工的岗位情况进行分类（不同岗位对网络需求不同），将用户群进行分类，下表是富源服饰有限责任公司用户群表。

富源服饰有限责任公司用户群表

序号	岗　位	部　门	描　　述	用　户　群	人数
1	企业董事长	董事会	负责企业发展规划	企业管理用户	3
2	企业总经理	组织管理	负责拟定和实施企业各部门的工作职能		2
3	部门主管	属各部门	负责拟定和实施本部门的工作职能		5

续表

序号	岗 位	部 门	描 述	用 户 群	人数
4	人力资源人员	人力资源部	负责企业人力资源管理	人力资源管理用户	4
5	办公文员	属各部门	负责所属部门办公文职工作	日常办公用户	10
6	财务人员	财务部	负责企业财务管理工作	财务管理用户	4
7	设计开发人员	开发部	设计开发新产品	设计开发用户	5
8	市场销售人员	市场部	负责市场销售，外联工作	市场销售用户	10
9	生产职工	生产部	具体岗位的生产工作	生产职工用户	800
10	采购人员	采购部	负责生产资料的采购工作	采购部用户	6
11	后勤保障人员	后勤保障部	负责保安、宿舍管理、卫生管理、食堂管理、车辆管理、水电管理、物资仓管等工作	后勤保障用户	30

3）企业网络业务调研

富源服饰有限责任公司属于服装设计、加工及销售企业，主要市场是国内市场，并接受国内外订单加工。在全国不同区域设有办事处，需要信息沟通和数据传输业务。

企业内部应用信息管理系统，能实现设计、生产、仓储、销售管理工作。

企业网络需要较高的可靠性和可用性，能提供上班时间 7 天 ×8 小时的高可靠性，其他时间可以适当降低可靠性和可用性要求。

企业网络要求对企业管理、人事、财务、研发设计部门的数据有较高的安全性保障，数据受限访问，对于公开数据不做访问控制，对数据的存储有较高的安全性保障。

企业内部创建内部 Web 站点，供企业员工访问，便于企业内部信息宣传和展开工作，另外，创建对外的 Web 站点，主要宣传企业的形象、理念和产品。

企业要求尽快实现网络信息化建设，要求三个月能开始试运行网络，半年可以正式运行信息系统。

企业增长可以按照 10% 的增长率考虑，网络设计可以考虑未来 5 年的发展。

企业远程访问需要加密通信，可以考虑通过 VPN 技术实现。

企业整个厂区全面实施网络视频监控系统。

综述：本次对富源服饰有限责任公司基本情况的调研，明确了生产企业的物理布局、用户群的情况、企业的基本网络业务需求，为下一步的需求分析奠定了基础。

知识链接

一、调研报告的要求

对某一情况、某一事件、某一经验或问题，经过在实践中对其客观实际情况的调查了解，将调查了解到的全部情况和材料进行“去粗取精、去伪存真、由此及彼、由表及里”的分析研究，揭示出本质，寻找出规律，总结出经验，最后以书面形式陈述出来，这就是调研报告。

调研报告的核心是实事求是地反映和分析客观事实。调研报告主要包括两个部分：一是调查，二是研究。调查，应该深入实际，准确地反映客观事实，不凭主观想象，按事物的本来面目了解事物，详细地占有材料。研究，即在掌握客观事实的基础上，认真分析，透彻地揭示事物的本质。至于对策，调研报告中可以提出一些看法，但不是主要的。因为，对策的制定是一个深入的、复杂的、综合的研究过程，调研报告提出的对策是否被采纳，能否上升到政策，应该经过政策预评估。

二、如何写好调研报告

第一，必须掌握符合实际的丰富确凿的材料，这是调研报告的生命。丰富确凿的材料一方面来自于实地考察，一方面来自于书报、杂志和互联网。在知识爆炸的时代，获得间接资料似乎比较容易，难得的是深入实地获取第一手资料。这就需要眼睛向下，脚踏实地地到实践中认真调研，掌握大量符合实际的第一手资料，这是写好调研报告的前提，必须下大工夫。

第二，对于获得的大量的直接和间接资料，要做艰苦细致地辨别真伪的工作，从中找出事物的内在规律性，这是不容易的事。调研报告切忌面面俱到。在第一手材料中，筛选出最典型、最能说明问题的材料，对其进行分析，从中揭示出事物的本质或找出事物的内在规律，得出正确的结论，总结出有价值的东西，这是撰写调研报告时应特别注意的。

第三，用词力求准确，文风朴实。写调研报告，应该用概念成熟的专业用语，非专业用语力求准确、通俗易懂。盲目追求用词新颖，把简单的事物用复杂的词语来表达，把简单的道理说得云山雾罩、玄而又玄，实际上是学风浮躁的表现，有时甚至有“没有真功夫”之嫌。

调研报告一般是针对解决某一问题而产生的。报告需要陈述问题发生发展的起因、过程、趋势和影响。如果用词和概念不清，读者就难以了解事物的本来面目，也就达不到解决问题的目的。

第四，逻辑严谨，条理清晰。调研报告要做到观点鲜明、立论有据。论据和观点要有严密的逻辑关系，条理清晰。论据不单是列举事例、讲故事，逻辑关系是指论据和观点之间内在的必然联系。如果没有逻辑关系，无论多少事例也很难证明观点的正确性。结构上的创新只是形式问题，不能把主要精力放在追求报告的形式上。调研报告的结构可以不拘一格。

第五，要有扎实的专业知识和思想素质。好的调研报告，是由调研人员的基本素质决定的。调研人员既要有深厚的理论基础，又要有丰富的专业知识。一项政策往往涉及国民经济的许多方面，并且影响不同的社会群体，只有具备很宽的知识面，才能够深刻理解国家的大政方针，正确判断政策所涉及的不同群体的需要，才能看清复杂事物的真实面目。调研人员一定要具备透过现象洞察事物本质的能力。这源于日积月累，非一朝一夕之功。

第六，要对人民有感情，对事业、对真理有追求。任何事物都是一分为二的，调研报告带有一定程度的主观性。作者所处的立场决定了报告的主题和观点，也决定了报告素材选取的倾向性。深入实际搞调研，一定要有为人民、为国家解决问题的强烈愿望和感情。

事物的产生和发展都遵循一定的规律，调研报告的撰写过程实际上也是探索事物发生发展规律的过程。报告的论点和论据一定要符合自然规律和社会规律，而不是追随潮流，迎合某些群体的需要。这就需要调研人员非常敬业，具有不懈追求真理的精神。

三、如何撰写市场调研报告

调研报告是整个调研工作，包括计划、实施、收集、整理等一系列过程的总结，是调研研究人员劳动与智慧的结晶，也是客户需要的最重要的书面成果之一。

它是一种沟通、交流形式，其目的是将调研结果、战略性的建议以及其他结果传递给管理人员或其他担任专门职务的人员。

因此，认真撰写调研报告，准确分析调研结果，明确给出调研结论，是报告撰写者的责任。

（1）题页。题页点明报告的主题，包括委托客户的单位名称、市场调研的单位名称和报告日期。调研报告的题目应尽可能贴切而又概括地表明调研项目的性质。

（2）目录表。

（3）调研结果和有关建议的概要。这是整个报告的核心，要简短，切中要害。使阅读者既可以从中大致了解调研的结果，又可从后面的本文中获取更多的信息。

有关建议的概要部分则包括必要的背景、信息、重要发现和结论，有时根据阅读者之需要，提出一些合理化建议。

（4）本文（主体部分）。包括整个市场调研的详细内容，包含调研使用方法、调研程序、调研结果。对调研方法的描述要尽量讲清是使用何种方法，并提供选择此种方法的原因。

在本文中相当一部分内容应是数字、表格，以及对这些内容的解释、分析，要用最准确、恰当的语句对分析作出描述，结构要严谨，推理要有一定的逻辑性。

在本文部分，一般必不可少地要将调研中出现的不足之处说清楚，不能含糊其词。必要的情况下，还需将不足之处对调研报告的准确性有多大程度的影响分析清楚，以提高整个市场调研活动的可信度。

（5）结论和建议。应根据调研结果总结结论，并结合企业或客户情况提出其所面临的优势与困难，提出解决方法，即建议。对建议要作简要说明，使读者可以参考本文中的信息对建议进行判断、评价。

（6）附件。附件内容包括一些过于复杂、专业的内容，通常将抽样名单、地址表、地图、统计检验计算结果、表格、制图等作为附件内容，每一项内容均需编号，以便查寻。

课后练习

根据“案例说明”第 3 点（本课程运用到的扩展作业企业网依据）中的企业描述，针对汇源服饰厂的情况编写调研报告。

任务二　撰写和实施网络需求问卷调研表

任务描述

本次任务是在企业初步调研的基础上的进一步工作，目的是为富源服饰有限责任公司网络需求撰写调研问卷，进一步了解企业的网络建设需求，满足用户的实际需要。

任务目标

（1）通过任务实施使学生能在教师的指导下完成需求分析问卷调研的撰写工作。

（2）掌握网络工程工作流程和网络需求分析问卷调研的撰写方法。

（3）培养学生与人沟通、组织、协调和文字处理能力。

任务实施

一、了解并设计企业网络需求分析问卷调研表主要内容

通常用户的需求是多方面的、不确定的，这需要项目人员与用户进行沟通，对用户建设项目的用途、功能进行逐步发掘，将用户心里模糊的认识以精确的方式进行描述。需求调查主要涉及以下几方面问题：

（1）建网动因。即回答为什么需要进行相关的网络建设，可以从管理、生产、科研、经营、政治、行政命令、时间方面的需求进行回答。

（2）应用需求。所建设的网络应包括哪些应用系统，如传统的通用网络应用系统、与业务/生产/管理相关的应用系统等，以及需要解决的具体实际问题。

（3）网络覆盖范围。包括地理范围、使用者范围和数量等，主要回答网络有多大的问题。

（4）网络安全要求。主要调查企业内部不同用户群应用的安全需求，如企业内部数据安全、涉密数据通信安全需求、用户认证，以及资源访问安全要求。

（5）内、外网通信条件。回答目前已有或可用的通信条件，以及目前状况如何等。

（6）建网约束条件。包括政策性、规范性约束条件，即定量、定性条件，以及经费约束条件等。

需求调查中获得的部分定量素材、数据还需要在需求分析阶段经过论证和计算才可作为设计依据的数据。

二、设计企业网络需求分析问卷调研表格式

1. 问卷调研表的设计原则

1）合理性

合理性指的是问卷必须紧密与调研主题相关。违背了这一点，再漂亮或精美的问卷都是无益的。而所谓“问卷体现调研主题”其实质是在问卷设计之初要找出与调研主题相关的要素。

2）一般性

一般性指的是问题的设置是否具有普遍意义。应该说，这是问卷设计的一个基本要求，如果在问卷中发现带有一定常识性的错误，这一错误不只是不利于调研成果的整理分析，而且会使调研委托方轻视调查者的水平。

3）逻辑性

问卷的设计要有整体感，这种整体感是指问题与问题之间要具有逻辑性，独立的问题本身也不能出现逻辑上的谬误。问题设置紧密相关，因而能够获得比较完整的信息。调研对象也会感到问题集中、提问有章法。相反，假如问题是发散的，问卷就会给人以随意性，企业就会对调研失去信心。因此，逻辑性的要求是与问卷的条理性、程序性分不开的。

4）明确性

明确性是指问题设置的规范性。这一原则具体是指：命题是否准确？提问是否清晰明确、便于回答？被访者是否能够对问题作出明确的回答？等等。

5）非诱导性

非诱导性指的是问题要设置在中性位置，不参与提示或主观臆断，完全将被访问者的独立性与客观性摆在问卷操作的首要位置。如果设置具有了诱导和提示性的问题，就会在不自觉中掩盖了事物的真实性。

6）便于资料的校验、整理和统计

成功的问卷设计除了考虑到紧密结合调研主题与方便信息收集外，还要考虑到调研结果的容易得出和调研结果的说服力。这就需要考虑到问卷在调研后的整理与分析工作。

首先，这要求调研指标是能够累加、便于累加的；其次，指标的累计与相对数的计算是有意义的；再次，能够通过数据清楚明了地说明所要调研的问题。只有这样，调研工作才能收到预期的效果。

2. 设计问卷调研表的格式

调研问卷一般可以看成是由三大部分组成：卷首语（开场白）、正文和结尾。

1）卷首语

问卷的卷首语或开场白是致被调研者的问候语。其内容一般包括下列几个方面：

（1）称呼、问候，如“××先生、女士：您好”。

（2）调查人员自我说明调研的主办单位和个人的身份。

（3）简要地说明调研的内容、目的、填写方法。

（4）说明作答的意义或重要性。

（5）说明所需时间。

2）正文

问卷的正文实际上也包含了三大部分。

第一部分包括向被调研者了解最一般的问题。这些问题应该是适用于所有的被调研者，并很容易回答。在这一部分不应有任何难答的或敏感的问题，以免吓坏被调研者。

第二部分是主要的内容，包括涉及调研主题实质和细节的大量题目。这一部分的结构组织安排要符合逻辑性，这对被调研者来说应是有意义的。

第三部分一般包括两部分的内容：一是技术性或复杂的问题；二是表达被调研者观点和看法的问题。

3）结尾

问卷的结尾一般可以加上1~2道开放式题目，给被调研者一个自由发表意见的机会。然后，对被调研者的合作表示感谢。在问卷的最后，一般应附上一个“调研情况记录”。这个记录一般包括：

（1）调研人员（访问员）姓名、编号。

（2）受访者的姓名、地址、电话号码等。

（3）问卷编号。

（4）访问时间。

（5）其他，如设计分组等。

三、设计企业网络需求分析问卷调研表

富源服饰有限责任公司网络需求分析调研问卷样表

问卷编号：__________

尊敬的先生（女士），您好。麻烦您抽出一些宝贵时间接受关于您企业网络需求的调研表。我们是您企业网络的设计者，我们将尽力为您提供更好的服务，设计您需要的网络。

填写本表是不记名的，希望您在填表时不要有任何顾虑，实事求是地在________内填写和在□内酌情打√。请您阅读下面问题并选择，可以多选，如果选项中没有您认为的相关选项，可以写在对应问题后面的横线处。

（1）在单位工作过程中，您认为单位是否需要创建自己的企业网？________

□非常需要　　□需要

□有没有网络对我没关系　　□不需要

（2）创建您自己的企业网，您希望的网络使用范围是________________。

□企业范围内的所有地方，实现有线无线全面覆盖

□包括生产、办公、宿舍、娱乐场所

或您认为的其他：______________________________。

（3）您在单位中常用到的软件主要有：____________________。

□办公软件　　□系统开发软件

□服装CAD设计软件　　□图像处理软件

□CorelDRAW　　□Painter

□Adobe Illustrator　　□Freehand

□ERP 管理系统　　□财务管理软件

其他：________________。

（4）在应用网络中，您对数据安全的看法是________________。

□计算机中的所有数据不容他人查看、窃取

□计算机中的所有数据不容他人更改

□计算机中的部分数据可以他人查看或更改

□计算机中的数据如果丢失了对我影响不大

□计算机中的所有数据如果丢失了对我影响较大，需要备份，不容丢失

□计算机中的重要数据需要备份，不容丢失

其他：________________。

（5）在应用网络中，您对网络安全的看法是________________。

□所有用户可以不受限制地使用网络

□任何用户均需要认证成功后可以使用网络

□希望对用户使用网络的状况做记录

□在网上传输数据，不需要加密传输

□在网上传输数据，企业网内部不要求加密，与外网通信需要加密

□在网上传输的所有数据都很重要，需要加密处理，不容他人偷窥、篡改

（6）您对网络使用的看法：

- 容忍短时间断网：□半小时　□1 小时　□2 小时　□我个人认为________
- 网络速度要求：□无要求　□较快　□一般　□能正常使用　□其他

其他：________________。

（7）您一天时间内大约使用网络多长时间？

□1 小时内　□1～2 小时　□3～4 小时

□5～6 小时　□7～8 小时　□9～10 小时

（8）您使用网络的时间段一般：________________。

□一般在一天的________时至________时

（9）您使用网络的主要目的是：________________。

□工作　□浏览网页　□看论坛　□更新微博

□看电影　□玩网络游戏　□聊天　□软件下载

□炒股　□与人沟通　□网上购物　□网上商店维护

□维护网站　□搜索资料　□网上学习　□收发邮件

其他：________________。

（10）当您使用网络聊天时一般用：________________。

□文字聊天　□语音聊天　□视频聊天　□其他

（11）当您使用网络浏览网页时，一天时间内大概浏览：________________。

□10 个页面以内　□10～30 个页面

□30～50 个页面　□50～100 个页面

（12）当您使用网络看电影时，大概：________________。

□每天都看　□一般 2～3 天看一次　□其他

（13）当您使用网络看一次电影，大概：________________。

□一次 2 个小时以内　□一次 2～4 个小时　□其他

（14）当您使用网络收发内部邮件时，大概：________________。

□每天 1～2 个邮件　□一般几天收发一次邮件

□一个邮件 1 MB 以内　□一个邮件 1～2 MB

□一个邮件 3～4 MB　□一个邮件 5 MB 以上

（15）当您使用网络收发外部邮件时，大概：________________。

□每天 1～2 个邮件　□一般几天收发一次邮件

□一个邮件 1 MB 以内　□一个邮件 1～2 MB

□一个邮件 3～4 MB　□一个邮件 5 MB 以上

（16）假如你通过网络打电话：________________。

□每天 2～5 个电话　□每天 6～10 个电话　□其他

□每次电话 1～2 分钟　□每次电话 3～5 分钟　□其他

（17）当您使用网络学习时，一般：________________。

□语音讲课　□视频讲座　□文字资料　□其他

（18）为了安全，您认为企业内是否需要全范围内视频监控？

□需要　□不需要

其他：________________________________。

您的这些宝贵意见对我们的作用至关重要，感谢您的参与，请留下您的部门：________________。如果您有什么关于网络的疑问可以随时咨询我们。

调研人：____________电话：________

____年____月____日

知识链接

一、问卷调研基本知识

调研问卷又称调研表或询问表，它是社会调研的一种重要工具，用以记载和反映调研内容和调研项目。

1. 问卷的功能

（1）能正确反映调研目的，问题具体，重点突出，能使被调研者愿意合作，配合调研。

（2）能正确记录和反映被调研者回答的事实，提供正确的信息。

（3）统一的问卷还便于资料的统计和整理。

问卷的设计是市场调研的重要一环。要得到有益的信息，需要提出确切的问题。最好通过提问来确定一个问题的价值：你将如何利用调研结果？这样做可避免把时间浪费在无用或不恰当的问题上。要设计一份完美的问卷，不能闭门造车，而应事先做一些访问，拟定一个初稿，经过事前实验性调研，再修改成正式问卷。

2. 调研问卷提问的方式

调研问卷提问的方式可以分为以下两种形式：

（1）封闭式提问。在每个问题后面给出若干个选择答案，被调研者只能在这些备选答案中选择自己的答案。

（2）开放式提问。允许被调研者用自己的话来回答问题。由于采取这种方式提问会得到各种不同的答案，不利于资料统计分析，因此在调研问卷中不宜过多采用。

3. 调研问卷的设计要求

在设计调研问卷时，设计者应该注意遵循以下基本要求：

（1）问卷不宜过长，问题不能过多，答卷时间一般控制在20分钟。

（2）能够得到被调研者的密切合作，充分考虑被调研者的身份背景，不要提出对方不感兴趣的问题。

（3）要利于被调研者做出真实的选择，因此答案切忌模棱两可，使对方难以选择。

（4）不能使用专业术语，也不能将两个问题合并为一个，以至于得不到明确的答案。

（5）问题的排列顺序要合理，一般先提出概括性的问题，逐步启发被调研者，做到循序渐进。

（6）将比较难回答的问题和涉及被调研者个人隐私的问题放在最后。

（7）提问不能有任何暗示，措辞要恰当。

（8）为了有利于数据统计和处理，调研问卷最好能直接被计算机读入，以节省时间，提高统计的准确性。

二、用户需求获取

用户需求就是用户对网络的当前认识和对未来网络建设目标的认识，不同的用户需求不同。

1. 用户需求来源及收集方法

需求来源及收集方法多种多样，一般根据现场实际进行。

1）需求来源

（1）决策者的建设思路。决策者的建设思路是项目成功实施的一个关键，首先了解决策者对网络建设的需求，包括网络扩展问题、核心功能问题。

（2）用户提供的历史资料和行业资料。用户提供的历史资料、行业资料及资料使用状况等资料，是网络设计具有行业色彩的关键。一般性的行业需求是方案设计人员应该具备的知识，用户一般不会耐心说明本行业基本信息。特殊行业有特殊要求，包括相关政策，如政府机关的网络，涉及国家机密的计算机物理上不可与 Internet 相连。

（3）用户技术员的细节描述。用户技术员的细节描述是未来网络系统技术指标的来源。

（4）普通用户对网络的要求。网络使用者对网络的需求，就是普通用户的意见和看法。这部分用户对网络技术不会很了解，但是他们的需求应该是最基本最直接的，也是应该尽可能满足的。

2）收集方法

（1）会谈纪要法。主要是方案设计方和用户方相关人员，包括决策者和技术人员，在一起商讨确定网络的规划，出示书面的记录，作为日后方案评估的标准。

（2）关键人物接触。会谈中，也许会因为某些原因不能很全面、很完善地完成所有的需求。对关键人物的接触可以使方案更具竞争力。

（3）用户访谈。对用户方部分人员进行访谈，了解他们对网络的认识和看法，以及对未来网络功能的需求。

2. 用户需求重点

（1）商业需求：

- 工程分期问题。大型的网络工程通常是分几个阶段进行，了解工程分期的关键分界点，了解每期工程新增部分和预期目标。
- 投资规模。投资规模决定了网络设备选型、服务器选型、冗余等一系列服务水平。
- 预测扩展。网络应该具有相应的弹性，考虑到未来 3～5 年的公司人员调整、业务量调整等，具有一定的伸缩性，这也是为了保护用户投资而考虑的。

（2）现有网络的状况。即用户对原有的软硬件资源的掌握情况，考虑到一旦环境发生变化以后，如何使用户平滑过渡到新网络的使用，保护原有投资。

（3）网络分布需求。即网络覆盖的物理区域，几栋楼宇、具体信息点的数量、位置和分布，有无信息盲点，是否需要无线设备等。

（4）业务分类、分布及对网络功能的需求。用户需要网络系统具备什么功能？是否支持多媒体业务、VOIP 业务、移动办公和远程接入？

（5）网络带宽和业务量的需求。包括局域网带宽、Internet 接入带宽、业务量的分布，以及部门之间的信息流量是否存在业务峰值。

（6）网络可靠性的需求。

（7）网络安全性的需求。包括部门与部门之间的业务安全、整个局域网的安全，避免非法操作和网络灾难，以及病毒防治。

（8）网络管理方面的需求。包括易管理、故障易定位。

3. 用户需求采集表

用户需求采集表见表1－2。

表1－2　用户需求采集表

类　别	需求问题	细节描述	备注
商业需求	工程分期		
	投资规模		
	预期扩展		
网络现状	现有网络类型		
	现有网络分布		
	现有网络设备		
	现有网络用户		
	现有网络资源		
物理分布	覆盖楼宇数量		
	信息点数量		
	信息点分布		
功能需求	网络一般服务		
	多媒体业务		
	VOIP 业务		
	移动办公		
	远程接入		
	特殊服务		
带宽业务量需求	网络块划分		
	局域网带宽		
	广域网接入带宽		
	特殊流量发生区		
安全可靠性需求	内网安全性需求		
	外网安全性需求		
	冗余需求		

课后练习

根据“案例说明”第3点（本书运用到的扩展作业企业网依据）中的企业描述，针对汇源服饰厂的情况编写网络需求问卷调查表，并分工实施调查。

任务三　分析企业的应用需求

任务描述

本次任务是在企业调研、用户问卷调研、企业需求访谈的基础上的进一步工作，目的是分析富源服饰有限责任公司网络的各项业务、具体应用需求，为下一步的网络设计奠定基础。

任务目标

（1）通过任务实施使学生能在教师的指导下完成分析企业网的应用需求工作。

（2）掌握网络工程工作流程和网络应用需求分析方法。

（3）培养学生与人沟通、组织、协调和文字处理能力。

任务实施

一、对企业调研材料进行整理分析

1. 问卷调研回收率统计

经过项目组成员的充分调研和问卷，本次调研发放问卷 200 份，实际回收 186 份，回收率为 93%，达到有效回收率。

2. 问卷调研有效率统计

经项目组成员的统计，对实际回收的 186 份问卷进行初步查看，根据用户对问题的回答情况，剔除无效问卷，统计有效问卷共 168 份，有效率占 90.3%。

根据问卷调研回收率和有效率的统计，回收率达 93%，有效率达 90.3%，均达到问卷调研的统计要求，可以作为进一步统计分析的依据。

二、对调研问卷数据进行数据录入和分析

数据的录入一般可以用 SPSS 和 Excel 两个常用统计软件。由于 SPSS 相对更复杂、更专业、更难掌握一些，这里采用 Excel。

第一步就是要把数据有结构地交给计算机，产生 Excel 的数据表格文件，一般要经过定义变量、录入数据、保存数据文件等过程。

（1）打开 Excel，选择“文件”→“新建”命令。

（2）把“Sheet1”改成“富源服饰有限责任公司网络需求分析问卷调研原始数据表”，并保存，文件名为“富源服饰有限责任公司网络需求分析问卷调研数据库”。

（3）在第一行输入调研问卷中涉及的所有变量，包括“序号”“第 1 题”“第 2 题”……

（4）剔除无效问卷之后，给问卷按照 1、2、3、4……编好序号，1 个号码表示一个记录，有多少份有效问卷就有多少个序号。

（5）按照序号依次录入相关数据，并随时保存。录入数据时注意：文字材料全部要按照一定的规则数量化。

（6）全部数据录入以后，复制一份数据到“Sheet2”，改成“富源服饰有限责任公司网络需求分析问卷调研数据分析表”。之后的所有数据分析全部在“富源服饰有限责任公司网络需求分析问卷调研数据分析表”中完成。另外，数据库文件一定要备份。

三、撰写应用需求分析报告

根据前期的用户需求的数据分析（见表1－3和表1－4），撰写网络应用需求报告。

表1－3　应用需求比例

序　号	应　用　类　型	需　求　比　例
1	办公软件	80%
2	系统开发软件	10%
3	服装 CAD 设计软件	20%
4	图像处理软件	20%
5	CorelDRAW	20%
6	Painter	10%
7	Adobe Illustrator	10%
8	Freehang	10%
9	ERP 管理系统	30%
10	财务管理软件	10%

表1－4　网络应用分析表

具体应用	应　用　分　析								
应用名称	通信流向	平均用户数	使用频率	使用时段	平均事务大小	平均会话长度	平均会话个数	是否实时	备注
办公自动化	内网	60	常用	8～17	200 KB	1 min	3	是	
邮件	客/服双向	50	常用	8～17	1 MB	1 min	3	非	
网页浏览	内外网双向	80	常用	8～17	300 KB	1 min	30	是	
视频点播	服/客单向外网	30	常用	19～22	200 MB	1.5 h	1	是	
电子商务	B/S 内外网双向	30	常用	8～22	300 KB	1 min	1	是	
QQ 聊天	P2P 内外网双向	30	常用	8～22	300 KB	8 min	2	是	
文件传输	P2P 内外网双向	20	常用	8～22	10 MB	5 min	3	是	

知识链接

需求分析的具体内容

1. 网络建设目的

用户的需求不是盲目的，而是确定自己该做什么。网络建设的目的为用户需求分析提供了依据，需要以实事求是、科学的观点来完成网络建设。网络建设目标有近期目标和远期目标，用户建设目的主要就是完成近期目标，以用户网络应用范围为依据，实现网络系统服务，给企业带来真正的实惠。

用户网络常见的就是企业网络和校园网络两大类。

校园网络建设的目的主要就是实现全校范围内信息化的信息管理系统，建成具有高性能、高安全性的校园网络。网络系统以实现基础的因特网公共服务、校园教务系统、多媒体教学系统为主，建立数据、语音、视频三网合一的三维一体化校园网络。最终能够给学校带来信息化的教学和信息化的产业，提高教学服务质量和教学效率。

企业网络建设的目的主要有：能够带来信息化产业，带来高效率的生产和高效益；增强对分支结构或部门的调控能力，缩短某些产品的开发周期；扩大市场，进入信息化的网络产业模式；提供更好的客户服务和客户售后支持等。

2. 网络应用和网络服务

需求分析中需要明确用户网络系统应用范围和网络提供的服务。网络工程设计人员需要在用户的帮助下，通过对网络应用调查表进行分类汇总，确定网络应用和网络服务。用户网络应用调研表可采用表 1－5 所示的样式，其内容填写可由网络工程设计人员、用户和相关人员共同讨论完成。

表 1－5　网络应用和网络服务调研表

应用名称	应用类型	是否为新增	重　要　性	备　　注

在调研表中，“应用名称”可以填入用户提供的应用名，比如在线电视、网上购物、电子报刊，也可以是一种比较规范的名称，比如 E-mail；“应用类型”可以是相似名称或标准化的名称。应用类型可以简单地分成如下几类：

（1）Internet/Intranet 网络公共服务：

- WWW/Web 服务。
- E-mail（电子邮件）系统。
- FTP 文件服务。
- 电子商务系统。
- 政府、金融、电信等公共在线查询系统。

（2）后台数据库系统：

- 关系数据库系统：这种数据库以 Oracle、SQL Server、DB 等为主，提供后台数据库支持，支持 OA 系统、MIS 系统、教学管理系统等。
- 非结构化数据库系统：以 Lotus Domino、MS Exchange Server 为主的平台，支持政府、金融等部门的公文流传输系统、档案系统。

（3）网络专用应用系统：包括金融、电信、交通、学校等部门的项目管理系统、人力资源管理系统、财务管理系统、教务管理系统；企业部门专有系统有产品设计开发生产 CAD、CIMS 的集成制造系统。

（4）多媒体应用系统：包括在线视频点播系统 VOD、视频会议、远程视频教学及监控系统等。

（5）网络基础服务：常见的如 DNS、SNMP 网管等。

（6）信息安全平台：指网络安全和系统信息安全方面，包括CA证书认证系统、防火墙、加密系统等。

在表1-5中，“是否为新增”主要针对目前网络系统是否存在、是否该升级；“重要性”一般有非常重要、重要、较重要、不重要等几种。重要性应与网络系统应用于近期目标和远期目标相结合，综合考虑。

课后练习

根据“案例说明”第3点（本书运用到的扩展作业企业网依据）中的企业描述，针对汇源服饰厂的情况撰写网络应用需求分析报告。

任务四　分析企业应用的通信流量

任务描述

本次任务是在企业调研、用户问卷调研、企业需求访谈的基础上的进一步工作，目的是分析富源服饰有限责任公司网络应用通信流量，为下一步的网络设计奠定基础。

任务目标

（1）通过任务实施使学生能在教师的指导下完成分析企业网通信流量的任务。

（2）掌握网络工程工作流程和网络通信流量分析方法。

（3）培养学生与人沟通、组织、协调和文字处理能力。

任务实施

一、分析企业网络应用的流量

根据该企业的网络应用具体的情况，统计主要应用和分布。

1. 环境分析

根据得到的用户需求资料对企业进行实地考察，主要是要得出整个园区网络覆盖的范围、建筑物的多少、每栋楼距离多远、每栋楼有多少层，每层楼有多少间房、层高多少，每间房需要接入多少个信息点、信息点的总数。为流量分析、网络拓扑结构及传输介质选择提供依据。

2. 流量分析

（1）通信分析。不同用户应用系统之间、不同业务类型、不同组织之间的网络连接处称为网络边界。网络边界一般就是通信流量的边界。图1-1所示为网络通信流量分布。

（2）业务特性。不同业务特性产生不同的流量要求。

（3）流量分析步骤。流量分析步骤如图1-2所示。

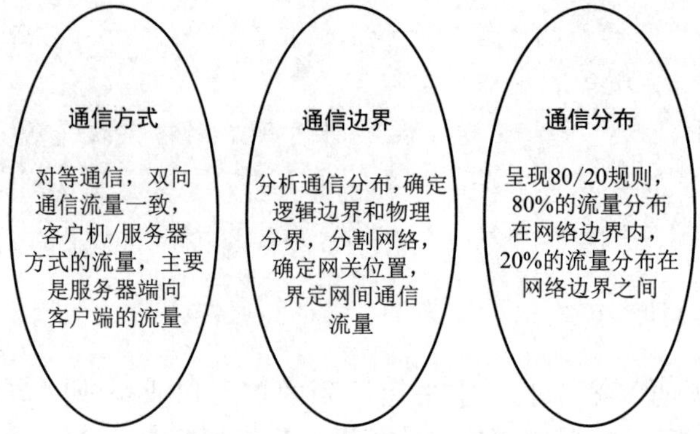

图 1－1　网络通信流量分布

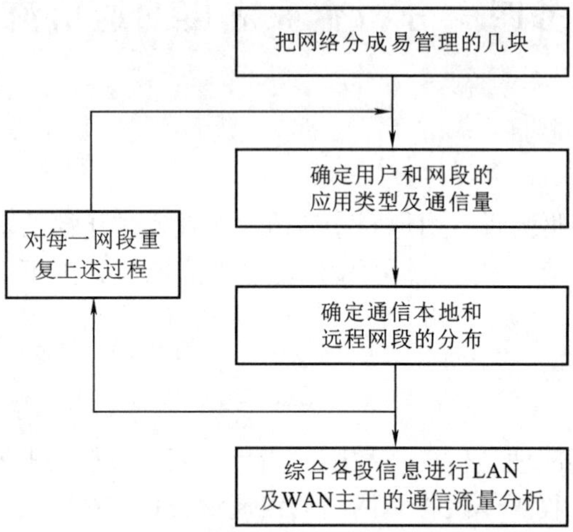

图 1－2　流量分析步骤

二、计算企业网络应用通信流量

计算网络应用的具体流量，可根据表 1－4 的应用情况，进一步计算网络的通信流量。

计算应用的通信流量，可以根据如下公式略算：

应用总信息传输速率＝［平均事务大小×每字节的位数（8）×平均会话个数×平均用户数/平均会话长度］÷80%

式中除以“80%”是从效率角度考虑，现在用户大多用 TCP/IP 协议结构，应用层的数据经过传输层（例如 TCP）封装至少加上 20 字节协议头，IP 封装也要至少加上 20 字节协议头，数据链路层封装也要至少 18 字节协议头，从经验值看，总的效率大概为 80%，这是考虑最坏 64 字节 MAC 帧的情况。

办公自动化流量＝（200×1 000×8×3×60/60）÷80%＝6 000 000（bit/s）＝6（Mbit/s）

邮件流量＝（1 000 000×8×3×50/60）÷80%＝25 000 000（bit/s）＝25（Mbit/s）

网页浏览流量＝（300×1 000×8×30×80/60）÷80%＝120 000 000（bit/s）
＝120（Mbit/s）

视频点播流量 = （200 000 000 × 8 × 1 × 30/5 400）÷ 80% = 11 000 000（bit/s）
= 11（Mbit/s）

电子商务流量 = （300 × 1 000 × 8 × 1 × 30/60）÷ 80% = 15 000 000（bit/s）= 1.5（Mbit/s）

QQ 聊天流量 = （300 × 1 000 × 8 × 2 × 30/480）÷ 80% = 375 000(bit/s) = 0.375（Mbit/s）

文件传输流量 = （10 × 1 000 000 × 8 × 3 × 20/300）÷ 80% = 20 000 000（bit/s）
= 20（Mbit/s）

考虑无阻塞设计和集线比设计为 1∶1 的话，则需求的总带宽为：

总带宽流量 = 办公自动化流量 + 邮件流量 + 网页浏览流量 + 视频点播流量 + 电子商务流量 + QQ 聊天流量 + 文件传输流量
= 6 Mbit/s + 25 Mbit/s + 120 Mbit/s + 11 Mbit/s + 1.5 Mbit/s + 0.375 Mbit/s + 20 Mbit/s
= 183.875 Mbit/s ≈ 200 Mbit/s

从上面的计算可知，该企业应用带宽总流量 200 Mbit/s 即可满足需要，在设计时还要考虑扩展性，且要考虑带宽达到 500 Mbit/s 以上的情况。

知识链接

网络带宽与网络的传输容量和传输能力是息息相关的，其概念已经在很多书中介绍了，它主要用频率来表示。当然，通常网络系统中带宽都用传输率 Mbit/s（或 Mbps）来描述。建立网络系统，就应该对各种网络产品和传输媒体以及网络服务提供商的接入带宽标准有一定的了解，否则网络工程的规划设计可能会因为接入不匹配而导致错误。关于目前的一些线路、服务商提供的带宽、传输率见表 1-6。

表 1-6　常见网络传输率参数表

技术类型	数据传输率	传输媒体
拨号线路	14.4 ~ 56 kbit/s	电话线
ISDN	128 kbit/s	电话线
ADSL	1.544 ~ 8 Mbit/s	双绞线
帧中继	56 kbit/s ~ 1.544 Mbit/s	双绞线
电缆调制解调器	512 kbit/s ~ 52 Mbit/s	同轴电缆
以太网	10 Mbit/s	同轴电缆或双绞线
快速以太网	100 Mbit/s	同轴电缆或双绞线、光纤
千兆以太网	1 000 Mbit/s	光纤、双绞线
FDDI	100 Mbit/s	光纤
CDDI	100 Mbit/s	双绞线
令牌环网	4 Mbit/s 或 16 Mbit/s	同轴电缆或双绞线
T1、T3	1.544 Mbit/s、45 Mbit/s	双绞线和光纤、同轴电缆
E1、E3	2.048 Mbit/s、34.368 Mbit/s	双绞线和光纤
OC-1、OC-3、OC-24、OC-48、OC-192	51.84 Mbit/s、155.52 Mbit/s、1.244 Gbit/s、2.488 Gbit/s、约 10 Gbit/s	OC-1 为同轴电缆；OC-3、OC-24、OC-48、OC-192 为光纤

课后练习

根据“案例说明”第3点（本书运用到的扩展作业企业网依据）中的企业描述，针对汇源服饰厂的情况计算网络应用的通信流量。

任务五　分析企业网络性能需求

任务描述

本次任务是在企业调研、用户问卷调研、企业需求访谈的基础上的进一步工作，针对企业用户的应用需求，分析网络性能需求，为下一步的网络设计奠定基础。

任务目标

（1）通过任务实施使学生能在教师的指导下完成分析企业网络性能需求的任务。

（2）掌握网络工程工作流程和网络性能分析方法。

（3）能描述主要的网络性能指标。

（4）培养学生与人沟通、组织、协调和文字处理能力。

任务实施

一、分析企业网络性能指标

在任务四的网络应用流量分析的分析中，对网络整体的通信量有了明确的量化要求，本次任务中重点分析网络结点的通信量，以及对网络结点的通信性能要求。主要参考指标如下。

1. 速率

计算机发送出的信号都是数字形式的。比特（bit）是计算机中数据量的单位，也是信息论中使用的信息量的单位。一个比特就是计算机网络上的主机在数字信道上传送的二进制数据1或0。速率是计算机网络中最重要的性能指标，它也称为数据率（data rate）或比特率（bit rate）。速率使用“比特每秒”（bit/s或bps）为单位，经常和国际单位制词头关联在一起，如“千”（kbit/s或kbps）、“兆”（Mbit/s或Mbps）、“吉”（Gbit/s或Gbps）和“太”（Tbit/s或Tbps）。现在人们常用更简单的并且是很不严格的记法来描述网络的速率，如100 M以太网，而省略了单位中的bit/s，它的意思是速率为100 Mbit/s的以太网。注意，上面所说的速率是指额定速率或标称速率。

2. 带宽

“带宽”（bandwidth）有以下两种不同的含义：

（1）带宽本来是指某个信号具有的频带宽度。信号的带宽是指该信号所包含的各种不同频率成分所占据的频率范围。例如，在传统的通信线路上传送的电话信号的标准带宽是3.1 kHz（从300 Hz到3.4 kHz，是话音的主要成分的频率范围）。这种意义的带宽的单位是Hz（或kHz、MHz、GHz等）。在过去很长的一段时间，通信的主干线路传送的是模拟信号（即连续变化的信号）。因此，表示通信线路允许通过的信号频带范围就称为线路的带宽。

（2）在计算机网络中，带宽用来表示网络的通信线路所能传送数据的能力，因此网络带宽表示在单位时间内从网络中的某一点到另一点所能通过的“最高数据率”。在本书中在提到“带宽”时，主要是指这个意思。这种意义的带宽的单位是“比特每秒”，记为bit/s。在这种单位的前面也常常加上千（k）、兆（M）、吉（G）或太（T）这样的倍数。

3. 吞吐量

吞吐量（throughput）表示在单位时间内通过某个网络（或信道、接口）的数据量。吞吐量更经常地用于对现实世界中的网络的一种测量，以便知道实际上到底有多少数据量能够通过网络。显然，吞吐量受网络的带宽或网络的额定速率的限制。例如，对于一个100 Mbit/s的以太网，其额定速率是100 Mbit/s，那么这个数值也是该以太网的吞吐量的绝对上限值。因此，对100 Mbit/s的以太网，其典型的吞吐量可能也只有70 Mbit/s。有时吞吐量还可用每秒传送的字节数或帧数来表示。

4. 时延

时延（delay或latency）是指数据（一个报文或分组，甚至比特）从网络（或链路）的一端传送到另一端所需的时间。时延是个很重要的性能指标，它有时也称为延迟或迟延。

1）发送时延

发送时延（transmission delay）是主机或路由器发送数据帧所需要的时间，也就是从发送数据帧的第一个比特算起，到该帧的最后一个比特发送完毕所需的时间。因此发送时延也叫作传输时延。发送时延的计算公式是：

发送时延=发送时延数据帧长度（bit）/信道带宽（bit/s）

由此可见，对于一定的网络，发送时延并非固定不变，而是与发送的帧长成正比，与信道带宽成反比。

2）传播时延

传播时延（propagation delay）是电磁波在信道中传播一定的距离需要花费的时间。

电磁波在自由空间的传播速率是光速，即3.0×10^5 km/s。电磁波在网络传输媒体中的传播速率比在自由空间要略低一些：在铜线电缆中的传播速率约为2.3×10^5 km/s，在光纤中的传播速率约为2.0×10^5 km/s。例如，1 000 km长的光纤线路产生的传播时延大约为5 ms。

以上两种时延不要弄混。发送时延发生在机器内部的发送器中（一般就是发生在网络适配器中），而传播时延则发生在机器外部的传输信道媒体上。可以用一个简单的比喻来说明。假定有10辆车的车队从公路收费站入口出发，到相距50 km的目的地。再假定每一辆车过收费站要花费 6 s，而车速是 100 km/h。现在可以算出整个车队从收费站到目的地总共要花费的时间：发车时间共需 60 s（相当于网络中的发送时延），行车时间需要 30 min（相当于网络中的传播时延），因此总共花费的时间是 31 min。

下面还有两种时延也需要考虑，但比较容易理解。

3）处理时延

主机或路由器在收到分组时要花费一定的时间进行处理，例如分析分组的首部、从分组中提取数据部分、进行差错检验或查找适当的路由等，这就产生了处理时延。

4）排队时延

分组在经过网络传输时，要经过许多的路由器。但分组在进入路由器后要先在输入队列中排队等待处理。在路由器确定了转发接口后，还要在输出队列中排队等待转发。这就产生了排队时延。排队时延的长短往往取决于网络当时的通信量。当网络的通信量很大时会发生队列溢出，使分组丢失，这相当于排队时延为无穷大。

这样，数据在网络中经历的总时延就是以上四种时延之和：

总时延 = 发送时延 + 传播时延 + 处理时延 + 排队时延

一般说来，小时延的网络要优于大时延的网络。在某些情况下，一个低速率、小时延的网络很可能要优于一个高速率但大时延的网络。必须指出，在总时延中，究竟是哪一种时延占主导地位，必须具体分析。现在我们暂时忽略处理时延和排队时延。假定有一个长度为 1 000 MB 的数据块（这里的 M 不是 10^6 而是指 2^{20}），即 1 048 576 B（1 B = 8 bit）。带宽为1 Mbit/s，连续发送，其发送时延是 $1\ 000 \times 1\ 048\ 576 \times 8 \div 10^6 = 8\ 388.608$（s），显然不是指的信道上将近要用14 min 才能把这样大的数据块发送完毕。然而若将这样的数据用光纤传送到 1 000 m 远的计算机，那么每一个比特在1 000 km 的光纤上只需用5 ms 就能到达目的地。因此对于这种情况，发送时延占主导地位。如果我们把传播距离减小到 1 km，那么传播时延也会相应地减小到原来数值的一千分之一。然而由于传播时延在总时延中的比重是微不足道的，因此总时延的数值基本上还是由发送时延来决定的。

再看一个例子。要传送的数据仅有 1 个字节（如键盘上输入的一个字符，共 8 bit。在1 Mbit/s 的信道上的发送时延是 $8 \div 10^6 = 8 \times 10^{-6} = 8$（μs），当传播时延为 5 ms 时，总时延为 5. 008 ms。显然，在这种情况下，传播时延决定了总时延。这时，即使把数据率提高 1 000 倍（即将数据的发送速率提高到 1 Gbit/s），总时延也不会减小多少。这个例子告诉我们，不能笼统地认为“数据的发送速率越高，传送得就越快”。这是因为数据传送的总时延是由“发送时延 + 传播时延 + 处理时延 + 排队时延”四项时延组成的，不能仅考虑发送时延一项。

必须强调指出，之所以容易产生这种错误的概念，就是认为“在高速链路（或高带宽链路）上，比特应当跑得更快些”。但这是不对的。我们知道，汽车在路面质量很好的高速公路上可明显地提高行驶速率。然而对于高速网络链路，我们提高的仅仅是数据的发送速率而不是比特在链路上的传播速率。荷载信息的电磁波在通信线路上的传播速率（这是光速的数量级）与数据的发送速率并无关系。提高数据的发送速率只是减小了数据的发送时延。还有一点也应当注意，就是数据的发送速率的单位是每秒发送多少个比特，是指某个点或某个接口上的发送速率。而传播速率的单位是每秒传播多少千米，是指传输线路上比特的传播速率。因此，通常所说的“光纤信道的传输速率高”是指向光纤信道发送数据的速率可以很高，而光纤信道的传播速率实际上还要比铜线的传播速率还略低一点。这是因为经过测量得知，光在光纤中的传播速率是 20.5 万千米/秒，它比电磁波在铜线（如 5 类线）中的传播速率每 23.1 万千米/秒略低一些。

5. 时延带宽积

把以上讨论的网络性能的两个度量——传播时延和带宽相乘，就得到另一个很有用的度量：传播时延带宽积。即，时延带宽积 = 传播时延 × 带宽，可以用图 1－3 来表示时延带宽积。这是一个代表链路的圆柱形管道，管道的长度是链路的传播时延（请注意，现在以时间作为单位来表示链路长度），而管道的截面积是链路的带宽。因此时延带宽积就表示这个管道的体积，表示这样的链路可容纳多少个比特。例如，设某段链路的传播时延为 20 ms，带宽为 10 Mbit/s。算出时延带宽积 $=20\times10^{-3}\times10\times10^{6}=2\times10^{5}$（bit）。这就表示，若发送端连续发送数据，则在发送的第一个比特即将达到终点时，发送端就已经发送了 20 万个比特，而这 20 万个比特都正在链路上向前移动。因此，链路的时延带宽积又称为以比特为单位的链路长度。不难看出，管道中的比特数表示从发送端发出的但尚未达到接收端的比特。对于一条正在传送数据的链路，只有在代表链路的管道都充满比特时，链路才得到充分的利用。

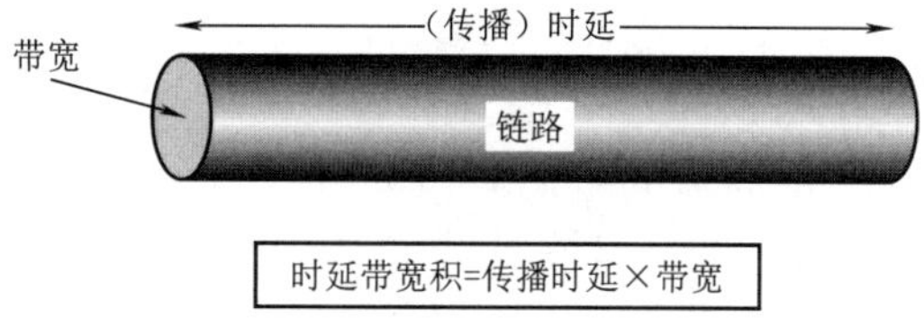

图 1－3　时延带宽积示意图

6. 往返时间

在计算机网络中，往返时间（round-trip time，RTT）也是一个重要的性能指标，它表示从发送方发送数据开始，到发送方收到来自接收方的确认（接收方收到数据后便立即发送确认）总共经历的时间。对于上述例子，往返时间是 40 ms，而往返时间和带宽的乘积是 4×10^{5}（bit）。在互联网中，往返时间还包括各中间结点的处理时延、排队时延以及转发数据时的发送时延。

显然，往返时间与所发送的分组长度有关。发送很长的数据块的往返时间，应当比发送很短的数据块的往返时间要多些。往返时间带宽积的意义就是当发送方连续发送数据时，即使能够及时收到对方的确认，但已经将许多比特发送到链路上了。对于上述例子，假定数据的接收方及时发现了差错，并告知发送方，使发送方立即停止发送，但也已经发送了 40 万个比特了。当使用卫星通信时，往返时间相对较长，是很重要的一个性能指标。

7. 利用率

利用率有信道利用率和网络利用率两种。信道利用率指出某信道有百分之几的时间是被利用的（有数据通过）。完全空闲的信道的利用率是零。网络利用率则是全网络的信道利用率的加权平均值。信道利用率并非越高越好。这是因为，根据排队论的理论，当某信道的利用率增大时，该信道引起的时延也就迅速增加。这和高速公路的情况有些相似。当高速公路上的车流量很大时，由于在公路上的某些地方会出现堵塞，因此行车所需的时间就会增大。网络也有类似的情况。当网络的通信量很少时，网络产生的时延并不大。但在网络通信量不断增大的情况下，由于分组在网络结点（路由器或结点交换机）进行处理时需要排队等候，因此网络引起的时延就会增大。如果令 D_0 表示网络空闲时的时延，D 表示网络当前的时延，则在适当的假定条件下可以用下面的公式表示 D 与 D_0 之间的关系：

$$D = \frac{D_0}{1 - U}$$

式中，U 为网络的利用率，数值在 0 ~ 1 之间。

当网络的利用率达到其容量的1/2时，时延就要加倍。特别值得注意的是：当网络的利用率接近最大值 1 时，网络的时延就趋于无穷大。因此我们必须有这样的概念：信道或网络利用率过高会产生非常大的时延。一些拥有较大主干网的 ISP 通常控制它们的信道利用率不超过 50%。如果超过了就要准备扩容，增大线路的带宽。

二、分析企业网的性能需求

1. 企业用户的网络带宽需求

局域网中，上行和下行带宽相差不多。因特网中，下行带宽大于上行带宽。满足用户网络服务需求带宽不能低于 256 kbit/s，基本的设计思想是：根据带宽占用大的业务来选择线路带宽，并根据业务使用频度考虑带宽。表 1 –7 所示为企业网络用户的最小带宽需求。

表 1 –7　企业网络用户的最小带宽需求

业务类型	最低下行带宽/(kbit/s)	最低上行带宽/(kbit/s)
网页浏览	32	10
收发邮件	128	128
FTP 下载	200	32
网上聊天	32	32
网络游戏	64 ~ 256	64
IP 电话	32	32
视频会议	512	512
视频监控	256 ~ 512	256 ~ 512
视频点播	256	64
BT 下载	256 ~ 512	256 ~ 512

2. 企业网络用户使用因特网的规律

经过对企业网用户使用网络的调研、分析，图 1 – 4 总结了企业网络用户使用因特网的规律。

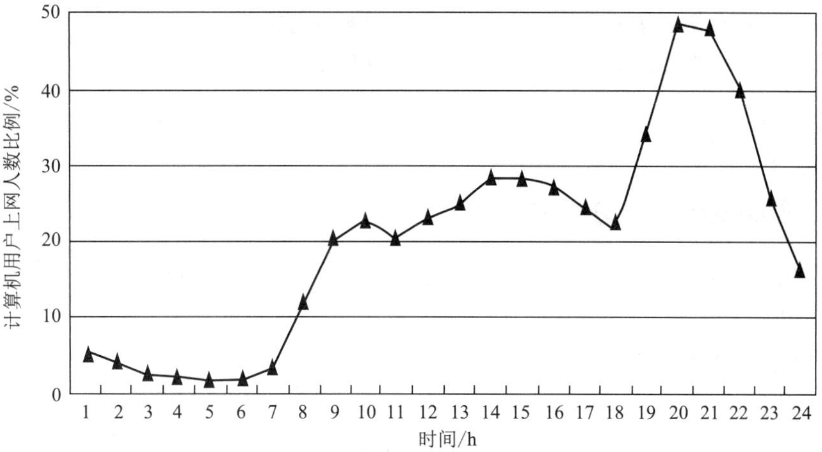

图 1 – 4　企业网络用户使用因特网的规律

知识链接

文档

知识链接

课后练习

根据“案例说明”第 3 点（本书运用到的扩展作业企业网依据）中的企业描述，针对汇源服饰厂的情况撰写网络性能分析报告。

任务六　分析企业网络安全需求

任务描述

本次任务是在企业调研、用户问卷调研、企业需求访谈的基础上的进一步工作，针对企业用户的网络安全需要，分析网络安全需求，为下一步的网络设计奠定基础。

任务目标

（1）通过任务实施使学生能在教师的指导下完成分析企业网络安全需求的任务。

（2）掌握网络工程工作流程和网络安全分析方法。

（3）培养学生与人沟通、组织、协调和文字处理能力。

任务实施

一、网络安全需求分析方法

对网络的安全问题进行研究时，首先应对网络安全进行需求分析，应着重明确以下几个问题：

1. 建网的目的是什么

构建网络是为了满足内部通信还是企业间的通信？即所建网络是 Intranet 还是 Extranet？要达到这样的建网目的，对网络的总体安全性有哪些要求？需要采取什么样的安全措施？

2. 网络的用户是谁

一个网络的用户越多，或网络用户的成分越复杂，则网络面临的安全威胁就越大。不同的用户群对网络的安全性有不同的要求。应按用户分类，针对不同的用户群采取不同的组网方式，并制定不同的安全策略。比如金融用户和一般的拨号用户对网络安全性的要求是不一样的，相应采取的安全措施也有明显区别。

3. 网络将要提供哪些服务

这是需要回答的最为重要的问题。因为网络中运行的每一个服务都潜在着被攻击的可能。设想根本就不需要任何服务，则关闭包括基本的网络协议在内的所有网络服务。故仅仅启用绝对需要的基本协议和服务是这个问题的最佳答案。当确定启动的服务后，必须考虑每个服务带来的风险有多大。如某个服务因有太多的安全缺陷而不能使用时，就应找一个更安全的服务来代替它。可行的方案有：选择其他制造商的产品，选择资源开放式产品代替专用产品，或选择能提供与不安全产品同样安全特性的更安全的技术。比如：可用开放资源的 Apache Web 服务器替代 IIS，用具有安全外壳技术（SSH）的 SFTP 或 SCP 代替 FTP。

4. 网络的规模有多大

网络中有多少台主机、服务器、路由器，线路的情况以及能同时为多少用户提供服务。网络的规模越大，它的安全隐患越多。

5. 网络使用哪些网络设施

由于不同的网络设施其安全性是不同的，应根据对网络的安全性要求来选择相应的网络设施。

6. 网络有哪些安全漏洞以及安全威胁的类型有哪些

在进行网络的安全分析时，这是必须回答的问题。由于网络的安全漏洞多种多样，使得攻击者可采用多种攻击手段。在进行安全设计时，应尽可能对各种安全漏洞作出仔细的分析，对各种攻击手段都要采取相应的防范措施。

在实际进行网络安全需求分析时，一般可以着重从以下两个角度进行分析：网络提供的不同业务类型和不同用户群。其中最关键的是应针对不同的业务类型进行相应的安全需求分析。分析时可参考图 1－5 所示的安全需求分析流程。

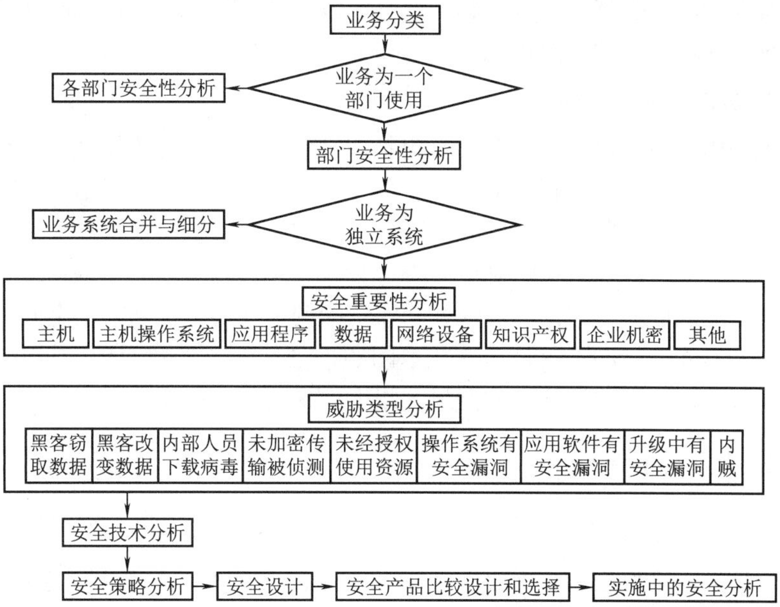

图 1－5　安全需求分析流程

二、网络安全的策略制定

在进行网络安全需求分析后，就应根据分析结果进行网络安全的规划，制定相应的安全策略。

从技术上看，网络安全涉及网络结构中的各个层面。按 OSI 的 7 层模型，信息系统安全贯穿于整个 7 层模型。网络的安全需要全面协防，而非某一层次或某一设备就能解决好的。另外，网络安全不仅是投资的正函数，而且和效率相矛盾。全面的安全协防就是在不同层次上利用不同的安全技术、不同成本的设备相互补充，从而既加强了安全，又平衡了安全中存在的矛盾。在实际网络环境中应着重考虑网络的通信安全、网络层的安全以及应用层的安全。

1. 网络的通信安全

要使网络安全，首先要确保网络的通信安全。网络通信安全包含了物理层的安全和数据链路层的安全。通常有以下几种方法可以提供安全的网络通信，比如使用加压电缆、加密、身份鉴别系统以及进行网段划分等。

2. 网络层的安全

网络层的安全需要保证网络只给授权的用户使用授权的服务，保证网络路由正确，保障数据来源于真实的发送方，避免数据被拦截或监听，保障数据为原始数据，中途没被修改。保证网络层安全最基本的分隔手段就是防火墙。

在网络层还可利用 VPN 技术来组网，或在网络层利用访问控制技术，灵活地控制哪些用户可以访问哪些服务，这样就可大大地提高网络的安全性。

3. 应用层的安全

应用层的安全是比较复杂的，其复杂性在于，不同的应用，安全环境不一样，应用系统其自身的安全特性也各不相同。在关注应用层的安全问题时，应区分不同的应用系统，采取不同的安全措施。

4. 计算机网络病毒的防治

企业范围内的防病毒解决方案要求包括一套统一全面的实施方法，能够进行中央控制，能对病毒特征码进行自动更新，并且要能支持多平台、多协议和多种文件类型，将多层次的综合防病毒软件和企业内统一的管理和运行策略结合在一起。

在进行网络安全规划及策略制定时要考虑以上几个方面外，也必须充分考虑人的因素。应提高人的安全意识，增强处理安全问题的技能，加强对安全问题的管理。由此可见，网络安全问题不仅是一个技术问题，也是一个管理问题，只有从各个层次和各个环节来协同采取措施，才能最大限度地提高网络的安全性。

三、网络安全的评估

1. 网络安全的评估范围

在对网络的安全性进行评估之前，应确定评估的范围。一般来说应包括以下几方面：

（1）影响网络安全的自然因素和人为因素。计算机系统硬件和通信设施极易遭受到自然环境因素的影响（如温度、湿度、灰尘度和电磁场等的影响），以及自然灾害（如洪水、地震等）和人为（包括故意损坏和非故意损坏）的物理破坏，因此必须对这些自然因素和人为因素的风险进行评估。

（2）软硬件效用性评估。计算机系统的硬件、软件的自然损耗和自然失效等会影响系统的正常工作，造成计算机网络系统内信息的损坏、丢失和安全事故。对新建的网络系统，其效用性评估可暂不进行，但对已运行一段时间的网络系统应该适时进行这项评估。

（3）网络设计。评估网络设计中是否有结构性错误（如是否存在单点失效、是否考虑了必要的冗余等等）、是否留下设计上的安全隐患。

（4）网络实现。主要审核评估在实现网络的各项功能时，是否考虑了安全因素、对网络组件是否进行了安全优化。

（5）主机安全。主要考虑主机操作系统的安全，是否使用了更为安全的操作系统，操作系统的补丁程序是否安装齐全，是否是最新的版本。

（6）物理安全。主要包括电缆是否有裸露、电源系统是否考虑周全、网络系统在物理上是否容易被非相关人员接近。

（7）故障修复。主要评估网络在发生故障时，是否能够修复和修复时间的长短。这也涉及是否有备件库以及备件库的远近等。

（8）进程与程序。主要审核进程与程序在运行时是否存在安全隐患，如是否有缓冲区溢出等问题。

（9）解决问题的反应时间。包括紧急反应时间和非工作期的反应时间，审核这些反应时间是否及时、是否满足网络服务的要求。

2. 网络安全的评估方法

确定了网络安全的评估范围后，可以采用如下方法对网络安全进行评估：

（1）入侵试验。入侵试验就是网络评审人员对被测试网络进行实际攻击，模仿攻击者实际做的事情（如扫描用于网络服务的计算机），确定这些服务程序的版本，找出服务程序的弱点。

（2）配置分析。配置分析就是评审员从内部检查网络，其本质是一种非常详细的检查清单，对照检查清单检查网络的每个方面，记录下有差异的地方。如果所发现问题的数量少且严重性相当低，网络就通过审核。如果问题太多或问题比较严重，则网络就没有通过审核。

（3）主观评价法。主观评价法就是通过一组人员（包括安全专家、管理人员等）对各种风险因素发生的可能性有多大、危害程度有多高做一评价，再利用一定的综合分析方法对计算机网络总体风险做出评估，从而根据该评估来对已判定的风险进行处理。

一般来说，可以对网络可能面临的风险的损害程度和风险发生的可能程度进行定量表示，并确定风险评价表，进而得到风险评估值，可以根据评估值的大小做出风险决策。

最后综合对各种风险因素的评价，明确网络系统的安全现状，确定网络系统中安全的最薄弱环节，从而改进网络的安全性能。

总之，在使用各种评估方法时，必须充分考虑到网络系统的各种风险因素，然后逐个进行分析，作出的决策必须既要有效地防止各种风险，保证系统安全、可靠地运行，同时又要有较高的成本效益、操作简易性及对用户的透明性和界面的友好性。

安全需求分析为安全策略的制定提供了依据，并指明了加强网络安全的方向，网络安全评估可以检验安全策略是否满足网络的安全需求，并可以指出安全策略的不足。因网络环境是动态变化的，安全技术也在不断地发展变化，所以只有不断地分析网络新的安全需求，制定新的安全策略，不断地循环上面提到的安全圈，才能不断地提高网络安全。

四、网络安全实现方案

当今中小企业与大企业一样，都广泛使用信息技术，特别是网络技术，以不断提高企业的竞争力。企业的信息设施在提高企业效益的同时，也给企业增加了风险隐患。大企业所面临的安全问题也一直困扰着中小企业，给中小企业所造成的损失不可估量。由于计算机网络特有的开放性，网络安全问题日益严重。中小企业所面临的安全问题主要有以下几个方面：

（1）外网安全：黑客攻击、病毒传播、蠕虫攻击、垃圾邮件泛滥、敏感信息泄露等已成为影响最为广泛的安全威胁。

（2）内网安全：调查显示，在受调查的企业中，60% 以上的员工利用网络处理私人事务。对网络的不正当使用，降低了生产率、消耗企业网络资源，并引入病毒和间谍，或者使得不法员工可以通过网络泄露企业机密。

（3）内部网络之间、内外网络之间的连接安全：随着企业的发展壮大，逐渐形成了企业总部、各地分支机构、移动办公人员这样的新型互动运营模式。怎么处理总部与分支机构、移动办公人员的信息共享安全，既要保证信息的及时共享，又要防止机密的泄露已经成为企业成长过程中不得不考虑的问题。各地机构与总部之间的网络连接安全直接影响企业的高效运作。

目前的中小企业由于人力和资金上的限制，网络安全产品不仅仅需要简单的安装，更重要的是要有针对复杂网络应用的一体化解决方案。其着眼点在于：国内外领先的厂商产品；具备处理突发事件的能力；能够实时监控并易于管理；提供安全策略配置定制；使用户能够很容易地完善自身安全体系。归结起来，应充分保证以下几点：

（1）网络可用性：网络是业务系统的载体，防止如 DoS/DDoS 这样的网络攻击破坏网络的可用性。

（2）业务系统的可用性：中小企业主机、数据库、应用服务器系统的安全运行同样十分关键，网络安全体系必须保证这些系统不会遭受来自网络的非法访问、恶意入侵和破坏。

（3）数据机密性：对于中小企业网络，保密数据的泄密将直接带来企业商业利益的损失。网络安全系统应保证机密信息在存储与传输时的保密性。

（4）访问的可控性：对关键网络、系统和数据的访问必须得到有效的控制，这要求系统能够可靠确认访问者的身份，谨慎授权，并对任何访问进行跟踪记录。

（5）网络操作的可管理性：对于网络安全系统应具备审计和日志功能，对相关重要操作提供可靠而方便的可管理和维护功能。

1. UTM（统一威胁管理）更能满足中小企业的网络安全需求

网络安全系统通常是由防火墙、入侵检测、漏洞扫描、安全审计、防病毒、流量监控等功能产品组成的。但由于安全产品来自不同的厂商，没有统一的标准，因此安全产品之间无法进行信息交换，形成许多安全孤岛和安全盲区。而企业用户目前急需的是建立一个规范的安全管理平台，对各种安全产品进行统一管理。于是，UTM 产品应运而生，并且正在逐步得到市场的认可。UTM 安全、管理方便的特点，是安全设备最大的好处，而这往往也是中小企业对产品的主要需求。

中小企业的资金流比较薄弱，这使得中小企业在网络安全方面的投入总显得底气不足。而整合式的 UTM 产品相对于单独购置各种功能，可以有效地降低成本投入。且由于 UTM 的管理比较统一，能够大大降低在技术管理方面的要求，弥补中小企业在技术力量上的不足。这使得中小企业可以最大限度地降低对安全供应商的技术服务要求，网络安全方案可行性更强。

UTM 产品更加灵活、易于管理，中小企业能够在一个统一的架构上建立安全基础设施，相对于提供单一专有功能的安全设备，UTM 在一个通用的平台上提供多种安全功能。一个典型的 UTM 产品整合了防病毒、防火墙、入侵检测等很多常用的安全功能，而用户既可以选择具备全面功能的 UTM 设备，也可以根据自己的需要选择某几个方面的功能。更为重要的是，用户可以随时在这个平台上增加或调整安全功能，而任何时候这些安全功能都可以很好地协同工作。

2. 整体网络安全系统架构

随着针对应用层的攻击越来越多、威胁越来越大，只针对网络层以下的安全解决方案已不足以应付各种攻击了。例如，那些携带着后门程序的蠕虫病毒是简单的防火墙/VPN 安全体系所无法对付的。因此建议企业采用立体多层次的安全系统架构。

如图 1－6 所示，这种多层次的安全体系不仅要求在网络边界设置防火墙&VPN，还要设置针对网络病毒和垃圾邮件等应用层攻击的防护措施，将应用层的防护放在网络边缘，这种主动防护可将攻击内容完全阻挡在企业内部网之外。对于内网安全，特别是移动办公，客户端隔离（client quarantine）将对有安全问题的主机进行隔离，以免其对整个网络造成更大范围的影响。这给整个企业网络提供了安全保障。

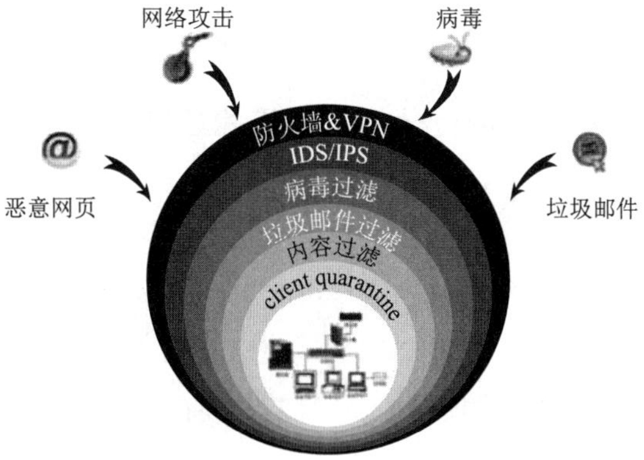

图 1－6　中小企业网络安全解决方案

知识链接

文档
知识链接

课后练习

根据“案例说明”第 3 点（本书运用到的扩展作业企业网依据）中的企业描述，针对汇源服饰厂的情况编写网络安全分析报告。

任务七　编写需求分析文档

任务描述

本次任务是在完成前面任务的基础上，对前面任务总结综合和归纳，编写企业网用户需求分析文档。

任务目标

（1）通过任务实施使学生能在教师的指导下完成企业网用户需求分析文档的撰写。

（2）掌握网络工程工作流程和需求分析文档撰写方法。

（3）培养学生与人沟通、组织、协调和文字处理能力。

任务实施

一、对需求分析调研表进行分析、讨论和总结

针对已经填好的网络需求分析调研表进行分析、讨论和总结。

实施方法：

（1）项目小组负责人以项目组为单位，召开部门全体会议，讨论分析网络需求分析调研表。

（2）大家讨论总结，确定用户需求分析的具体内容。

二、需求分析归档

实施方法：

（1）将讨论好的企业网络需求分析形成统一的文档，供大家再次讨论。

（2）项目小组成员讨论需求分析文档，通过后形成最终的企业网络需求分析文档。下面是通过问卷调研分析总结后形成的富源企业网络需求分析说明书。

富源企业网络需求分析说明书

一、综述

需求分析说明书是在对富源企业充分调研的基础上的总结报告，是下一步逻辑网络设计的基础性文件，对进一步的网络开发设计奠定了基础。针对该企业，主要是对该企业的用户群对网络的具体需求，如对软件、网络的服务、网络的带宽，以及网络的可靠性、安全性、适用性、扩展性等需要进行了调研，并进行了分析。下面是该网络需求说明书的主要内容。

- 需求分析调研过程及取得的材料清单。

- 用户群软件应用需求清单。
- 企业信息点需求。
- 应用需求分析。
- 计算机平台需求。
- 网络服务需求。
- 网络性能、安全性、可靠性、适用性、扩展性的需求。

二、需求分析的方法

需求分析调研的方法可以有多种，可以采用座谈、问卷调查、实地考察、基准分析等，本次的调研工作针对该企业的情况主要采用了问卷调查的方法。

本次调研过程中主要与董事会代表、组织管理部门代表、各部门主管及文员代表、生产员工代表等人员进行了接触，共发放问卷调查200份，其中收回186份，能反映富源企业的网络用户的基本需求。下表是问卷调查回收统计表。

问卷调查回收统计表

用户群	主要代表	信息来源方式	获得的材料	材料份数	备注
董事会	代表	问卷调查，座谈	问卷调查	26	
组织管理	代表	问卷调查，座谈	问卷调查	23	
属各部门	代表	问卷调查，座谈	问卷调查	12	
人力资源部	代表	问卷调查，座谈	问卷调查	16	
属各部门	代表	问卷调查，座谈	问卷调查	19	
财务部	代表	问卷调查，座谈	问卷调查	16	
开发部	代表	问卷调查，座谈	问卷调查	28	
市场部	代表	问卷调查，座谈	问卷调查	25	
生产部	代表	问卷调查，座谈	问卷调查	21	
合　计				186	

三、需求分析数据总结

通过对富源企业的实地考察和收集来的问卷调查，进行认真仔细的分析，从用户群软件应用需求、企业信息点需求、应用需求、计算机平台需求、网络服务需求以及网络性能、安全性、可靠性、适用性、扩展性的需求几个方面进行了总结。

1. 软件应用统计表

企业用户从事的行业多样，应用的软件也各种各样，经过对问卷调查进行分析和总结，得到下表所示的企业用户主要应用软件统计表。

企业用户主要应用软件统计表

软件应用类型	用户群	描述	用户数	备注
办公软件	董事会，组织管理属各部门，人力资源部，属各部门，财务部，开发部，市场部，生产部，采购部，后勤保障部	应用最多的软件类型	1 000	
系统开发软件	开发部	不同行业应用不同软件	200	
行业设计软件	开发部	不同行业应用不同软件	200	
图像处理软件	开发部，生产部		230	
合计			1 630	

2. 应用需求分析表

针对企业用户网络应用的需求，对企业网络用户的应用进行汇总，计算企业用户的流量带宽，将用户不同的应用进行分类，然后计算每类应用的数据流量，将所有应用流量进行累加即可得到企业用户网络总的带宽需求，为以后设计奠定基础。下表是用户应用分析表。

用户应用分析表

具体应用	应用分析								
应用名称	通信流向	平均用户数	使用频率	使用时段	平均事务大小	平均会话长度	平均会话个数	是否实时	备注
办公自动化	内网	60	常用	8～17	200 KB	1 min	3	是	
邮件	客/服双向	50	常用	8～17	1 MB	1 min	3	非	
网页浏览	内外网双向	80	常用	8～17	300 KB	1 min	30	是	
视频点播	服/客单向外网	30	常用	19～22	200 MB	1.5 h	1	是	
电子商务	B/S 内外网双向	30	常用	8～22	300 KB	1 min	1	是	
QQ 聊天	P2P 内外网双向	30	常用	8～22	300 KB	8 min	2	是	
文件传输	P2P 内外网双向	20	常用	8～22	10 MB	5 min	3	是	

计算应用的通信流量，可以根据如下公式略算：

应用总信息传输速率＝［平均事务大小×每字节的位数（8）×平均会话个数×平均用户数/平均会话长度］/80%。

式中除以“80%”是从效率角度考虑，现在用户大多用 TCP/IP 协议结构，应用层的数据经过传输层（例如 TCP）封装至少加上 20 字节协议头，IP 封装也要至少加上 20 字节协议头，数据链路层封装也要至少 18 字节协议头，从经验值看，总的效率大概 80%，还没考虑最坏 64 字节 MAC 帧的情况。

办公自动化流量 $=(200\times1\ 000\times8\times3\times60/60)/0.8=6\ 000\ 000(\text{bit/s})$
$=6(\text{Mbit/s})$

邮件流量 $=(1\ 000\ 000\times8\times3\times50/60)/0.8=25\ 000\ 000(\text{bit/s})=25(\text{Mbit/s})$

网页浏览流量 $=(300\times1\ 000\times8\times30\times80/60)/0.8=120\ 000\ 000\ \text{bit/s}$
$=120(\text{Mbit/s})$

视频点播流量 = (200 000 000 × 8 × 1 × 30/5 400)/0.8 = 11 000 000(bit/s)
= 11(Mbit/s)

电子商务流量 = (300 × 1 000 × 8 × 1 × 30/60)/0.8 = 15 000 000 bit/s = 1.5(Mbit/s)

QQ 聊天流量 = (300 × 1 000 × 8 × 2 × 30/480)/0.8 = 375 000 (bit/s)
= 0.375(Mbit/s)

文件传输流量 = (10 × 1 000 000 × 8 × 3 × 20/300)/0.8 = 20 000 000(bit/s)
= 20(Mbit/s)

考虑无阻塞设计,集线比设计为 1:1的话,则需求的总带宽为:

总带宽流量 = 办公自动化流量 + 邮件流量 + 网页浏览流量 + 视频点播流量 + 电子商务流量 + QQ 聊天流量 + 文件传输流量 = 6 Mbit/s + 25 Mbit/s + 120 Mbit/s + 11 Mbit/s + 1.5 Mbit/s + 0.375 Mbit/s + 20 Mbit/s
= 183.875 ≈ 200 Mbit/s

从上面的计算可知,该企业应用带宽总流量 200 Mbit/s 即可满足需要,在设计时还要考虑扩展性。

3. 计算机平台需求表

对于用户个人的计算机本设计不需考虑,主要考虑会所、物业管理中心和网络管理中心的计算机需求,下表是会所、物业管理中心和网络管理中心的计算机平台需求表。

计算机平台需求表

部门	计算机类型	功能	安全需求	可靠性需求	台数	备注
董事会	普通 PC	办公、娱乐	不要求	要求	50	
组织管理属各部门	普通 PC	办公	要求	要求	3	
	笔记本式	维护	要求	要求	2	
人力资源部	普通 PC	办公	要求	要求	5	
属各部门	普通 PC	办公/教学	不要求	要求	50	
财务部	普通 PC	办公	要求	要求	5	
开发部	普通 PC	办公	要求	要求	5	
市场部	普通 PC	办公	要求	要求	5	
生产部	普通 PC	办公	要求	要求	10	
合　　计					135	

四、批准部分

以上是富源企业用户需求说明书,请企业负责人和网络公司集成商领导双方对以上内容进行审阅,并做出批示。

五、修改说明书

1. 修改的程序和对应责任

1) 修改程序

(1) 提出或记录书面的软件修改需求。

（2）双方商定修改的软件范围及修改的期限。

（3）接受方书面确认对方提出的需求。

为了简化书面形式，可以制订一个固定格式的修改需求表，双方在提出及确认需求、修改完毕时在同一张表上签字。

2）对应责任

修改需求的主要提出方要承担一定的经济责任。

2. 修改记录

（1）修改的时间：________________________________。

（2）具体内容：________________________________。

（3）修改后产生的附件文本：________________________________。

知识链接

撰写优秀的需求文档并没有现成的方法，经验是非常重要的。在这里，给出撰写需求文档的一些建议：

（1）需求文档只描述"做什么"，而无须描述"怎么做"，不应该包括设计和实现的细节、项目计划信息和测试信息。

（2）撰写需求文档应考虑用户、分析员和实现者之间的交流需要，采用用户的术语而不是计算机专业术语，应该在形式化和自然语言之间进行适当的选择。

（3）需求文档应该足够详细，撰写人员应该力求寻找到恰如其分的需求详细程度，一个有益的原则是撰写可单独测试的需求。

（4）需求文档应使用语法、拼写和标点正确的完整句子，语句和段落应该简单明了，避免把多个需求集中在一个冗长的段落中描述。

（5）应避免使用模糊的、主观的术语，诸如友好、容易、简单、迅速、有效、许多、最新技术、可接受的、至少、最小、提高等，这将导致需求无法验证。

（6）应该使用列表、数字、图和表来表示信息，这样可以使需求文档便于阅读。

课后练习

根据"案例说明"第3点（本书运用到的扩展作业企业网依据）中的企业描述，针对汇源服饰厂的情况撰写网络需求分析报告。

项目二

企业网络逻辑设计

项目综述

本项目主要是对企业网络进行逻辑设计。根据企业网络前期的调研、分析和需求分析说明书，对企业网络进行逻辑设计，主要内容包括拓扑结构设计、命名设计、IP 地址规划、IP 路由规划、安全设计等。初步建立企业网络的逻辑模型，为企业网络的物理设计奠定基础。

学习目标

（1）能够根据企业网络需求分析进行逻辑网络设计，掌握网络逻辑设计的方法步骤。

（2）锻炼学生与人合作、沟通的能力。

（3）引导学生将网络安全和经济环保理念融入网络设计中。

项目流程

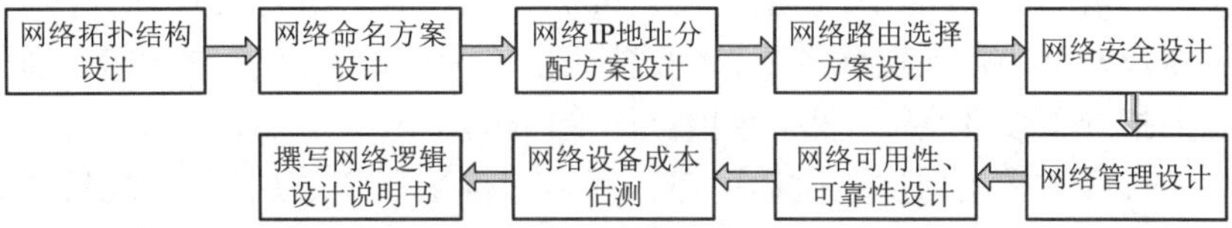

任务　网络逻辑设计

任务描述

根据企业网络需求分析进行逻辑网络设计，主要内容如下：

（1）设计企业网的拓扑结构，并对拓扑结构的设计进行简要说明。

（2）设计网络命名方案，包括楼栋命名设计、设备间（管理间）命名设计、网络设备命名设计、用户账号命名设计，并对相关设计进行简要说明。

（3）设计企业网络 IP 地址分配方案，包括企业网 IP 规划、服务器 IP 规划、路由网段 IP 规划和管理 IP 规划等，并对相关设计进行简要说明。

（4）设计企业网络内部路由方案，并对内部路由设计方案进行说明。

（5）设计企业网络安全方案，并对网络安全设计方案进行说明。

任务目标

（1）能在教师的指导下完成：

①企业网络拓扑结构的设计。

②企业网络 IP 地址分配方案的设计。

③企业网络命名方案设计。

④企业网络内部路由方案设计。

⑤企业网络安全设计。

（2）培养学生与人沟通、组织、协调、文字处理能力。

（3）引导学生将网络安全和经济环保理念融入到网络设计中。

任务实施

一、设计网络拓扑结构

网络的设计采用层次化设计思想，把整个计算机网络划分为核心层、汇聚层、接入层。网络的层次化设计具有以下优点。

（1）结构简单：通过网络分成许多小单元，降低了网络的整体复杂性，使故障排除或扩展更容易，能隔离广播风暴的传播、防止路由循环等潜在问题。

（2）升级灵活：网络容易升级到最新的技术，升级任意层的网络不会对其他层造成影响，无须改变整个网络环境。

（3）易于管理：层次结构降低了设备配置的复杂性，使网络更容易管理。

网络拓扑结构图的设计是在网络需求分析的基础上，综合考虑网络的功能、性能、安全性、可靠性、可用性、适用性、可扩展性，力求节省投资并且使利益最大化，满足企业网络用户的实际需要，创建易用、好用、安全、可靠的信息通信平台。在此思想的指导下设计富源企业的网络拓扑结构图。

在设计过程中采用层次化设计思想，网络结构采用核心层、汇聚层、接入层三层结构、核心层实现高速交换，数据转发，汇聚层实现基本策略的设置，接入层实现用户的接入，具体网络拓扑结构图设计如图 2－1 所示。

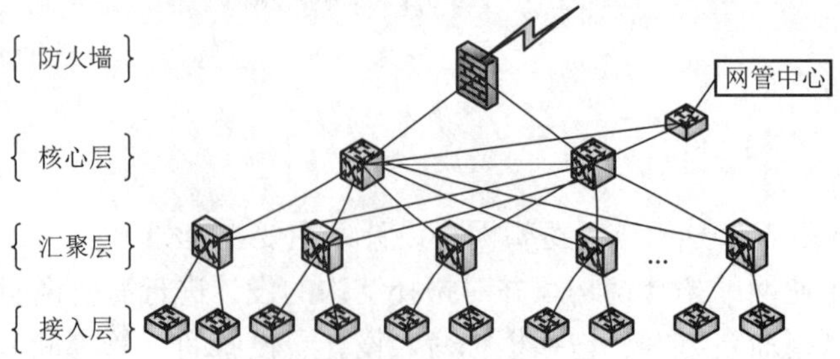

图 2－1　富源企业网络拓扑结构图

说明：

1. 核心层

网络主干部分称为核心层。核心层的主要目的在于通过高速转发通信，提供可靠的骨干传输结构，因此核心层交换机应拥有更高的可靠性、更快速率的链路连接技术，并且能快速适应网络的变化。性能和吞吐量应根据不同层次用不同的要求设计网络，并且使用冗余组件来设计，在与汇聚层交换机相连时要考虑采用建立在生成树基础上的多链路冗余连接，以保证与核心层交换机之间存在备份连接和负载均衡，完成高带宽、大容量网络层路由交换功能。采用双核心冗余结构设计，核心交换机利用两台路由交换机实现。采用高性能、高吞吐量的交换机，实现高数据量转发。

两台交换机实现相互备份、自动感知、自动切换，当一台交换机失败时，业务流量马上切换到另一台交换机上实现，对用户透明传输，增强网络的可靠性、可用性。

两台核心交换机均与防火墙连接，实现路由冗余，增加网络安全性。

2. 汇聚层

位于接入层和核心层之间的部分称为分布层或汇聚层。汇聚层是多台接入层交换机的汇聚点，它必须能够处理来自接入层设备的所有通信量，并提供到核心层的上行链路，因此汇聚层交换机与接入层交换机比较，需要更高的性能、更少的接口和更高的交换速率。汇聚层的设计要满足核心层、汇聚层交换机和服务器集合环境对千兆端口密度、可扩展性、高可用性以及多层交换的不断增长的需求，支持大用户量、多媒体信息传输等应用。汇聚层采用高性能的三层交换机实现，连接核心层和接入层，实现策略定制、流量管理、数据高速转发。

3. 接入层

通常将网络中直接面向用户连接或访问网络的部分称为接入层。接入层目的是允许终端用户连接到网络，提供了带宽共享、交换带宽、MAC 层过滤和网段划分等功能。接入层交换机具有低成本和高端口密度的特点，考虑采用可网管、可堆叠的接入级交换机。交换机的高速端口用于上连高速率的汇聚层交换机，普通端口直接与用户计算机相连，以有效地缓解网络主干的瓶颈。接入层采用多端口部门级交换机实现，支持 PVLAN 功能。

二、设计网络命名方案

为了增强网络可读性，需要对网络进行命名，包括楼栋命名、设备间（管理间）命名、服务器命名等。

1. 楼栋命名设计

命名时建议从楼栋的功能上进行命名，取该楼栋的汉语拼音的第一个字母，然后跟楼栋的编号。或者同一类功能的楼栋归为一起，统一用“A、B、C、D、E、F”等作为第一个字母，然后跟楼栋的编号命名。例如行政楼，取汉语拼音的“X”，楼栋的编号取 2 位，那么楼栋的命名是“X01”。本设计方案全部采用汉语拼音方式命名，表 2 – 1 所示为楼栋的命名设计。

表 2－1　楼栋命名设计

序号	楼栋	描述	楼栋命名	设备间命名
1	行政楼	网络中心	X01	X01－01
2		行政部		X01－02
3		财务部		
4		研发部		
5		生产部		X01－03
6		市场部		
7		外联部		X01－04
8		会议室		
9	厂房	厂房 1	C01	C01－01
10				C01－02
11		厂房 2	C02	C02－01
12				C02－02
13	宿舍楼	宿舍 1	S01	S01－01
14				S01－02
15				S01－03
16				S01－04
17				S01－05
18		宿舍 2	S02	S02－01
19				S02－02
20				S02－03
21				S02－04
22				S02－05
23		宿舍 3	S03	S03－01
24				S03－02
25				S03－03
26				S03－04
27				S03－05
28	娱乐中心		Y01	Y01－01
29				Y01－02
30				Y01－03
31				Y01－04

2. 设备间（管理间）命名设计

针对每栋楼的物理结构、用户数量、未来发展等情况，对企业网的所有设备间统一命名，基本原则是“楼栋名－设备间序号”，统一采用“01”作为该楼栋的设备间，其他编号作为管理间使用。例如行政楼的信息中心设备间编号“01”，则命名为“X01－01”如果需要其他的管理间，分别命名“X01－02”“X01－03”等。

表 2－2 所示为设备间（管理间）的命名设计方案。

表 2－2　设备间（管理间）命名设计

楼栋	设备间/管理间名称	设备类型	设备序号	设备名称	备注
X01	X01－01	路由器	1	X01－01－AR2220－01	连接外网
		交换机	2	X01－01－S6800－02	核心交换一
		交换机	3	X01－01－S6800－03	核心交换二
		交换机	4	X01－01－S3700－04	连接工作站
		交换机	5	X01－01－S5700－05	连接服务器群
		服务器	6	X01－01－Server－06	Web 服务器
		服务器	7	X01－01－Server－07	E－mail 服务器
		服务器	8	X01－01－Server－08	FTP 服务器
		服务器	9	X01－01－Server－09	DNS 服务器
		PC	10	X01－01－PC－10	管理工作站
		PC	11	X01－01－PC－11	工作站
	X01－02	交换机	12	X01－02－S5700－01	汇聚交换
		交换机	13	X01－02－S3700－02	行政部接入
		交换机	14	X01－02－S3700－03	财务部接入
		交换机	15	X01－02－S3700－04	研发部接入
	X01－03	交换机	16	X01－03－S3700－01	生产部接入
		交换机	17	X01－03－S3700－02	市场部接入
	X01－04	交换机	18	X01－04－S3700－01	外联部接入
		交换机	19	X01－04－S3700－02	会议室接入
C01	C01－01	交换机	20	C01－01－S5700－01	厂房汇聚
		交换机	21	C01－01－S3700－02	厂房接入
	C01－02	交换机	22	C01－02－S3700－01	厂房接入
C02	C02－01	交换机	23	C02－01－S3700－01	厂房接入
	C02－02	交换机	24	C02－02－S3700－01	厂房接入
S01	S01－01	交换机	25	S01－01－S3700－01	宿舍接入
		交换机	26	S01－01－S3700－02	宿舍接入
		交换机	27	S01－01－S3700－03	宿舍接入
	S01－02	交换机	28	S01－02－S3700－01	宿舍接入
		交换机	29	S01－02－S3700－02	宿舍接入
		交换机	30	S01－02－S3700－03	宿舍接入
	S01－03	交换机	31	S01－03－S3700－01	宿舍接入
		交换机	32	S01－03－S3700－02	宿舍接入
		交换机	33	S01－03－S3700－03	宿舍接入
	S01－04	交换机	34	S01－04－S3700－01	宿舍接入
		交换机	35	S01－04－S3700－02	宿舍接入
		交换机	36	S01－04－S3700－03	宿舍接入

续表

楼栋	设备间/管理间名称	设备类型	设备序号	设备名称	备注
S01	S01－05	交换机	37	S01－05－S3700－01	宿舍接入
		交换机	38	S01－05－S3700－02	宿舍接入
		交换机	39	S01－05－S3700－03	宿舍接入
S02	S02－01	交换机	40	S02－01－S3700－01	宿舍接入
		交换机	41	S02－01－S3700－02	宿舍接入
		交换机	42	S02－01－S3700－03	宿舍接入
		交换机	43	S02－01－S5700－04	宿舍汇聚
	S02－02	交换机	44	S02－02－S3700－01	宿舍接入
		交换机	45	S02－02－S3700－02	宿舍接入
		交换机	46	S02－02－S3700－03	宿舍接入
	S02－03	交换机	47	S02－03－S3700－01	宿舍接入
		交换机	48	S02－03－S3700－02	宿舍接入
		交换机	49	S02－03－S3700－03	宿舍接入
	S02－04	交换机	50	S02－04－S3700－01	宿舍接入
		交换机	51	S02－04－S3700－02	宿舍接入
		交换机	52	S02－04－S3700－03	宿舍接入
	S02－05	交换机	53	S02－05－S3700－01	宿舍接入
		交换机	54	S02－05－S3700－02	宿舍接入
		交换机	55	S02－05－S3700－03	宿舍接入
S03	S03－01	交换机	56	S03－01－S3700－01	宿舍接入
		交换机	57	S03－01－S3700－02	宿舍接入
		交换机	58	S03－01－S3700－03	宿舍接入
	S03－02	交换机	59	S03－02－S3700－01	宿舍接入
		交换机	60	S03－02－S3700－02	宿舍接入
		交换机	61	S03－02－S3700－03	宿舍接入
	S03－03	交换机	62	S03－03－S3700－01	宿舍接入
		交换机	63	S03－03－S3700－02	宿舍接入
		交换机	64	S03－03－S3700－03	宿舍接入
	S03－04	交换机	65	S03－04－S3700－01	宿舍接入
		交换机	66	S03－04－S3700－02	宿舍接入
		交换机	67	S03－04－S3700－03	宿舍接入
	S03－05	交换机	68	S03－05－S3700－01	宿舍接入
		交换机	69	S03－05－S3700－02	宿舍接入
		交换机	70	S03－05－S3700－03	宿舍接入
Y01	Y01－01	交换机	71	Y01－01－S5700－01	娱乐中心汇聚
		交换机	72	Y01－01－S3700－02	娱乐中心接入

续表

楼栋	设备间/管理间名称	设备类型	设备序号	设备名称	备注
Y01	Y01－02	交换机	73	Y01－02－S3700－01	娱乐中心接入
		交换机	74	Y01－02－S3700－02	娱乐中心接入
		交换机	75	Y01－02－S3700－03	娱乐中心接入
		交换机	76	Y01－02－S3700－04	娱乐中心接入
	Y01－03	交换机	77	Y01－03－S3700－01	娱乐中心接入
	Y01－04	交换机	78	Y01－04－S3700－01	娱乐中心接入

3. 域名设计

根据网络结构、需求分析，需要对域名进行设计。

规划的 IP 段是 192. 168. 90. 0/24，各服务器的 IP 地址使用保留的 192. 168. 90. 1 到 192. 168. 90. 20 之间的 IP 地址。域名设计时要规范、统一，尽量做到简单明了、顾名思义。表 2－3 所示为域名设计方案。

表 2－3　域名设计方案

序号	服务名称	计算机名称	IP 地址
1	Web	web. fuyuanfs. com	192. 168. 90. 1
2	DNS	dns. fuyuanfs. com	192. 168. 90. 2
3	FTP	ftp. fuyuanfs. com	192. 168. 90. 3
4	E－Mail	mail. fuyuanfs. com	192. 168. 90. 4
5	视频点播	vedio. fuyuanfs. com	192. 168. 90. 5

4. 用户账号命名设计

对企业网中所有的用户进行统一规划设计，基本原则是不同部门分类命名，然后编号，例如行政部门用户账号可以用“行政”的汉语拼音命名“XZ－01”，每部门 01 号为部门管理员，其他为工作人员。宿舍楼用户自己申请，娱乐中心根据情况设计公共用户账号。也可根据用户的工号来创建用户账户，但必须将以工号命名的用户账户加入其所属部门的组内进行管理。表 2－4 所示为用户账号的命名设计。

表 2－4　用户账号命名设计

序号	部门	部门命名	用户组名	部门用户账号	备注
01	行政部	XZ	XZB	XZ－01	
02				XZ－02	
03				XZ－03	
04	研发部	YF	YFB	YF－01	
05				YF－02	
06				YF－03	
07	财务部	CW	CWB	CW－01	
08				CW－02	
09				CW－03	

续表

序号	部门	部门命名	用户组名	部门用户账号	备注
10	生产部	SC	SCB	SC－01	
11				SC－02	
12				SC－03	
13	市场部	SHIC	SHICB	SHIC－01	
14				SHIC－02	
15				SHIC－03	
16	网络中心	WLZX	WLZXB	WLZX－01	
17				WLZX－02	
18				WLZX－03	
19	娱乐中心	YLZX	YLZXB	YLZX－01	
20				YLZX－02	
21				YLZX－03	

三、设计网络 IP 地址分配方案

1. 网络地址设计的思想

根据公司状况，对公司各部门进行 IP 网段、网关进行设计。

Intranet 是 Internet 技术在企业内部或闭合用户群内的实现。它的基本通信协议是 TCP/IP 协议，其中 TCP 使得内部网上的数据有序、可靠地传输，IP 使内部网中的各个子网互联起来。网络建设的关键在于 IP 地址的规划，IP 地址规划应具有一定的开放性和可扩展性。

在以 TCP/IP 为基本通信协议的计算机网中，每一台设备都是以 IP 地址标识网络位置的，因此在组建网络之前，要为网上的所有设备包括服务器、客户机、打印服务器等分配一个唯一的 IP 地址。考虑到整个网络今后的扩展、维护等问题，内部网的 IP 地址不仅应符合流行的国际标准，还应有规律、易记忆，能反映整个网络的特点。由于不同单位的计算机网络有各自不同的特点，IP 地址的规划也需要考虑不同的因素。

本方案中网络地址设计的思想是以各栋楼的各层分别作为一个单独的网段，采用 C 类私有地址实现，用户的地址采用动态分配，用户终端可以自动获取地址，然后网络中心通过 NAPT 技术将用户的地址转换公有地址，使得用户透明上网。

网络管理信息中心的服务器专用一个网段，网络管理地址单独设置在后面讨论，这样便于管理。

2. 网络地址设计表

表 2－5 所示为企业网络地址设计表。

表 2－5　企业网络地址设计表

序号	楼栋	部门	网　段	动态分配	保留地址	网关	备注
1	X01	网络中心	192. 168. 90. 0/24	1 ~ 128	129 ~ 254	192. 168. 90. 254	
2		行政部	192. 168. 9. 0/24	1 ~ 200	201 ~ 254	192. 168. 9. 254	
3		财务部	192. 168. 10. 0/24	1 ~ 200	201 ~ 254	192. 168. 10. 254	
4		研发部	192. 168. 1. 0/24	1 ~ 200	201 ~ 254	192. 168. 1. 254	
5		生产部	192. 168. 12. 0/24	1 ~ 200	201 ~ 254	192. 168. 12. 254	
6		市场部	192. 168. 13. 0/24	1 ~ 200	201 ~ 254	192. 168. 13. 254	
7		外联部	192. 168. 14. 0/24	1 ~ 200	201 ~ 254	192. 168. 14. 254	
8		会议室	192. 168. 15. 0/24	1 ~ 200	201 ~ 254	192. 168. 15. 254	
9	C01	厂房 1	192. 168. 16. 0/24	1 ~ 200	201 ~ 254	192. 168. 16. 254	
10	C02	厂房 2	192. 168. 17. 0/24	1 ~ 200	201 ~ 254	192. 168. 17. 254	
11	S01	宿舍楼 1	192. 168. 18. 0/24	1 ~ 240	241 ~ 254	192. 168. 18. 254	
12			192. 168. 19. 0/24	1 ~ 240	241 ~ 254	192. 168. 19. 254	
13			192. 168. 20. 0/24	1 ~ 240	241 ~ 254	192. 168. 20. 254	
14			192. 168. 2. 0/24	1 ~ 240	241 ~ 254	192. 168. 2. 254	
15			192. 168. 22. 0/24	1 ~ 240	241 ~ 254	192. 168. 22. 254	
16			192. 168. 23. 0/24	1 ~ 240	241 ~ 254	192. 168. 23. 254	
17	S02	宿舍楼 2	192. 168. 24. 0/24	1 ~ 240	241 ~ 254	192. 168. 24. 254	
18			192. 168. 25. 0/24	1 ~ 240	241 ~ 254	192. 168. 25. 254	
19			192. 168. 26. 0/24	1 ~ 240	241 ~ 254	192. 168. 26. 254	
20			192. 168. 27. 0/24	1 ~ 240	241 ~ 254	192. 168. 27. 254	
21			192. 168. 28. 0/24	1 ~ 240	241 ~ 254	192. 168. 28. 254	
22			192. 168. 29. 0/24	1 ~ 240	241 ~ 254	192. 168. 29. 254	
23	S03	宿舍楼 3	192. 168. 30. 0/24	1 ~ 240	241 ~ 254	192. 168. 30. 254	
24			192. 168. 3. 0/24	1 ~ 240	241 ~ 254	192. 168. 3. 254	
25			192. 168. 32. 0/24	1 ~ 240	241 ~ 254	192. 168. 32. 254	
26			192. 168. 33. 0/24	1 ~ 240	241 ~ 254	192. 168. 33. 254	
27			192. 168. 34. 0/24	1 ~ 240	241 ~ 254	192. 168. 34. 254	
28			192. 168. 35. 0/24	1 ~ 240	241 ~ 254	192. 168. 35. 254	
29	Y01	娱乐中心	192. 168. 36. 0/24	1 ~ 200	201 ~ 254	192. 168. 36. 254	
30			192. 168. 37. 0/24	1 ~ 200	201 ~ 254	192. 168. 37. 254	
31			192. 168. 38. 0/24	1 ~ 200	201 ~ 254	192. 168. 38. 254	
32			192. 168. 39. 0/24	1 ~ 200	201 ~ 254	192. 168. 39. 254	
33			192. 168. 40. 0/24	1 ~ 200	201 ~ 254	192. 168. 40. 254	无线

四、设计路由选择方案

路由分为静态路由和动态路由，其相应的路由表称为静态路由表和动态路由表。静态路由表由网络管理员在系统安装时根据网络的配置情况预先设定，网络结构发生变化后由网络管理员手工修改路由表。动态路由随网络运行情况的变化而变化，路由器根据路由协议提供的功能自动计算数据传输的最佳路径，由此得到动态路由表。

根据路由算法，动态路由协议可分为距离向量路由协议（distance vector routing protocol）和链路状态路由协议（link state routing protocol）。距离向量路由协议基于Bellman－Ford算法，主要有RIP、IGRP（IGRP为Cisco公司的私有协议）；链路状态路由协议基于图论中著名的Dijkstra算法，即最短优先路径（shortest path first，SPF）算法，如OSPF。在距离向量路由协议中，路由器将部分或全部的路由表传递给与其相邻的路由器；而在链路状态路由协议中，路由器将链路状态信息传递给在同一区域内的所有路由器。

根据路由器在自治系统中的位置，可将路由协议分为内部网关协议（interior gateway protocol，IGP）和外部网关协议（external gateway protocol，EGP，也叫域间路由协议）。域间路由协议有两种：外部网关协议和边界网关协议（border gateway protocol，BGP）。EGP是为一个简单的树状拓扑结构而设计的，在处理选路循环和设置选路策略时，具有明显的缺点，目前已被BGP代替。

自治系统（autonomous system，AS）是为了网络管理的方便，人为制定的管理区域，由网络中心统一命名。图2－2所示为自治系统的示意图。

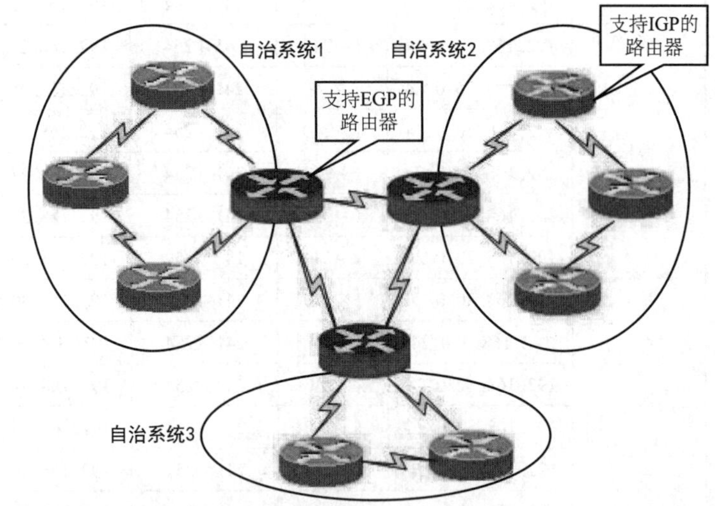

图2－2　自治系统示意图

EIGRP是Cisco公司的私有协议，是一种混合协议，它既有距离向量路由协议的特点，同时又继承了链路状态路由协议的优点。各种路由协议各有特点，适合不同类型的网络。下面分别加以阐述。

1. 静态路由

静态路由表在开始选择路由之前就被网络管理员建立，并且只能由网络管理员更改，所以只适用于网络传输状态比较简单的环境。静态路由具有以下特点：

（1）静态路由无须进行路由交换，因此节省网络的带宽、CPU的利用率和路由器的内存。

（2）静态路由具有更高的安全性。在使用静态路由的网络中，所有要连到网络上的路由器都需在邻接路由器上设置其相应的路由。因此，在某种程度上提高了网络的安全性。

（3）有的情况下必须使用静态路由，如 DDR、使用 NAT 技术的网络环境。

静态路由具有以下缺点：

（1）管理者必须真正理解网络的拓扑并正确配置路由。

（2）网络的扩展性能差。如果要在网络上增加一个网络，管理者必须在所有路由器上加一条路由。

（3）配置烦琐，特别是当需要跨越几台路由器通信时，其路由配置更为复杂。

2. 动态路由

动态路由协议分为距离向量路由协议和链路状态路由协议，两种协议各有特点，分述如下。

1）距离向量路由协议

距离向量指协议使用跳数或向量来确定从一个设备到另一个设备的距离。不考虑每跳链路的速率。

距离向量（DV）路由协议不使用正常的邻居关系，用两种方法获知拓扑的改变和路由的超时：

- 当路由器不能直接从连接的路由器收到路由更新时。
- 当路由器从邻居收到一个更新，通知它网络的某个地方拓扑发生了变化。

在小型网络中（少于 100 个路由器，或需要更少的路由更新和计算环境），距离向量路由协议运行得相当好。当小型网络扩展到大型网络时，该算法计算新路由的收敛速度极慢，而且在它计算的过程中，网络处于一种过渡状态，极可能发生循环并造成暂时的拥塞。再者，当网络底层链路技术多种多样，带宽各不相同时，距离向量算法对此视而不见。

距离向量路由协议的这种特性不仅造成了网络收敛的延时，而且消耗了带宽。随着路由表的增大，需要消耗更多的 CPU 资源，并消耗了内存。

2）链路状态路由协议

链路状态（LS）路由协议没有跳数的限制，使用"图形理论"算法或最短路径优先算法。

链路状态路由协议有更短的收敛时间、支持 VLSM（可变长子网掩码）和 CIDR。

链路状态路由协议在直接相连的路由之间维护正常的邻居关系。这允许路由更快收敛。链路状态路由协议在会话期间通过交换 Hello 包（也叫链路状态信息）创建对等关系，这种关系加速了路由的收敛。

不像距离向量路由协议那样，更新时发送整个路由表。链路状态路由协议只广播更新的或改变的网络拓扑，这使得更新信息更小，节省了带宽和 CPU 利用率。另外，如果网络不发生变化，更新包只在特定的时间内发出（通常为 30 min 到 2 h）。

3. 常用动态路由协议的分析

1）RIP

RIP（路由信息协议）是路由器生产商之间使用的第一个开放标准，是最广泛的路由协议，在所有 IP 路由平台上都可以得到。当使用 RIP 时，不同厂家的路由器可以相互连接。RIP 有三个版本，即 RIPv1、RIPv2 和 RIPng（RIP next generation），它们均基于经典的距离向量路由算法，最大跳数为 15 跳。

RIPv1 是一种有类路由（classful routing）协议，不支持不连续子网设计，不支持 VLSM，另外，它也不支持对路由过程的认证，使得 RIPv1 有一些轻微的弱点，有被攻击的可能。RIPv1 通过广播地址 255.255.255.255 发送路由消息。

RIPv2 是无类路由（classless routing）协议，支持 CIDR 及 VLSM，支持不连续子网设计，支持对协议报文进行验证，并提供明文验证和 MD5 验证两种方式，增强了安全性。RIPv2 使用组播地址 224.0.0.9 发送路由消息。

RIP 使用 UDP 协议的 520 端口更新路由信息。路由器每隔 30 s 更新一次路由信息，如果在 180 s 内没有收到相邻路由器的回应，则认为去往该路由器的路由不可用，该路由器不可到达。如果在 240 s 后仍未收到该路由器的应答，则把有关该路由器的路由信息从路由表中删除。

RIP 协议的最新版是基于 IPv6 的 RIPng，RIPng 的度量也是基于跳数（hops count）的，每经过一台路由器，路径的跳数加 1。如此一来，跳数越多，路径就越长，路由算法会优先选择跳数少的路径。RIPng 支持的最大跳数是 15，跳数为 16 的网络被认为不可达。RIPng 使用 FF02::9 这个地址进行组播更新，并且使用 UDP 的 521 端口发送和接收数据报。

使用 RIP 协议时，当有多个网络时会出现环路问题，RIP 的防环机制有如下几种：

- 记数最大值（maximum hop count）：定义最大跳数（最大为 15 跳），当跳数为 16 跳时，目标为不可达。
- 水平分割（split horizon）：从一个接口学习到的路由不会再广播回该接口。Cisco 可以对每个接口关闭水平分割功能。
- 路由毒化（route posion）：当拓扑变化时，路由器会将失效的路由标记为 possibly down 状态，并分配一个不可达的度量值。
- 毒性逆转（poison reverse）：从一个接口学习的路由会发送回该接口，但是已经被毒化，跳数设置为 16 跳，不可达。
- 触发更新（trigger update）：一旦检测到路由崩溃，立即广播路由刷新报文，而不等到下一刷新周期。
- 抑制计时器（holddown timer）：防止路由表频繁翻动，增加了网络的稳定性。

RIP 的算法简单，但在路径较多时收敛速度慢，广播路由信息时占用的带宽资源较多，它适用于网络拓扑结构相对简单且数据链路故障率极低的小型网络中，在大型网络中，一般不使用 RIP。

2）IGRP

内部网关路由协议（interior gateway routing protocol，IGRP）是 Cisco 公司 20 世纪 80 年代开发的，是一种动态的、长跨度（最大可支持 255 跳）的路由协议，使用度量（向量）来确定到达一个网络的最佳路由，由延时、带宽、可靠性和负载等来计算最优路由，它在同个自治系统内具有高跨度，适合复杂的网络。Cisco IOS 允许路由器管理员对 IGRP 的网络带宽、延时、可靠性和负载进行权重设置，以影响度量的计算。

像 RIP 一样，IGRP 使用 UDP 发送路由表项。每个路由器每隔 90 s 更新一次路由信息，如果 270 s 内没有收到某路由器的回应，则认为该路由器不可到达；如果 630 s 内仍未收到应答，则 IGRP 进程将从路由表中删除该路由。

它比较 RIP 而言，主要有以下几点改进：

• IGRP 路由的跳数不再受 16 跳的限制，同时在路由更新上引入新的特性，使得 IGRP 协议适用于更大的网络。

• 引入了触发更新、路由保持、水平分割和毒性路由等机制，使得 IGRP 对网络变化有着较快的响应速度，并且在拓扑结构改变后仍然能够保持稳定。

• 在 Metric 值的范围和计算上有了很大的改进，使得路由的选择更加准确，同时使路由的选择可以适应不同的服务类型。

• 为了提供更多的灵活性，IGRP 允许多路径路由。两条等带宽线路可以以循环（round - robin）方式支持一条通信流，当一条线路断掉时自动切换到第二条线路。此外，即使各条路的 Metric 不同也可以使用多路径路由。例如，如果一条路径比另一条好三倍，它将以三倍使用率运行。只有具有一定范围内的最佳路径 Metric 值的路由才用作多路径路由。

3）EIGRP

随着网络规模的扩大和用户需求的增长，原来的 IGRP 已显得力不从心，于是，Cisco 公司又开发了增强的 IGRP，即 EIGRP。EIGRP 使用与 IGRP 相同的路由算法，但它集成了链路状态路由协议和距离向量路由协议的长处，同时加入散播更新算法（DUAL）。

EIGRP 具有如下特点：

• 快速收敛。快速收敛是因为使用了散播更新算法，通过在路由表中备份路由而实现，也就是到达目的网络的最小开销和次最小开销（也叫适宜后继，feasible successor）路由都被保存在路由表中，当最小开销的路由不可用时，快速切换到次最小开销路由上，从而达到快速收敛的目的。

• 减少了带宽的消耗。EIGRP 不像 RIP 和 IGRP 那样，每隔一段时间就交换一次路由信息，它仅当某个目的网络的路由状态改变或路由的度量发生变化时，才向邻接的 EIGRP 路由器发送路由更新，因此，其更新路由所需的带宽比 RIP 和 EIGRP 小得多——这种方式叫触发式（triggered）。

• 增大网络规模。对于 RIP，其网络最大只能是 15 跳（hop），而 EIGRP 最大可支持 255 跳。

• 减少路由器 CPU 的利用。路由更新仅被发送到需要知道状态改变的邻接路由器，由于使用了增量更新，EIGRP 比 IGRP 使用更少的 CPU。

• 支持可变长子网掩码。

• IGRP 和 EIGRP 可自动移植。IGRP 路由可自动重新分发到 EIGRP 中，EIGRP 也可将路由自动重新分发到 IGRP 中。如果愿意，也可以关掉路由的重分发。

• EIGRP 支持三种可路由的协议（IP、IPX、AppleTalk）。

• 支持非等值路径的负载均衡。

• 使用多播和单播，不使用广播，从而节约了带宽。

• EIGRP 使用和 IGRP 一样的度的算法，但是是 32 位长的。

• 因 EIGIP 是 Cisco 公司开发的专用协议，因此，当 Cisco 设备和其他厂商的设备互联时，不能使用 EIGRP。

4）OSPF

开放式最短路径优先（open shortest path first，OSPF）协议是一种为 IP 网络开发的内部网关路由选择协议，由 IETF 开发并推荐使用。OSPF 协议由三个子协议组成：Hello 协议、交换协议和扩散协议。其中 Hello 协议负责检查链路是否可用，并完成指定路由器及备份指定路由器；交换协议完成“主”“从”路由器的指定并交换各自的路由数据库信息；扩散协议完成各路由器中路由数据库的同步维护。

OSPF 协议具有以下优点：

• OSPF 能够在自己的链路状态数据库内表示整个网络，这极大地减少了收敛时间，并且支持大型异构网络的互联，提供了一个异构网络间通过同一种协议交换网络信息的途径，并且不容易出现错误的路由信息。

• OSPF 支持通往相同目的的多重路径。

• OSPF 使用路由标签区分不同的外部路由。

• OSPF 支持路由验证，只有互相通过路由验证的路由器之间才能交换路由信息；并且可以对不同的区域定义不同的验证方式，从而提高了网络的安全性。

• OSPF 支持费用相同的多条链路上的负载均衡。

• OSPF 是一个非族类路由协议，路由信息不受跳数的限制，减少了因分级路由带来的子网分离问题。

• OSPF 支持 VLSM 和非族类路由查表，有利于网络地址的有效管理。

• OSPF 使用 AREA 对网络进行分层，减少了协议对 CPU 处理时间和内存的需求。

• 支持验证：它支持给予接口的报文验证以保证路由计算的安全性。

• 组播发送：OSPF 在有组播发送能力的链路层上以组播地址发送协议报文，既达到了广播的作用，又最大程度地减少了对其他网络设备的干扰。

5）BGP

BGP 用于连接 Internet。BGPv4 是一种外部的路由协议，可认为是一种高级的距离向量路由协议。

在 BGP 网络中，可以将一个网络分成多个自治系统。自治系统间使用 eBGP 广播路由，自治系统内使用 iBGP 在自己的网络内广播路由。

Internet 由多个互相连接的企业网络组成。每个企业网络或 ISP 必须定义一个自治系统号（ASN）。这些自治系统号由 IANA（internet assigned numbers authority）分配。共有 65 535 个可用的自治系统号，其中 65 512 ~ 65 535 为私用保留。当共享路由信息时，这个号码也允许以层的方式进行维护。

BGP 使用可靠的会话管理，TCP 中的 179 端口用于触发 update 和 keepalive 信息到它的邻居，以传播和更新 BGP 路由表。

在 BGP 网络中，自治系统有：

• Stub AS。只有一个入口和一个出口的网络。

• 转接 AS（transit AS）。当数据从一个 AS 到另一个 AS 时，必须经过 transit AS。

如果企业网络有多个 AS，则在企业网络中可设置 transit AS。

IGP 和 BGP 最大的不同之处在于运行协议的设备之间通过的附加信息的总数不同。IGP 使用的路由更新包比 BGP 使用的路由更新包更小（因此 BGP 承载更多的路由属性）。BGP 可在给定的路由上附上很多属性。

当运行 BGP 的两个路由器开始通信以交换动态路由信息时，使用 TCP 端口 179，它们依赖于面向连接的通信（会话）。

BGP 必须依靠面向连接的 TCP 会话以提供连接状态。因为 BGP 不能使用 keepalive 信息（但在普通头上存放有 keepalive 信息，以允许路由器校验会话是否 active）。标准的 keepalive 是在电路上从一个路由器送往另一个路由器的信息，而不使用 TCP 会话。路由器使用电路上的这些信号来校验电路没有错误或没有发现电路。

某些情况下，需要使用 BGP：

- 当需要从一个 AS 发送流量到另一个 AS 时。
- 当流出网络的数据流必须手工维护时。
- 当连接两个或多个 ISP、NAP（网络访问点）和交换点时。

以下三种情况不能使用 BGP：

- 如果路由器不支持 BGP 所需的大型路由表时。
- 当 Internet 只有一个连接时，使用默认路由。
- 当网络没有足够的带宽来传送所需的数据时（包括 BGP 路由表）。

针对企业网络的特点，不同部门用户之间使用 VLAN 进行网络隔离，以控制广播组的大小和位置，并可限制个别用户的访问。路由协议则选择 OSPF 协议，主要原因在于 OSPF 的快速收敛、分区域管理、支持 VLSM 和 CIDR、路由开销小等优良特性。

五、设计网络安全

1. 安全体系设计原则

在进行计算机网络安全设计、规划时应遵循以下原则：

（1）需求、风险、代价平衡分析的原则：对任一网络来说，绝对安全难以达到，也不一定必要。对一个网络要进行实际分析，对网络面临的威胁及可能承担的风险进行定性与定量相结合的分析，然后制定规范和措施，确定本系统的安全策略。保护成本、被保护信息的价值必须平衡，如价值仅 1 万元的信息用 5 万元的技术和设备去保护是一种不适当的保护。

（2）综合性、整体性原则：运用系统工程的观点、方法分析网络的安全问题，并制定具体措施。一个较好的安全措施往往是多种方法适当综合的应用结果。一个计算机网络包括个人、设备、软件、数据等环节。它们在网络安全中的地位和影响作用，只有从系统综合的整体角度去看待和分析，才可能获得有效、可行的措施。

（3）一致性原则：这主要是指网络安全问题应与整个网络的工作周期（或生命周期）同时存在，制定的安全体系结构必须与网络的安全需求相一致。实际上，在网络建设之初就考虑网络安全对策，比起等网络建设好后再考虑，不但容易，而且花费也少得多。

（4）易操作性原则：安全措施要由人来完成，如果措施过于复杂，对人的要求过高，本身就降低了安全性。其次，采用的措施不能影响系统正常运行。

（5）适应性、灵活性原则：安全措施必须能随着网络性能及安全需求的变化而变化，要容易适应、容易修改。

（6）多重保护原则：任何安全保护措施都不是绝对安全的，都可能被攻破。但是建立一个多重保护系统，各层保护相互补充，当一层保护被攻破时，其他层保护仍可保护信息的安全。

2. 安全体系层次模型

按照网络 OSI 的 7 层模型，网络安全贯穿于整个 7 层。针对网络系统实际运行的 TCP/IP 协议，网络安全贯穿于信息系统的 4 个层次。

- 物理层：物理层信息安全，主要防止物理通路的损坏、物理通路的窃听、对物理通路的攻击（干扰等）。
- 链路层：链路层的网络安全需要保证通过网络链路传送的数据不被窃听。主要采用划分 VLAN（局域网）、加密通信（远程网）等手段。
- 网络层：网络层的安全需要保证网络只给授权的客户使用授权的服务，保证网络路由正确，避免被拦截或监听。
- 操作系统：操作系统安全要求保证客户资料、操作系统访问控制的安全，同时能够对该操作系统上的应用进行审计。
- 应用平台：应用平台指建立在网络系统之上的应用软件服务，如数据库服务器、电子邮件服务器、Web 服务器等。由于应用平台的系统非常复杂，通常采用多种技术（如 SSL 等）来增强应用平台的安全性。
- 应用系统：应用系统完成网络系统的最终目的——为用户服务。应用系统的安全与系统设计和实现关系密切。应用系统通过应用平台提供的安全服务来保证基本安全，如通信内容安全、通信双方的认证、审计等手段。

企业网络安全主要涉及用户的自主安全、网管中心以及网络设备的安全。用户的计算机安全主要通过对操作系统加固、安装相应防火墙软件和杀毒软件实现，加强对用户的培训教育。网管中心应配置相应的安全审计设备、安装网络杀毒软件、用户认证计费软件等，以实现网络安全。物理安全应加强防盗、防破坏措施。

图 2-3 表示了对应网络系统的安全体系层次模型。

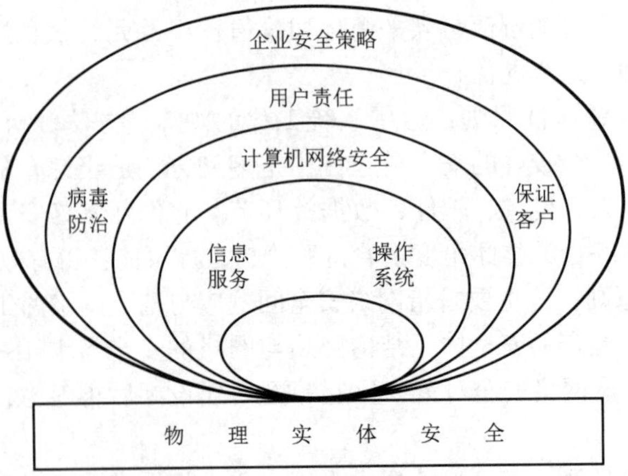

图 2-3　安全体系层次

六、网络管理设计

企业网络设备较多，应购置网管软件，对网络统一管理，对每台设备配置管理地址，网管中心可以实时监控网络设备运行工作情况，发现问题及时处理。表 2 -6 所示为网络管理地址的设计，该设计方法是整个企业采用 192.91.91.0/24 网段，每栋楼的设备间预留 10 个地址，每个设备一个地址，可以采用 lo 接口来设置实现。

表 2 -6　网络管理地址的设计

楼栋	设备间（管理间）名称	设备类型	设备名称	管理地址	备注
X01	X01 -01	路由器	X01 -01 - AR2220 -01	192.168.91.1	连接外网
		交换机	X01 -01 - S5700 -02	192.168.91.2	核心交换一
		交换机	X01 -01 - S5700 -03	192.168.91.3	核心交换二
		交换机	X01 -01 - S3700 -04	192.168.91.4	连接工作站
		交换机	X01 -01 - S3700 -05	192.168.91.5	连接服务器群
	X01 -02	交换机	X01 -02 - S5700 -01	192.168.91.11	汇聚交换
		交换机	X01 -02 - S3700 -02	192.168.91.12	行政部接入
		交换机	X01 -02 - S3700 -03	192.168.91.13	财务部接入
		交换机	X01 -02 - S3700 -04	192.168.91.14	研发部接入
	X01 -03	交换机	X01 -03 - S3700 -01	192.168.91.21	生产部接入
		交换机	X01 -03 - S3700 -02	192.168.91.22	市场部接入
	X01 -04	交换机	X01 -04 - S3700 -01	192.168.91.31	外联部接入
		交换机	X01 -04 - S3700 -02	192.168.91.32	会议室接入
C01	C01 -01	交换机	C01 -01 - S5700 -01	192.168.91.41	厂房汇聚
		交换机	C01 -01 - S3700 -02	192.168.91.42	厂房接入
	C01 -02	交换机	C01 -02 - S3700 -01	192.168.91.51	厂房接入
C02	C02 -01	交换机	C02 -01 - S3700 -01	192.168.91.61	厂房接入
	C02 -02	交换机	C02 -02 - S3700 -01	192.168.91.71	厂房接入
S01	S01 -01	交换机	S01 -01 - S3700 -01	192.168.91.81	宿舍接入
		交换机	S01 -01 - S3700 -02	192.168.91.82	宿舍接入
		交换机	S01 -01 - S3700 -03	192.168.91.83	宿舍接入
	S01 -02	交换机	S01 -02 - S3700 -01	192.168.91.91	宿舍接入
		交换机	S01 -02 - S3700 -02	192.168.91.92	宿舍接入
		交换机	S01 -02 - S3700 -03	192.168.91.93	宿舍接入
	S01 -03	交换机	S01 -03 - S3700 -01	192.168.91.101	宿舍接入
		交换机	S01 -03 - S3700 -02	192.168.91.102	宿舍接入
		交换机	S01 -03 - S3700 -03	192.168.91.103	宿舍接入

续表

楼栋	设备间（管理间）名称	设备类型	设备名称	管理地址	备注
S01	S01－04	交换机	S01－04－S3700－01	192.168.91.111	宿舍接入
		交换机	S01－04－S3700－02	192.168.91.112	宿舍接入
		交换机	S01－04－S3700－03	192.168.91.113	宿舍接入
	S01－05	交换机	S01－05－S3700－01	192.168.91.121	宿舍接入
		交换机	S01－05－S3700－02	192.168.91.122	宿舍接入
		交换机	S01－05－S3700－03	192.168.91.123	宿舍接入
S02	S02－01	交换机	S02－01－S3700－01	192.168.91.131	宿舍接入
		交换机	S02－01－S3700－02	192.168.91.132	宿舍接入
		交换机	S02－01－S3700－03	192.168.91.133	宿舍接入
		交换机	S02－01－S5700－04	192.168.91.134	宿舍汇聚
	S02－02	交换机	S02－02－S3700－01	192.168.91.141	宿舍接入
		交换机	S02－02－S3700－02	192.168.91.142	宿舍接入
		交换机	S02－02－S3700－03	192.168.91.143	宿舍接入
	S02－03	交换机	S02－03－S3700－01	192.168.91.151	宿舍接入
		交换机	S02－03－S3700－02	192.168.91.152	宿舍接入
		交换机	S02－03－S3700－03	192.168.91.153	宿舍接入
	S02－04	交换机	S02－04－S3700－01	192.168.91.161	宿舍接入
		交换机	S02－04－S3700－02	192.168.91.162	宿舍接入
		交换机	S02－04－S3700－03	192.168.91.163	宿舍接入
	S02－05	交换机	S02－05－S3700－01	192.168.91.171	宿舍接入
		交换机	S02－05－S3700－02	192.168.91.172	宿舍接入
		交换机	S02－05－S3700－03	192.168.91.173	宿舍接入
S03	S03－01	交换机	S03－01－S3700－01	192.168.91.181	宿舍接入
		交换机	S03－01－S3700－02	192.168.91.182	宿舍接入
		交换机	S03－01－S3700－03	192.168.91.183	宿舍接入
	S03－02	交换机	S03－02－S3700－01	192.168.91.191	宿舍接入
		交换机	S03－02－S3700－02	192.168.91.192	宿舍接入
		交换机	S03－02－S3700－03	192.168.91.193	宿舍接入
	S03－03	交换机	S03－03－S3700－01	192.168.91.201	宿舍接入
		交换机	S03－03－S3700－02	192.168.91.202	宿舍接入
		交换机	S03－03－S3700－03	192.168.91.203	宿舍接入
	S03－04	交换机	S03－04－S3700－01	192.168.91.210	宿舍接入
		交换机	S03－04－S3700－02	192.168.91.211	宿舍接入
		交换机	S03－04－S3700－03	192.168.91.212	宿舍接入
	S03－05	交换机	S03－05－S3700－01	192.168.91.221	宿舍接入
		交换机	S03－05－S3700－02	192.168.91.222	宿舍接入
		交换机	S03－05－S3700－03	192.168.91.223	宿舍接入

续表

楼栋	设备间（管理间）名称	设备类型	设备名称	管理地址	备注
Y01	Y01 - 01	交换机	Y01 - 01 - S5700 - 01	192.168.91.231	娱乐中心汇聚
		交换机	Y01 - 01 - S3700 - 02	192.168.91.232	娱乐中心接入
	Y01 - 02	交换机	Y01 - 02 - S3700 - 01	192.168.91.241	娱乐中心接入
		交换机	Y01 - 02 - S3700 - 02	192.168.91.242	娱乐中心接入
		交换机	Y01 - 02 - S3700 - 03	192.168.91.243	娱乐中心接入
		交换机	Y01 - 02 - S3700 - 04	192.168.91.244	娱乐中心接入
	Y01 - 03	交换机	Y01 - 03 - S3700 - 01	192.168.91.251	娱乐中心接入
	Y01 - 04	交换机	Y01 - 04 - S3700 - 01	192.168.91.252	娱乐中心接入

七、网络可用性、可靠性设计

随着企业的发展，企业的数据库中保存着公司的越来越多的关键性数据。企业为防止系统崩溃采取的措施多种多样，从核心数据集中管理减少故障点，到数据库恢复软件和全面冗余的同步交易处理系统。但这些措施大都局限于7层模型的上3层。作为信息共享和数据通信的基础，网络的中断可能影响大量业务，造成重大损失。作为业务承载主体的基础网络，其高可用性因此日益成为企业关注的焦点。

1. 高可用性、可靠性网络的要求

1）网络出现故障的频率

作为一个成熟稳健的网络，绝不能频繁地出现故障。只要网络出现故障，即使是很短的时间，也会影响业务的运行。尤其是对丢包和时延敏感的业务，比如应用非常广泛的语音和视频等业务，此时一旦出现网络故障，将会影响通话的质量和视频的质量。例如通话中话音不清晰、噪声大、通话中断等。在通过网络进行视频培训过程中，视频画面延迟大，出现抖动、马赛克。所以，这种故障如果出现频繁是无法让人忍受的。

2）网络出故障恢复的时间

网络的组建及其应用后，难免会出现故障。但是当网络出现故障时，针对网络恢复的措施就显得十分重要。毕竟，一个出故障的网络如果需要几个小时，甚至几天才能恢复的话，那么这个网络也不能称之为高可用性的网络。

3）核心设备的冗余

对于网络的重要部分或设备，应在网络设计上考虑冗余和备份，减少单点故障对整个网络的影响。在考虑设备选型和网络设计时也应该充分考虑到核心设备、关键性设备、电源、引擎、链路等方面的冗余性。

事实上，故障少、故障恢复时间短基本就概括了高可用性网络的特点。在实际网络中，软、硬件的版本质量是有极限的，并且也避免不了各种人为和非技术因素造成的网络故障和服务中断。基于这个原因，开发能让网络迅速从故障中恢复的技术非常重要。事实上，如果网络总是能在不中断（绝大部分）业务的情况下恢复，

对多数用户，就其业务体验来说，甚至可以认为是无故障的。

2. 网络可用性、可靠性设计策略

1）网络结构可靠性

任何核心结点之间建议形成三角连接拓扑或口字形拓扑，即任何核心设备通过两条线路与另外两台设备互联，实现设备、线路冗余。

（1）上连设备（通往 Internet 或企业总部）使用两台设备互为备份，任何一台出现故障流量均会瞬间切换，保证网络健壮性。

（2）核心层建议采用冗余设备的组网方案，所有主干设备均采用双线路连接到核心设备上。

（3）汇聚层也建议采用冗余设备连接到核心设备；汇聚层设备之间通过接口互联，任何一台设备故障或物理链路中断均可自动切换。

（4）接入层设备采用线路捆绑连接到汇聚层，提高链路的带宽和稳定性。

2）网络线路可靠性需求

广域网互联线路建议使用两家不同的运营商互联，减少非己方原因造成的网络故障，也避免了由单一运营商网络故障而导致企业自身的网络故障。这里选择电信 200 M 光纤接入和联通 100 M 光纤接入。

3）网络设备可靠性需求

（1）所有核心网络设备除自身具备双电源模块、双引擎保护外，建议具有双机热备功能。

（2）所有核心网络设备建议应具有模块化、高扩展性功能，具有满足日后升级扩容的能力。

4）网络性能可靠性

网络应具有应对突发大数据流量的能力。性能应满足业务系统对网络吞吐、时延、处理速度等方面的要求。

5）路由协议可靠性

路由协议需选择稳定、兼容性好的路由协议。避免由于网络中存在私有协议而限制了网络的扩容和改造。

6）网络配置可靠性

核心网络设备配置应简单，易于日常管理和紧急情况下的维护。

7）网络设备可管理性

网络的管理能力是管理员了解网络的一个窗口，也是监控和维护网络的一个重要工具。网络管理工具可以帮助网络管理员识别关键资源、流量模式及网络设备的性能，还能用来配置网络设备的故障阈值，提交精确的监控和故障报告。

为了增加网络的可用性、可靠性，企业网络进行了链路冗余和设备冗余设计。在核心网络设计中采用双核心机制，实现双备份、自动切换功能；另外，链路上实现冗余，从核心层到汇聚层采用双链路设计，汇聚层交换机通过双链路与核心层交换机相连，避免链路故障造成网络故障。

总而言之，网络的高可用性现在已经成为系统可用性中密不可分的一部分。专家认为，为了支持网络所承载的日益增长的应用，网络建成后的可用性必须增加到

99.99% 以上。

八、设备成本估测

1. 通信管理间成本估测

1）信息管理中心机房成本估测

信息管理中心机房是企业网络中心，核心设备均在此设备间中，本估测仅是设备估测，没考虑机房建设成本。表 2－7 所示为信息管理中心机房成本估测表。

表 2－7　信息管理中心机房成本估测表

设备类型	厂商	型号	数量/台	单价/元	合计/元	备注
核心交换机			2	40 000	80 000	
接入交换机			2	6 000	12 000	
防火墙			1	20 000	20 000	
服务器			4	12 000	48 000	
工作－台式			2	5 000	10 000	
工作－手提			2	8 000	16 000	
合　计			13		186 000	

2）楼栋设备间成本估测

每栋楼都要设置设备间，由设备间直接到用户住户，这里整体进行估测。表 2－8 所示为企业每栋楼的成本估测表。

表 2－8　企业每栋楼的成本估测表

设备类型	厂商	型号	数量/台	单价/元	合计/元	备注
汇聚交换机			4	8 000	32 000	
接入交换机			65	5 000	325 000	
合　计			69		357 000	

2. 成本汇总

将信息管理中心的设备成本和企业每栋楼的设备成本合计，见表 2－9。

表 2－9　总成本汇总

部门/设备间	设备类型	数量/台	合计/元	备注
信管中心机房设备	中心网络设备	13	186 000	
企业楼栋设备	交换机	69	357 000	
合　计		82	543 000	

九、编写网络逻辑设计说明书

对前期设计的内容进行汇总整理，编写企业网络逻辑设计说明书。下面是整理的样例结果。

富源企业网络逻辑设计说明书

一、综述

富源企业网络逻辑设计是在充分的网络需求分析基础上进行的下一步设计，设计过程中充分考虑企业的多方面需求，如企业通信流量的需求，以及企业网络安全性、可靠性、可用性、适用性、可扩展性需求。将网络设计成高性价比、高可用性、高安全性的网络，满足用户的实际需求，提供优质的服务。

富源企业网络逻辑设计主要内容有：

(1) 网络拓扑结构图设计及对应说明。

(2) 网络命名方案设计。

(3) 网络 IP 地址分配方案设计。

(4) 路由选择方案设计。

(5) 网络安全设计。

(6) 网络管理设计。

(7) 网络可用性、可靠性设计。

二、逻辑设计

1. 网络拓扑结构图设计

网络拓扑结构图的设计是在网络需求分析的基础上，综合考虑网络的功能、性能、安全性、可靠性、可用性、适用性、可扩展性，力求节省投资并且使利益最大化，满足企业网络用户的实际需要，创建易用、好用、安全、可靠的信息通信平台。在此思想的指导下设计富源企业的网络拓扑结构图。

在设计过程中采用层次化设计思想，网络结构采用核心层、汇聚层、接入层三层结构，核心层实现数据的高速交换、转发，汇聚层实现基本策略的设置，接入层实现用户的接入，具体网络拓扑结构图设计如下图所示。

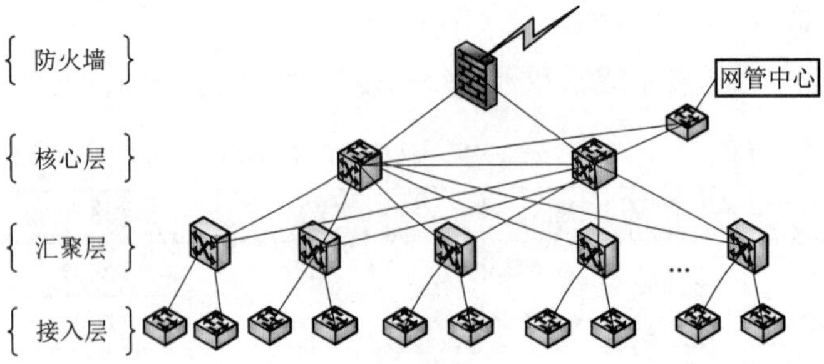

富源企业网络拓扑结构图

2. 命名设计

为了增强网络可读性，需要对网络进行命名，下表是网络的命名设计。

网络命名设计

楼栋	设备间/管理间名称	设备类型	设备序号	设备名称	备注
X01	X01 - 01	路由器	1	X01 - 01 - AR2220 - 01	连接外网
		交换机	2	X01 - 01 - S6800 - 02	核心交换一
		交换机	3	X01 - 01 - S6800 - 03	核心交换二
		交换机	4	X01 - 01 - S3700 - 04	连接工作站
		交换机	5	X01 - 01 - S5700 - 05	连接服务器群
		服务器	6	X01 - 01 - Server - 06	Web 服务器
		服务器	7	X01 - 01 - Server - 07	E - mail 服务器
		服务器	8	X01 - 01 - Server - 08	FTP 服务器
		服务器	9	X01 - 01 - Server - 09	DNS 服务器
		PC	10	X01 - 01 - PC - 10	管理工作站
		PC	11	X01 - 01 - PC - 11	工作站
	X01 - 02	交换机	12	X01 - 02 - S5700 - 01	汇聚交换
		交换机	13	X01 - 02 - S3700 - 02	行政部接入
		交换机	14	X01 - 02 - S3700 - 03	财务部接入
		交换机	15	X01 - 02 - S3700 - 04	研发部接入
	X01 - 03	交换机	16	X01 - 03 - S3700 - 01	生产部接入
		交换机	17	X01 - 03 - S3700 - 02	市场部接入
	X01 - 04	交换机	18	X01 - 04 - S3700 - 01	外联部接入
		交换机	19	X01 - 04 - S3700 - 02	会议室接入
C01	C01 - 01	交换机	20	C01 - 01 - S5700 - 01	厂房汇聚
		交换机	21	C01 - 01 - S3700 - 02	厂房接入
	C01 - 02	交换机	22	C01 - 02 - S3700 - 01	厂房接入
C02	C02 - 01	交换机	23	C02 - 01 - S3700 - 01	厂房接入
	C02 - 02	交换机	24	C02 - 02 - S3700 - 01	厂房接入
S01	S01 - 01	交换机	25	S01 - 01 - S3700 - 01	宿舍接入
		交换机	26	S01 - 01 - S3700 - 02	宿舍接入
		交换机	27	S01 - 01 - S3700 - 03	宿舍接入
	S01 - 02	交换机	28	S01 - 02 - S3700 - 01	宿舍接入
		交换机	29	S01 - 02 - S3700 - 02	宿舍接入
		交换机	30	S01 - 02 - S3700 - 03	宿舍接入
	S01 - 03	交换机	31	S01 - 03 - S3700 - 01	宿舍接入
		交换机	32	S01 - 03 - S3700 - 02	宿舍接入
		交换机	33	S01 - 03 - S3700 - 03	宿舍接入
	S01 - 04	交换机	34	S01 - 04 - S3700 - 01	宿舍接入
		交换机	35	S01 - 04 - S3700 - 02	宿舍接入
		交换机	36	S01 - 04 - S3700 - 03	宿舍接入

续表

楼栋	设备间/管理间名称	设备类型	设备序号	设备名称	备注
S01	S01－05	交换机	37	S01－05－S3700－01	宿舍接入
		交换机	38	S01－05－S3700－02	宿舍接入
		交换机	39	S01－05－S3700－03	宿舍接入
S02	S02－01	交换机	40	S02－01－S3700－01	宿舍接入
		交换机	41	S02－01－S3700－02	宿舍接入
		交换机	42	S02－01－S3700－03	宿舍接入
		交换机	43	S02－01－S5700－04	宿舍汇聚
	S02－02	交换机	44	S02－02－S3700－01	宿舍接入
		交换机	45	S02－02－S3700－02	宿舍接入
		交换机	46	S02－02－S3700－03	宿舍接入
	S02－03	交换机	47	S02－03－S3700－01	宿舍接入
		交换机	48	S02－03－S3700－02	宿舍接入
		交换机	49	S02－03－S3700－03	宿舍接入
	S02－04	交换机	50	S02－04－S3700－01	宿舍接入
		交换机	51	S02－04－S3700－02	宿舍接入
		交换机	52	S02－04－S3700－03	宿舍接入
	S02－05	交换机	53	S02－05－S3700－01	宿舍接入
		交换机	54	S02－05－S3700－02	宿舍接入
		交换机	55	S02－05－S3700－03	宿舍接入
S03	S03－01	交换机	56	S03－01－S3700－01	宿舍接入
		交换机	57	S03－01－S3700－02	宿舍接入
		交换机	58	S03－01－S3700－03	宿舍接入
	S03－02	交换机	59	S03－02－S3700－01	宿舍接入
		交换机	60	S03－02－S3700－02	宿舍接入
		交换机	61	S03－02－S3700－03	宿舍接入
	S03－03	交换机	62	S03－03－S3700－01	宿舍接入
		交换机	63	S03－03－S3700－02	宿舍接入
		交换机	64	S03－03－S3700－03	宿舍接入
	S03－04	交换机	65	S03－04－S3700－01	宿舍接入
		交换机	66	S03－04－S3700－02	宿舍接入
		交换机	67	S03－04－S3700－03	宿舍接入
	S03－05	交换机	68	S03－05－S3700－01	宿舍接入
		交换机	69	S03－05－S3700－02	宿舍接入
		交换机	70	S03－05－S3700－03	宿舍接入
Y01	Y01－01	交换机	71	Y01－01－S5700－01	娱乐中心汇聚
		交换机	72	Y01－01－S3700－02	娱乐中心接入

续表

楼栋	设备间/管理间名称	设备类型	设备序号	设备名称	备注
Y01	Y01－02	交换机	73	Y01－02－S3700－01	娱乐中心接入
		交换机	74	Y01－02－S3700－02	娱乐中心接入
		交换机	75	Y01－02－S3700－03	娱乐中心接入
		交换机	76	Y01－02－S3700－04	娱乐中心接入
	Y01－03	交换机	77	Y01－03－S3700－01	娱乐中心接入
	Y01－04	交换机	78	Y01－04－S3700－01	娱乐中心接入

3. 网络地址设计

1）网络地址设计的思想

网络地址设计的基本思想是以每栋楼的每一层楼作为一个单独的网段，采用C类私有地址实现，用户的地址采用动态分配，企业信管中心核心交换机启用DHCP服务器功能，用户终端可以自动获取地址，然后信管中心通过NAPT技术将用户的地址转换公有地址，使得用户透明上网。

网络管理信息中心的服务器专用一个网段，网络管理地址单独设置。这样便于管理。

2）网络地址设计表

下表是企业网络地址设计表。

企业网络地址设计表

序号	楼栋	部门	VLAN ID	网段	网关	备注
1	X01	网络中心	110	10.0.0.0/30		核心1与路由器
2		网络中心	113	10.0.0.4/30		核心2与路由器
3		网络中心	112	10.0.0.8/30		核心1与核心2
4		网络中心	90	192.168.90.0/24	192.168.90.254	服务器
5		网络中心	91	192.168.9.0/24	192.168.9.254	管理工作站
6		行政部	9	192.168.9.0/24	192.168.9.254	
7		财务部	10	192.168.10.0/24	192.168.10.254	
8		研发部	11	192.168.11.0/24	192.168.11.254	
9		生产部	12	192.168.12.0/24	192.168.12.254	
10		市场部	13	192.168.13.0/24	192.168.13.254	
11		外联部	14	192.168.14.0/24	192.168.14.254	
12		会议室	15	192.168.15.0/24	192.168.15.254	
13	C01	厂房1	16	192.168.16.0/24	192.168.16.254	
14	C02	厂房2	17	192.168.17.0/24	192.168.17.254	
15	S01	宿舍楼1	18	192.168.18.0/24	192.168.18.254	
16			19	192.168.19.0/24	192.168.19.254	
17			20	192.168.20.0/24	192.168.20.254	

续表

序号	楼栋	部门	VLAN ID	网段	网关	备注
18	S01	宿舍楼 1	21	192.168.21.0/24	192.168.21.254	
19			22	192.168.22.0/24	192.168.22.254	
20			23	192.168.23.0/24	192.168.23.254	
21	S02	宿舍楼 2	24	192.168.24.0/24	192.168.24.254	
22			25	192.168.25.0/24	192.168.25.254	
23			26	192.168.26.0/24	192.168.26.254	
24			27	192.168.27.0/24	192.168.27.254	
25			28	192.168.28.0/24	192.168.28.254	
26			29	192.168.29.0/24	192.168.29.254	
27	S03	宿舍楼 3	30	192.168.30.0/24	192.168.30.254	
28			31	192.168.31.0/24	192.168.31.254	
29			32	192.168.32.0/24	192.168.32.254	
30			33	192.168.33.0/24	192.168.33.254	
31			34	192.168.34.0/24	192.168.34.254	
32			35	192.168.35.0/24	192.168.35.254	
33	Y01	娱乐中心	36	192.168.36.0/24	192.168.36.254	
34			37	192.168.37.0/24	192.168.37.254	
35			38	192.168.38.0/24	192.168.38.254	
36			39	192.168.39.0/24	192.168.39.254	
37			40	192.168.40.0/24	192.168.40.254	无线

4. 路由设计

针对企业网络的特点，部门用户之间通过交换机的端口隔离，通过 VLAN 技术实现，部门之间的通信通过路由实现。路由网关可以直接在核心交换机上实现，部门之间通过直连路由不需另外开通路由协议，而与出口路由器之间路由协议则选择 OSPF 协议，主要原因在于 OSPF 的快速收敛、分区域管理、支持 VLSM 和 CIDR、路由开销小等优良特性。

5. 服务器地址规划

服务器地址规划如下表所示。

序号	服务器名称	IP 地址	网关	备注
1	www.fy.com	192.168.90.1	192.168.90.254	提供公司内 Web 服务
2	dns.fy.com	192.168.90.2	192.168.90.254	提供公司内 DNS 服务
3	ftp.fy.com	192.168.90.3	192.168.90.254	提供公司内 FTP 服务
4	mail.fy.com	192.168.90.4	192.168.90.254	提供公司内邮件服务

6. 安全设计

企业网络安全主要涉及用户的自主安全、网管中心以及网络设备的安全。用户的计算机安全主要通过自己对操作系统加固、安装相应防火墙软件和杀毒软件实现，加强对用户的培训教育。网管中心安全主要由配置相应的安全审计设备、用户认证计费软件等实现。网络设备的安全主要是加强防盗、防破坏措施。

7. **网络管理设计**

企业网络设备较多，应购置网管软件对网络统一管理，对每台设备配置管理地址，网管中心可以实时监控网络设备运行工作情况，发现问题及时处理。下表是网络管理地址的设计，该设计方法是整个企业采用192.168.9.0/24网段，每栋楼的设备间预留10个地址，每个设备一个地址，可以采用VLAN 91接口来设置实现。

网络管理地址的设计

楼栋	设备间/管理间名称	设备类型	设备名称	管理地址	备注
X01	X01-01	路由器	X01-01-AR2220-01	192.168.9.1	连接外网
		交换机	X01-01-S5700-02	192.168.9.2	核心交换一
		交换机	X01-01-S5700-03	192.168.9.3	核心交换二
		交换机	X01-01-S3700-04	192.168.9.4	连接工作站
		交换机	X01-01-S3700-05	192.168.9.5	连接服务器群
	X01-02	交换机	X01-02-S5700-01	192.168.9.11	汇聚交换
		交换机	X01-02-S3700-02	192.168.9.12	行政部接入
		交换机	X01-02-S3700-03	192.168.9.13	财务部接入
		交换机	X01-02-S3700-04	192.168.9.14	研发部接入
	X01-03	交换机	X01-03-S3700-01	192.168.9.21	生产部接入
		交换机	X01-03-S3700-02	192.168.9.22	市场部接入
	X01-04	交换机	X01-04-S3700-01	192.168.9.31	外联部接入
		交换机	X01-04-S3700-02	192.168.9.32	会议室接入
C01	C01-01	交换机	C01-01-S5700-01	192.168.9.41	厂房汇聚
		交换机	C01-01-S3700-02	192.168.9.42	厂房接入
	C01-02	交换机	C01-02-S3700-01	192.168.9.51	厂房接入
C02	C02-01	交换机	C02-01-S3700-01	192.168.9.61	厂房接入
	C02-02	交换机	C02-02-S3700-01	192.168.9.71	厂房接入
S01	S01-01	交换机	S01-01-S3700-01	192.168.9.81	宿舍接入
		交换机	S01-01-S3700-02	192.168.9.82	宿舍接入
		交换机	S01-01-S3700-03	192.168.9.83	宿舍接入
	S01-02	交换机	S01-02-S3700-01	192.168.9.91	宿舍接入
		交换机	S01-02-S3700-02	192.168.9.92	宿舍接入
		交换机	S01-02-S3700-03	192.168.9.93	宿舍接入
	S01-03	交换机	S01-03-S3700-01	192.168.9.101	宿舍接入
		交换机	S01-03-S3700-02	192.168.9.102	宿舍接入
		交换机	S01-03-S3700-03	192.168.9.103	宿舍接入

续表

楼栋	设备间/管理间名称	设备类型	设备名称	管理地址	备注
S01	S01 - 04	交换机	S01 - 04 - S3700 - 01	192. 168. 9. 111	宿舍接入
		交换机	S01 - 04 - S3700 - 02	192. 168. 9. 112	宿舍接入
		交换机	S01 - 04 - S3700 - 03	192. 168. 9. 113	宿舍接入
	S01 - 05	交换机	S01 - 05 - S3700 - 01	192. 168. 9. 121	宿舍接入
		交换机	S01 - 05 - S3700 - 02	192. 168. 9. 122	宿舍接入
		交换机	S01 - 05 - S3700 - 03	192. 168. 9. 123	宿舍接入
S02	S02 - 01	交换机	S02 - 01 - S3700 - 01	192. 168. 9. 131	宿舍接入
		交换机	S02 - 01 - S3700 - 02	192. 168. 9. 132	宿舍接入
		交换机	S02 - 01 - S3700 - 03	192. 168. 9. 133	宿舍接入
		交换机	S02 - 01 - S5700 - 04	192. 168. 9. 134	宿舍汇聚
	S02 - 02	交换机	S02 - 02 - S3700 - 01	192. 168. 9. 141	宿舍接入
		交换机	S02 - 02 - S3700 - 02	192. 168. 9. 142	宿舍接入
		交换机	S02 - 02 - S3700 - 03	192. 168. 9. 143	宿舍接入
	S02 - 03	交换机	S02 - 03 - S3700 - 01	192. 168. 9. 151	宿舍接入
		交换机	S02 - 03 - S3700 - 02	192. 168. 9. 152	宿舍接入
		交换机	S02 - 03 - S3700 - 03	192. 168. 9. 153	宿舍接入
	S02 - 04	交换机	S02 - 04 - S3700 - 01	192. 168. 9. 161	宿舍接入
		交换机	S02 - 04 - S3700 - 02	192. 168. 9. 162	宿舍接入
		交换机	S02 - 04 - S3700 - 03	192. 168. 9. 163	宿舍接入
	S02 - 05	交换机	S02 - 05 - S3700 - 01	192. 168. 9. 171	宿舍接入
		交换机	S02 - 05 - S3700 - 02	192. 168. 9. 172	宿舍接入
		交换机	S02 - 05 - S3700 - 03	192. 168. 9. 173	宿舍接入
S03	S03 - 01	交换机	S03 - 01 - S3700 - 01	192. 168. 9. 181	宿舍接入
		交换机	S03 - 01 - S3700 - 02	192. 168. 9. 182	宿舍接入
		交换机	S03 - 01 - S3700 - 03	192. 168. 9. 183	宿舍接入
	S03 - 02	交换机	S03 - 02 - S3700 - 01	192. 168. 9. 191	宿舍接入
		交换机	S03 - 02 - S3700 - 02	192. 168. 9. 192	宿舍接入
		交换机	S03 - 02 - S3700 - 03	192. 168. 9. 193	宿舍接入
	S03 - 03	交换机	S03 - 03 - S3700 - 01	192. 168. 9. 201	宿舍接入
		交换机	S03 - 03 - S3700 - 02	192. 168. 9. 202	宿舍接入
		交换机	S03 - 03 - S3700 - 03	192. 168. 9. 203	宿舍接入
	S03 - 04	交换机	S03 - 04 - S3700 - 01	192. 168. 9. 210	宿舍接入
		交换机	S03 - 04 - S3700 - 02	192. 168. 9. 211	宿舍接入
		交换机	S03 - 04 - S3700 - 03	192. 168. 9. 212	宿舍接入
	S03 - 05	交换机	S03 - 05 - S3700 - 01	192. 168. 9. 221	宿舍接入
		交换机	S03 - 05 - S3700 - 02	192. 168. 9. 222	宿舍接入
		交换机	S03 - 05 - S3700 - 03	192. 168. 9. 223	宿舍接入

续表

楼栋	设备间/管理间名称	设备类型	设备名称	管理地址	备注
Y01	Y01 -01	交换机	Y01 -01 - S5700 -01	192.168.9.231	娱乐中心汇聚
		交换机	Y01 -01 - S3700 -02	192.168.9.232	娱乐中心接入
	Y01 -02	交换机	Y01 -02 - S3700 -01	192.168.9.241	娱乐中心接入
		交换机	Y01 -02 - S3700 -02	192.168.9.242	娱乐中心接入
		交换机	Y01 -02 - S3700 -03	192.168.9.243	娱乐中心接入
		交换机	Y01 -02 - S3700 -04	192.168.9.244	娱乐中心接入
	Y01 -03	交换机	Y01 -03 - S3700 -01	192.168.9.251	娱乐中心接入
	Y01 -04	交换机	Y01 -04 - S3700 -01	192.168.9.252	娱乐中心接入

8. 可用性、可靠性设计

为了增加网络的可用性、可靠性，企业网络进行了链路冗余和设备冗余设计。在核心网络设计中采用双核心机制，实现双备份、自动切换功能；另外，链路上实现冗余，从核心层到汇聚层采用双链路设计，汇聚层交换机通过双链路与核心层交换机相连，避免链路故障造成网络故障。

三、设备成本估测

1. 通信管理间成本估测

1）信息管理中心机房成本估测

信息管理中心机房是企业网络中心，核心设备均在此设备间中，本估测仅是设备估测，没考虑机房建设成本。下表是信息管理中心机房成本估测表。

信息管理中心机房成本估测表

设备类型	厂商	型号	数量/台	单价/元	合计/元	备注
核心交换机			2	40 000	80 000	
接入交换机			2	6 000	12 000	
防火墙			1	20 000	20 000	
服务器			4	12 000	48 000	
工作－台式			2	5 000	10 000	
工作－手提			2	8 000	16 000	
合　计			13		186 000	

2）楼栋设备间成本估测

每栋楼都要设置设备间，由设备间直接到用户住户，这里整体进行估测。下表是企业每栋楼的成本估测表。

企业每栋楼的成本估测表

设备类型	厂商	型号	数量/台	单价/元	合计/元	备注
汇聚交换机			4	8 000	32 000	
接入交换机			65	5 000	325 000	
合　计			69		357 000	

2. 成本汇总

将信息管理中心的设备成本和企业每栋楼的设备成本合计，见下表。

总成本汇总

部门/设备间	设备类型	数量/台	合计/元	备注
信管中心机房设备	中心网络设备	13	186 000	
企业楼栋设备	交换机	69	357 000	
合　计		82	543 000	

四、审批部分

以上是富源企业网络逻辑设计说明书，请企业负责人和网络公司集成商领导双方对以上内容审阅，并做出批示。

五、修改说明书

1. 修改的程序和对应责任

1）修改程序

（1）提出或记录书面的软件修改需求。

（2）双方商定修改的软件范围及修改的期限。

（3）接受方书面确认对方提出的需求。

为了简化书面形式，可以制订一个固定格式的修改需求表，双方在提出及确认需求、修改完毕时在同一张表上签字。

2）对应责任

修改需求的主要提出方要承担一定的经济责任。

2. 修改记录

（1）修改的时间：______________________________。

（2）具体内容：______________________________。

（3）修改后产生的附件文本：________________________。

知识链接

网络设计是一项复杂的创作，严格遵循稳定性、可靠性、可用性和扩展性的要求。本项目重点介绍逻辑设计，介绍了逻辑拓扑结构设计、地址分配、命名设计和路由协议的选择等基本知识。

一、网络设计的目标

网络设计的目标如下：

（1）最大效益下最低的运作成本。

（2）不断增强的整体性能。

（3）易于操作和使用。

(4) 增强安全性。

(5) 适应性。

为了实现上述目标，在设计过程中应综合权衡以下因素：

(1) 最小的运行成本。

(2) 最少的安装花费。

(3) 最高的性能。

(4) 最大的适应性。

(5) 最大的安全性。

(6) 最大的可靠性。

(7) 最短的故障时间。

二、常见的网络拓扑结构

网络拓扑结构是指忽略了网络通信线路的距离远近和粗细程度、忽略通信结点大小和类型后，仅仅用点和直线来描述的图形结构（见图2-4）。

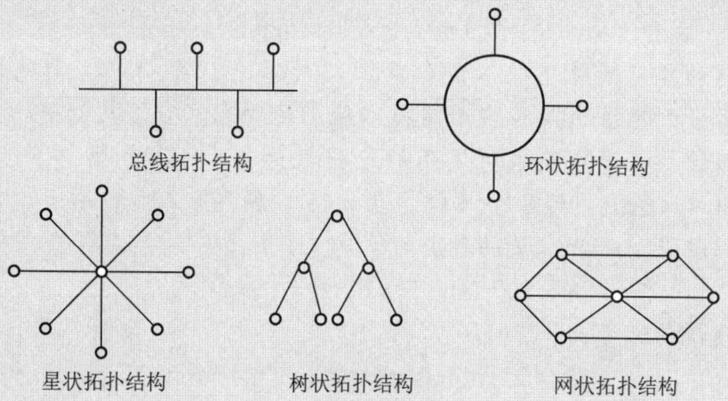

图2-4 网络拓扑结构

星状网络必有一个中心结点，所有数据都要通过中心结点交换，因此中心结点是星状网络的核心层。

树状结构是星状结构的扩展，顶层结点负荷较重，属于核心层，但如果设计合理，可以将一部分负荷分配给下一层结点，因此树状结构多出了一个汇聚层。

三、估算网络中的通信量及注意问题

1. 估算网络中的通信量

(1) 根据业务需求和业务规模估算通信量的大小。

(2) 根据流量汇聚原理确定链路和结点的容量。

2. 估算通信量应该注意的问题

(1) 必须以满足当前业务需要为最低标准。

(2) 必须考虑到未来若干年内的业务增长需求。

(3) 能对选择何种网络技术提供指导。

(4) 能对冲突域和广播域的划分提供指导。

(5) 能对选择何种物理介质和网络设备提供指导。

上行链路指的是从工作站流向核心网络设备的链路。下行链路指的是从核心网络设备流向工作站的链路。网络流量示意图如图 2-5 所示。

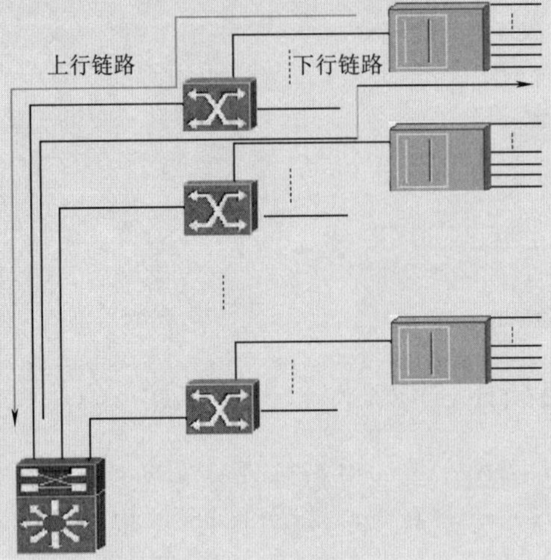

图 2-5　网络流量示意图

上行链路的容量衡量了核心设备和线路的容量，影响了主干网技术的选择。下行链路的容量则可给出某种主干网技术能满足的客户端应用的能力。

例如，假设核心层交换机所使用的连接数为 8，而每个端口下连交换机的带宽是 100 Mbit/s，也使用了 8 个端口，在交换机满负荷工作概率为 60% 的条件下，按照交换机的特点，干线容量的计算方式为：

$$8 \times 100\ \text{Mbit/s} \times 60\% = 480\ \text{Mbit/s}$$

核心交换机的容量为：

$$8 \times 480\ \text{Mbit/s} \times 60\% = 2\ 304\ \text{Mbit/s}$$

由此可以得出对主干线路的技术要求。

Cisco 公司将大型网络的拓扑结构划分为三个层次，即核心层、汇聚层和接入层，如图 2-6 所示。

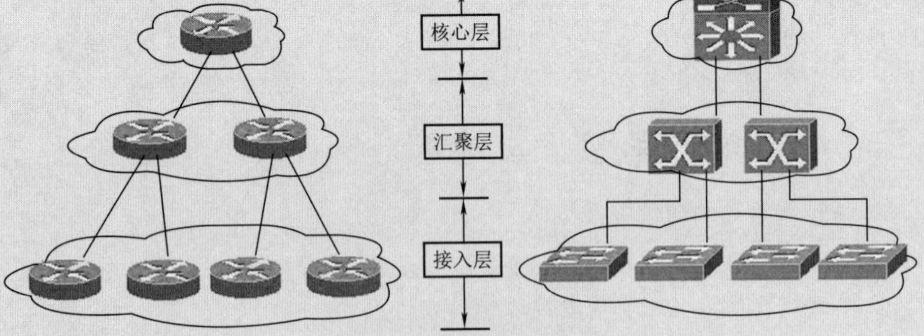

图 2-6　网络分层设计图

四、分层设计方法

1. 分层结构的设计目标

(1) 核心层处理高速数据流，其主要任务是数据包的交换。

(2) 汇聚层负责网段的逻辑分割、聚合路由路径、收敛数据流量。

(3) 接入层将流量馈入网络，执行网络访问控制，并且提供相关边缘服务。

2. 拓扑设计的原则

按照分层结构设计网络拓扑结构时，应遵守以下两条基本原则：

(1) 网络中因拓扑结构改变而受影响的区域应被限制到最小程度。

(2) 路由器应传输尽量少的信息。

分层拓扑结构的优点：流量从接入层流向核心层时，被收敛在高速的链接上；流量从核心层流向接入层时，被发散到低速链接上。

分层拓扑结构的缺点：分层拓扑结构固有的缺点是在物理层内隐含（或导致）单个故障点，即某个设备或某个失败的链接会导致网络遭受严重的破坏。克服单个故障点的方法是采用冗余手段，但这会导致网络复杂性的增加。

3. 核心层的设计原则

网络核心层的主要工作是交换数据包，核心层的设计应该注意两点：

(1) 不要在核心层执行网络策略，所谓策略就是一些设备支持的标准或系统管理员制定的规划。

(2) 核心层的所有设备应具有充分的可到达性。

4. 汇聚层的设计原则

汇聚层将大量低速的链接（与接入层设备的链接）通过少量宽带的链接接入核心层，以实现通信量的收敛，提高网络中聚合点的效率。同时减少核心层设备路由路径的数量。总之，汇聚层的主要设计目标包括：

(1) 隔离拓扑结构的变化。

(2) 通过路由聚合控制路由表的大小。

(3) 收敛网络流量。

5. 网络路由结构的说明

图 2-7 所示为网络路由结构图。

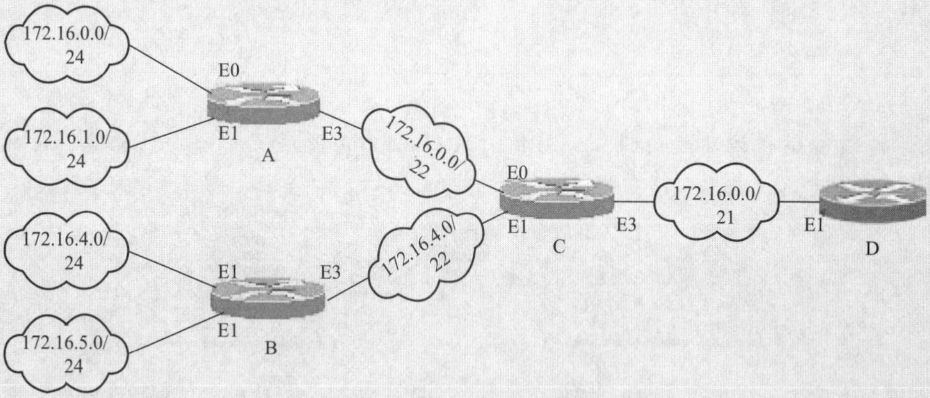

图 2-7 网络路由结构图

对其说明如下：

1）新路由表大大减小

路由器 C 的路由表见表 2－10。

表 2－10　路由器 C 的路由表

目标网络	掩　码	端　口	跳　数	连接方式
172.16.0.0	255.255.252.0	E0	0	直连
172.16.4.0	255.255.252.0	E1	0	直连
172.16.0.0	255.255.248.0	E3	0	直连

2）路由收敛速度加快

接入层的设计目标包括两个，即：

（1）将流量馈入网络。为确保将接入层流量馈入网络，要做到：

①接入层路由器所接收的链接数不要超出其与汇聚层之间允许的链接数。

②如果不是转发到局域网外主机的流量，就不要通过接入层的设备进行转发。

③不要将接入层设备作为两个汇聚层路由器之间的连接点，即不要将一个接入层路由器同时连接两个汇聚层路由器。

（2）控制访问。由于接入层是用户进入网络的入口，所以也是黑客入侵的门户。接入层通常用包过滤策略提供基本的安全性，保护局域网段免受网络内外的攻击。

五、绘制网络拓扑图

1. 绘制网络拓扑图的原则

好的网络拓扑结构图能恰当地表现设计者的意图。绘制网络拓扑结构图要注意以下几点：

（1）选择合适的图符来表示设备。

（2）线对不能交叉、串接，非线对尽量避免交叉。

（3）终接处及芯线避免断线、短路。

（4）主要的设备名称和商家名称要加以注明。

（5）不同连接介质要使用不同的线型和颜色加以注明。

（6）标明制图日期和制图人。

2. 遵守 80/20 规则

80/20 规则是传统以太网设计必须要遵循的一个原则。它表明一个网段数据流量的 80% 是在该网段内的本地通信，只有 20% 的数据流量是发往其他网段的，如图 2－8 所示。

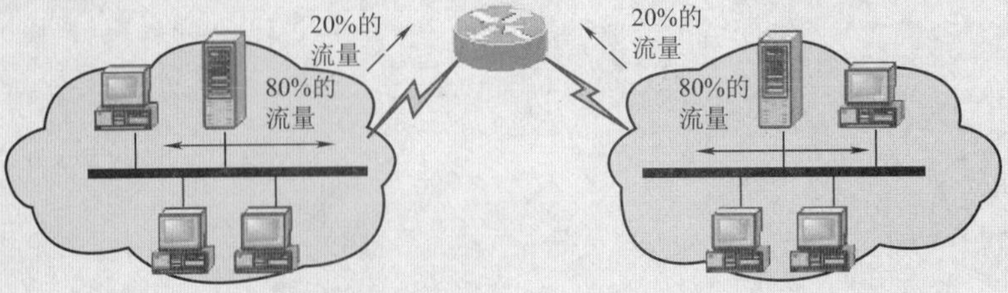

图 2－8　80/20 规则示意图

六、网络划分

为了有步骤地实施网络，通常将一个完整的网络划分为逻辑上功能独立的组件，这些组件主要有三个：园区网、广域网、远程连接。网络组件划定了网络的功能范围，进一步深化了分层设计的思想，同时又为地址分配和安全控制提供了依据。下面介绍几个常见的网络。

1. 园区网

园区网是指为企事业单位组建的办公局域网。典型的园区网包括校园网、社区网、住宅企业网、企事业单位网等。

园区网设计有以下特点：

- 园区网是网络的基本单元。
- 园区网较适合于采用三层结构设计。
- 园区网对线路成本考虑较少，对设备性能考虑较多，追求较高的带宽和良好的扩展性。
- 园区网的结构比较规整。

2. 以太网

以太网（Ethernet）主要有以下三种：

- 粗缆以太网（10Base－5）。
- 细缆以太网（10Base－2）。
- 双绞线以太网（10Base－T）。

双绞线以太网中，10BaseT 中的"T"指的是传输介质为双绞线（twistedpair）电缆。IEEE 的 10Base－T 标准使用星状拓扑结构，并使用 8 针的 RJ－45 接口（又称为水晶头）。

10BaseT 网络的主要互联设备是共享式集线器（HUB）。

使用集线器和双绞线以太网的结构分为：单集线器结构、多集线器级联结构和集线器堆叠结构。

使用中继器或集线器连接的多个以太网段在逻辑上仍然属于一个冲突域，为了使网络效率不至于太低，就对连接的网段数目和各网段的主机数作了明确规定，即 5－4－3 规则。其中：

- 最多只能由 5 个网段相连。
- 中继设备最多只能有 4 个。
- 其中只能在第 1、2、5 三个网段上连接主机。

3. 快速以太网

快速以太网（fast Ethernet）指速度较快，能提供 100 Mbit/s 标准带宽的以太网，不再使用同轴电缆，而是使用 5 类或超 5 类双绞线或光缆作为传输介质，拓扑结构上以星状和树状为主。互联设备主要采用集线器和交换机，具有与 10 Mbit/s 以太网完全兼容的特性，因此可以在园区网的核心层采用。快速以太网的技术标准主要有以下几个：

- 100 Base - TX。
- 100 Base - FX。
- 100 Base - T4。

4. 吉比特以太网

吉比特以太网是10/100Base - T以太网的向上兼容技术，它除了能提供1 Gbit/s（1 000 Mbit/s）的带宽并支持全双工连接外，还具备以下特点：

（1）吉比特以太网使用传统的CSMA/CD介质访问控制协议。

（2）保护原有网络的投资。

（3）吉比特以太网可用于多种传输介质，如双绞线、多模光纤和单模光纤。

（4）低成本的升级费用。

（5）支持服务质量（QoS）和第三层交换。

（6）吉比特以太网以及新的10吉比特以太网为局域网（含园区网）和城域网提供了高性价比的宽带传输交换，将以太网的地位进行了重新定义。

5. 万兆以太网

当吉比特以太网还没有大规模应用的时候，人们已经提出了万兆以太网（太比特以太网）的概念。特别是Internet和Intranet上的业务流量呈爆炸式的增长，万兆以太网的协议研究及工程实现就越发迫切起来。目前造成Internet和Intranet上业务流量快速增长的几个因素如下：

（1）网络连接数的增加。

（2）网络终端的连接速率的增加（例如10 Mbit/s网用户升级到100 Mbit/s网用户，56 kbit/s的Modem用户升级到xDSL或Cable Modem用户）。

（3）对带宽要求高的业务的增加，例如高清晰度的视频点播业务。

（4）网络主机的增加及主机业务的增加。

最初，运营商们主要将万兆以太网应用于大容量的以太网交换机间的高速互连，随着带宽需求的增长，万兆以太网将应用于整个网络，包括应用服务器、主干网和校园网。这种技术使得ISP和NSP能够以一种廉价的方式提供高速的服务。

这种技术可以同时应用于城域网和广域网的建设，这样，局域网技术就能够与ATM或其他广域网络技术竞争。在大多数情况下，用户需要数据通过TCP/IP实现全网的无缝连接，从用户终端到网络业务提供者，而万兆以太网真正做到了这一点。由于不需要将以太网的分组包分拆或重组成ATM信元，避免了带宽的浪费，这种网络真正做到端到端的以太网。

IP技术和万兆以太网技术的结合不仅仅能够提供高质量的服务，同时能够进行有效的流量控制，而在以前只有ATM能够做到。

根据万兆以太网的应用场合不同，已经定义了不同的光纤接口（光纤的波长和传输距离）。最大的传输距离从300 m一直到40 km，并采用了多种光纤介质，以全双工方式运行。

另外，万兆以太网具有以下几个显著特征：

（1）万兆以太网技术基本承袭了以太网、快速以太网及千兆以太网技术，因此在用户普及率、使用方便性、网络互操作性及简易性上皆占有极大的引进优势。

在升级到万兆以太网解决方案时，用户不必担心既有的程序或服务是否会受到影响，升级的风险非常低，同时在未来升级到40 Gbit/s 甚至100 Gbit/s 都将是很明显的优势。

（2）万兆以太网不再支持半双工数据传输，所有数据传输都以全双工方式进行，这不仅极大地扩展了网络的覆盖区域，而且使标准得以大大简化。

（3）万兆标准意味着以太网将具有更高的带宽（10 Gbit/s）和更远的传输距离（最长传输距离可达40 km）。

（4）在企业网中采用万兆以太网可以更好地连接企业网主干路由器，这样大大简化了网络拓扑结构，提高网络性能。

（5）万兆以太网技术提供了更多的更新功能，大大提升了QoS，具有相当的革命性，因此，能更好地满足网络安全、服务质量、链路保护等多个方面需求。

（6）随着网络应用的深入，WAN、MAN与LAN融合已经成为大势所趋，各自的应用领域也将获得新的突破，而万兆以太网技术让工业界找到了一条能够同时提高以太网的速度、可操作距离和连通性的途径，万兆以太网技术的应用必将为三网发展与融合提供新的动力。

6. 十万兆以太网

10 Gbit/s 肯定不是网络速度拓展的终点，随着系统密度不断增高，用10 Gbit/s 以太网作为上行连接的效率正在下降，并导致网络的瓶颈产生，而100 Gbit/s以太网技术是解决这个问题的有效手段。为此，适应100 Gbit/s 以太网先进的背板技术就是一个重要的前提。向100 Gbit/s 以太网升级还需要相应的光传输技术的进步。10 Gbit/s 以太网正在获得更广泛的应用。

随着光通信技术的发展，通过新一代的光纤（非零色散光纤、全波光纤）技术的应用和普及，还有40 Gbit/s 路由设备的成熟以及运营商对成本控制的渴望，40 Gbit/s 以太网和100 Gbit/s 以太网的成熟市场正逐步建立。在10 Gbit/s 以太网标准协议之后，业内一些厂商将40 Gbit/s 而非100 Gbit/s 确定为以太网下一步发展目标，是因为与100 Gbit/s 以太网相比，研发40 Gbit/s 以太网在技术上面临的挑战相对较小，更为切实可行。虽然2.5 Gbit/s 和10 Gbit/s 是目前网络中最常用的接口，但随着带宽需求的进一步增加，40 Gbit/s 肯定首先成为近几年主干网和城域核心网中最重要的传输接口之一。

我国在超高速率、超大容量、超长距离光通信方面取得的突破，尤其是基于40 Gbit/s 系统的超高速、超大容量光传输技术的应用，将大大改善通信网的结构，将使传输系统带宽快速扩展，满足社会信息传输需求，并将产生巨大的社会效益和经济效益。

7. WLAN

WLAN 有两种主要的拓扑结构：自组织型网络（也就是对等网络，即人们常称的Ad-Hoc 网络）和基础结构型网络（infrastructure network）。

（1）自组织型 WLAN。自组织型 WLAN 是一种对等模型的网络，它的建立是为了满足暂时需求的服务，如图2-9所示。

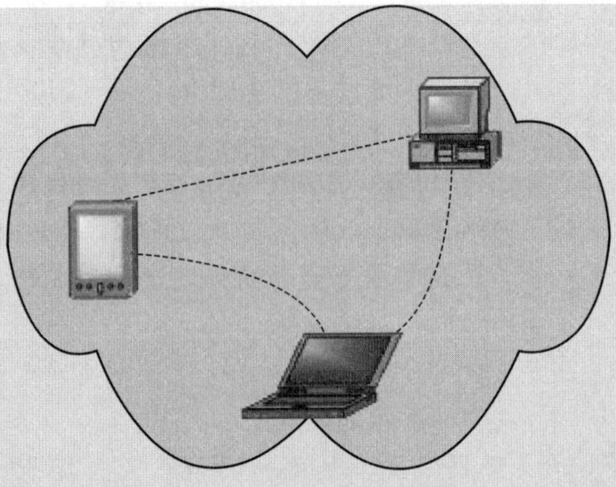

图 2－9　自组织型 WLAN

（2）基础结构型 WLAN。基础结构型 WLAN 利用了高速的有线或无线主干传输网络。在这种拓扑结构中，移动结点在基站（base station，BS）的协调下接入到无线信道，如图 2－10 所示。

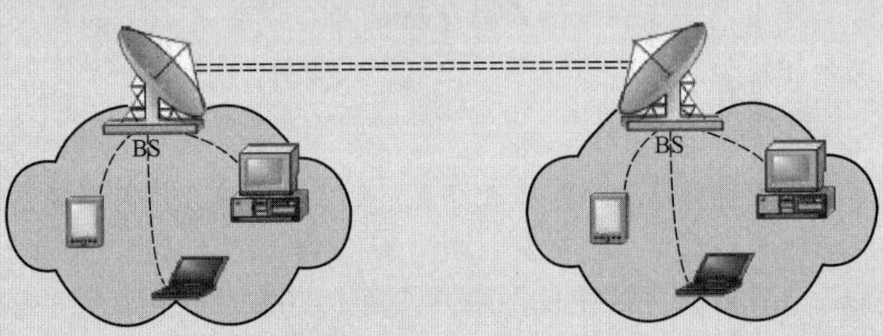

图 2－10　基础结构型 WLAN

8. VLAN

VLAN（虚拟局域网）技术是一种得到较快发展的技术。

此种技术的核心是通过路由和交换设备，在网络的物理拓扑结构基础上建立一个逻辑网络，以使得网络中任意几个 LAN 段或单站能够组合成一个逻辑上的局域网，如图 2－11 所示。

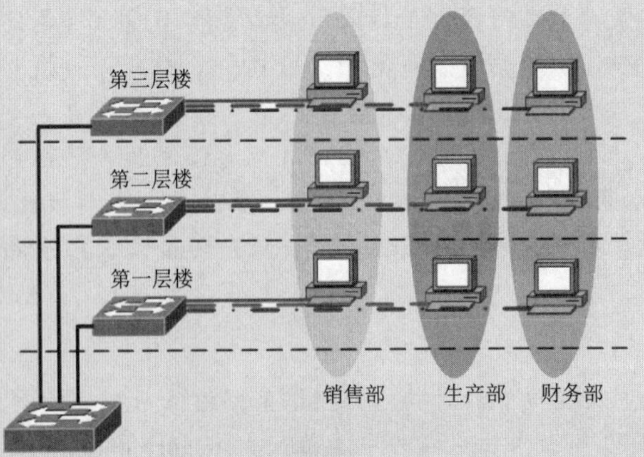

图 2－11　虚拟局域网结构

支持 VLAN 的交换设备为用户提供了非常好的网络分段能力、极低的报文转发延迟以及很高的传输带宽。

这种交换设备通常是三层交换机或路由交换机。

1）VLAN 的优点

（1）限制网络上的广播，将网络划分为多个 VLAN 可减少参与广播风暴的设备数量。VLAN 分段可以防止广播风暴波及整个网络。VLAN 可以提供建立防火墙的机制，防止交换网络的过量广播。使用 VLAN，可以将某个交换端口或用户赋予某一个特定的 VLAN 组，该 VLAN 组可以在一个交换网中或跨接多个交换机，在一个 VLAN 中的广播不会送到 VLAN 之外。同样，相邻的端口不会收到其他 VLAN 产生的广播。这样可以减少广播流量，释放带宽给用户应用，减少广播的产生。

（2）增强局域网的安全性，含有敏感数据的用户组可与网络的其余部分隔离，从而降低泄露机密信息的可能性。不同 VLAN 内的报文在传输时是相互隔离的，即一个 VLAN 内的用户不能和其他 VLAN 内的用户直接通信，如果不同 VLAN 要进行通信，则需要通过路由器或三层交换机等三层设备。

（3）为网络管理带来了方便，因为有相似网络需求的用户将共享同一个 VLAN。VLAN 将用户和网络设备聚合到一起，以支持商业需求或地域上的需求。通过职能划分，项目管理或特殊应用的处理都变得十分方便，例如可以轻松管理教师的电子教学开发平台。此外，也很容易确定升级网络服务的影响范围。

2）VLAN 的划分方式

（1）基于端口划分 VLAN。

（2）基于 MAC 地址划分 VLAN。

（3）基于协议规则划分 VLAN。

（4）基于网络地址划分 VLAN。

（5）基于用户定义规则划分 VLAN。

3）VLAN 的实现方法

设计 VLAN 时通常有两种做法：

（1）核心路由器＋VLAN 交换机。

（2）三层交换机＋VLAN 交换机。

新的 VLAN 还可以结合 VPN 技术，为远程用户提供服务，成为广域网的重要组成部分。

4）VLAN 的局限性

随着网络的迅速发展，用户对于网络数据通信的安全性提出了更高的要求，诸如防范黑客攻击、控制病毒传播等，都要求保证网络用户通信的相对安全性；传统的解决方法是给每个客户分配一个 VLAN 和相关的 IP 子网，通过使用 VLAN，每个客户被从第 2 层隔离开，可以防止任何恶意的行为和 Ethernet 的信息探听。然而，这种分配每个客户单一 VLAN 和 IP 子网的模型造成了巨大的可扩展方面的局限。这些局限主要有下述几方面：

（1）VLAN 的限制：交换机固有的 VLAN 数目的限制。

（2）复杂的 STP：对于每个 VLAN，每个相关的 Spanning Tree 的拓扑都需要管理。

（3）IP 地址的紧缺：IP 子网的划分势必造成一些 IP 地址的浪费。

（4）路由的限制：每个子网都需要相应的默认网关的配置。

9. PVLAN

由于 VLAN 的局限性，使得 VLAN 技术在实际应用中遇到了诸如 VLAN 数目不够、IP 地址浪费等一系列问题，而这些问题都可以使用 PVLAN 技术来解决。

PVLAN 即私有 VLAN（private VLAN），是能够为相同 VLAN 内的不同端口提供隔离的 VLAN。通过 PVLAN 技术可以隔离相同 VLAN 中网络设备之间的流量，并且位于相同子网的所有设备都只能与网关或其他网络进行通信，实现网络内部的隔离。

PVLAN 采用两层 VLAN 隔离技术，只有上层 VLAN 全局可见，下层 VLAN 相互隔离。如果将交换机或 IP DSLAM 设备的每个端口划为一个（下层）VLAN，则实现了所有端口的隔离。

PVLAN 通常用于企业内部网，用来防止连接到某些接口或接口组的网络设备之间的相互通信，但却允许与默认网关进行通信。尽管各设备处于不同的 PVLAN 中，它们可以使用相同的 IP 子网。

10. 服务子网

1）服务子网设计原则

（1）服务子网应该有较高的下行带宽，通常直接连到交换机的高速端口。

（2）服务子网应具有一定的冗余性，重要的数据服务器和 PDC 可以考虑双归接入。

（3）服务子网应具有一定的安全性，应根据安全级别指派 IP 地址和 VLAN，重要的服务器可以单独划分子网，加装内部防火墙。

（4）服务子网可以考虑集群服务提供更高的可靠性。

2）集中式服务设计

集中式服务设计将服务器集中配置在中心机房。这种设计方式的优点就是管理方便、安全性能高，缺点是增加了核心层的负荷。集中式服务设计如图 2－12 所示。

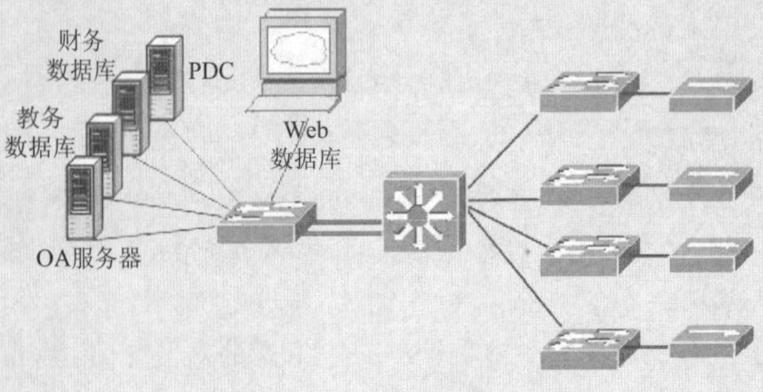

图 2－12　集中式服务设计

3）分布式服务设计

分布式服务设计将服务器根据部门应用特点分布到各个部门（汇聚层）的机房。

分布式服务设计优点是管理和维护都很灵活。分布式服务设计如图 2-13 所示。

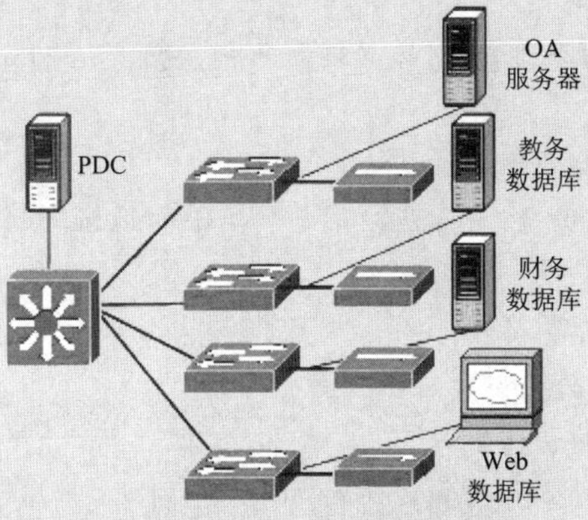

图 2-13　分布式服务设计

七、建立安全的连接

1. 虚拟专用网

虚拟专用网（virtual private network，VPN）是一种采用隧道技术在公共网络上建立专用逻辑通道的连接方式，被广泛应用于远程访问和企业 Intranet/Extranet 中，如图 2-14 所示。

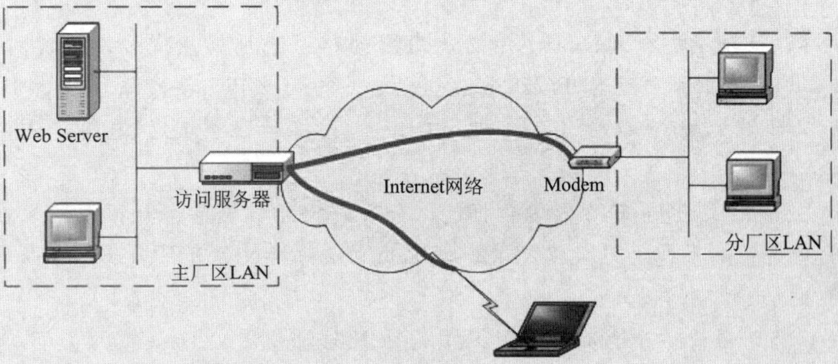

图 2-14　虚拟专用网

2. 安全套接层（SSL）

SSL 是一种工作在应用层的加密技术，已经成为电子商务安全交易的一种主要连接方式。HTTP 协议的数据包在计算机之间传输时，SSL 采用公共密钥对数据包加密，但它不能为通信信道两端的计算机提供保护。而且，SSL 只能处理 HTTP 数据包，不能为通过文件传输协议（FTP）/简单文件传输协议（SMTP）/Telnet

或者其他 TCP/IP 服务传输的数据进行加密。SSL 初级版本采用 40 位密钥，现在也可使用 128 位密钥。

八、子网划分应该注意的问题

（1）在划分子网和进行地址分配时一定要十分谨慎，应该充分考虑未来的扩展性需求。

（2）在分配子网编号时，网络管理员可以决定是否为每一个子网选择一个有意义的数字。

（3）地址分配后要便于路由聚合。

（4）由于 IP 资源短缺，可以申请一个较小的地址段，NAT 技术与私有地址结合使用。

子网划分按以下的步骤进行：

（1）确定 IP 地址的类型和主机位数。

（2）确定要划分的子网数目。

（3）将子网数目对 2 取对数，然后加 1，得到 n。

（4）将主机位的高 n 位置为 1，加上原有的网络地址位，即可得到新的子网掩码。

（5）除去掩码所占的位数，剩下的位数就是可用的主机位 m，可用的主机地址数目就是 2^m-2。写出除子网地址和子网广播地址之外的所有可用主机地址范围。

VLSM 技术是一种可变的子网划分方法，它允许在一个网络中采用多个子网掩码，而且随子网大小而变化。

九、网络地址转换

网络地址转换技术（NAT）指的是内网的私有地址转换成合法的外部 IP 地址，使得内部用户能够访问 Internet。使用 NAT 的企业只需要申请很少的 IP 地址块就可以将很大的内部网络连接到 Internet。网络地址转换示意图如图 2－15 所示。

NAT 分析进出边界路由器的数据包，如果是出站数据包，就把源地址转换成公开 IP 地址；如果是进站数据包，就将目的地址转换成私有 IP 地址。

网络地址转换的优点：

（1）节约申请公开地址的费用，提高 IP 地址利用率。

（2）屏蔽内部网络，提高网络的安全性。

（3）保护已有的地址分配方案，减少地址维护工作。

十、地址分配策略

（1）按部门/机构分配地址。

（2）按物理位置分配地址。

（3）按拓扑结构分配地址。

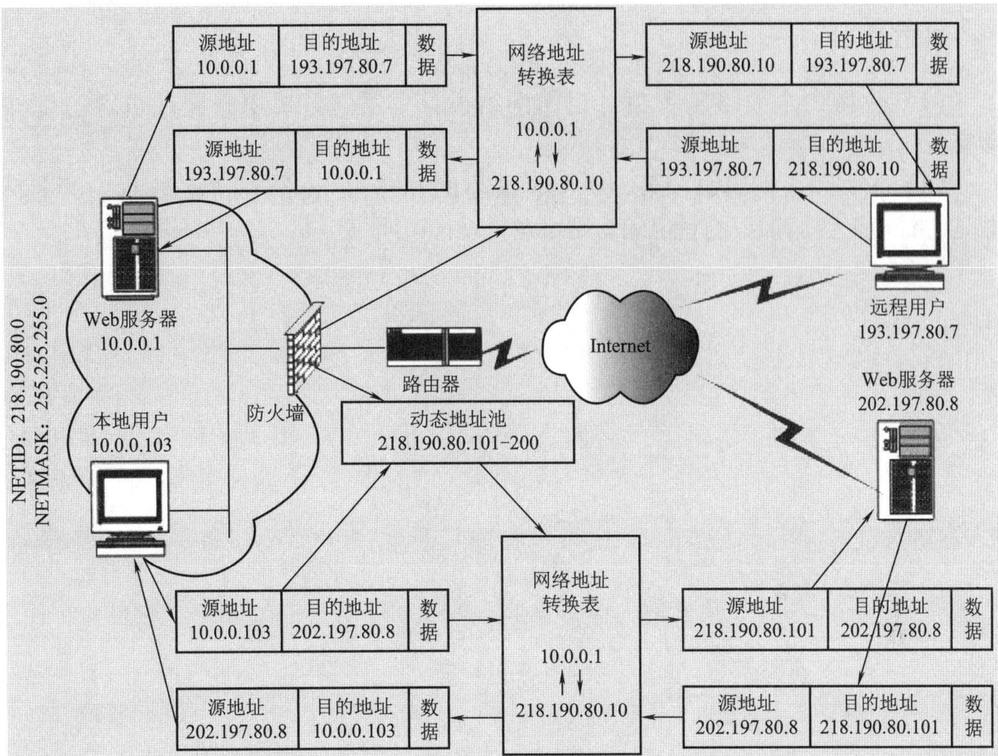

图 2－15　网络地址转换

十一、动态主机配置协议

动态主机配置协议（DHCP）被用来在网络上自动进行 TCP/IP 地址的分配。这种协议也能对工作站、打印机和其他 IP 设备提供配置参数。当设备在网络上启动或初始化时，DHCP 协议将允许 DHCP 服务器从地址池中分配一个空闲的 IP 地址给该设备，自动联通网络。DHCP 协议分配地址示意图如图 2－16 所示。

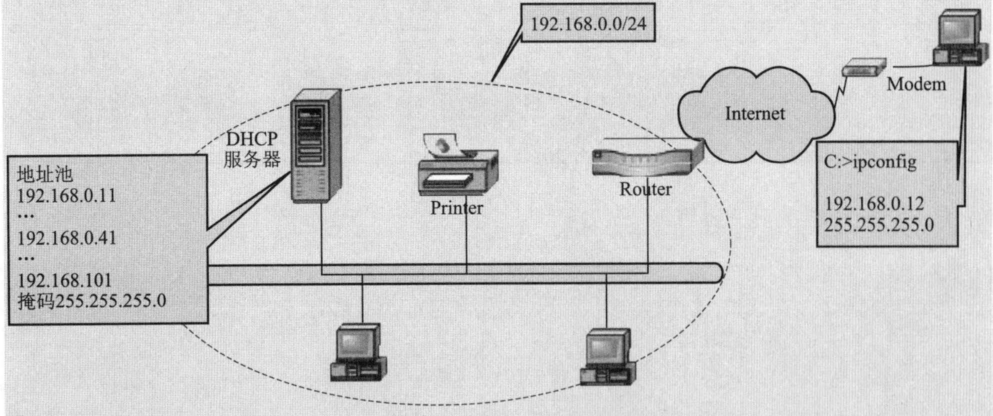

图 2－16　DHCP 协议分配地址

课后练习

（1）收集 3 个网络工程项目逻辑网络设计方案，分析逻辑设计包含的设计要素。

（2）根据“案例说明”第3点（本书运用到的扩展作业企业网依据）中的企业描述，针对汇源服饰厂的情况编写网络逻辑设计说明书。

项目三

企业网络物理设计

项目综述

本项目主要是对企业网络进行物理设计。根据企业网络前期的调研、分析、需求分析说明书和逻辑网络设计的结果，对企业网络进行物理设计，建立企业网络的物理模型，为企业网络的施工奠定基础。

学习目标

（1）能够根据企业要求进行需求分析。
（2）能够对物理网络布线各子系统进行设计。
（3）能够对企业网络物理布线部分进行成本估算。
（4）会编写企业网络物理设计说明书。
（5）培养责任担当、经济环保和网络安全意识。

项目流程

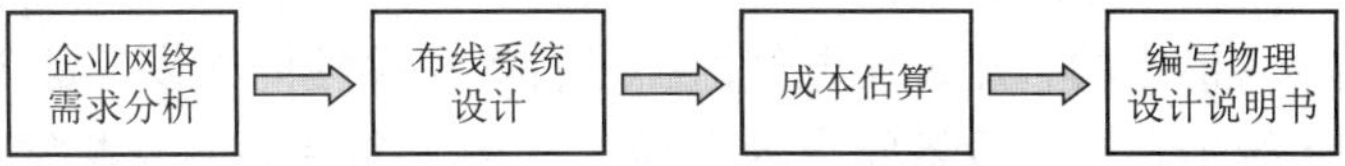

任务　物理网络设计

任务描述

根据企业网络需求分析，参考逻辑拓扑图设计，以及逻辑设计中楼栋、设备间、管理间、信息中心的设计情况，在仔细勘察企业各个建筑物的布局、楼栋分布、用户分布、信息点分布的基础上进行物理网络设计。

任务目标

（1）能运用综合布线的知识对企业物理网络进行设计。

（2）学会参考综合布线的国家和国际综合布线标准，并运用到网络设计中。

（3）在教师的指导下完成物理网络设计。

（4）培养学生网络文档编写能力。

（5）培养学生将经济环保和网络安全理念融入网络设计中。

任务实施

一、企业网络信息点统计

信息点统计主要是对企业内每栋楼的住户数进行统计，其中宿舍楼共有 900 个信息点，行政办公楼共有 90 个信息点，厂房共有 60 个信息点，娱乐管理中心共有 60 个信息点，表 3－1是企业信息点统计表。

表 3－1　企业信息点统计表

楼栋/功能区	住户数/房间数	信息点数	备　注
宿舍楼－1	300	300	
宿舍楼－2	300	300	
宿舍楼－3	300	300	
行政办公楼	9	90	
厂房－1	4	30	
厂房－2	4	30	
娱乐中心	10	60	
合计	927	1 110	

二、建筑群和设备间子系统设计

建筑群子系统将一个建筑物的电缆延伸到建筑群的另外一些建筑物中的通信设备和装置上，是结构化布线系统的一部分，支持提供楼群之间通信所需的硬件。它由电缆、光缆和入楼处的过流过压电气保护设备等相关硬件组成，常用介质是光缆。

设备间子系统主要是由设备间中的电缆、连接器和有关的支撑硬件组成，作用是将计算机、交换路由设备、摄像头、监视器等弱电设备互连起来并连接到主配线架上。设备包括计算机系统、路由器、网络集线器（Hub）、网络交换机（Switch）、程控交换机（PBX）、音响输出设备、闭路电视控制装置和报警控制中心等。

1. 设备间选址考虑

（1）水源充足，电力比较稳定可靠，交通通信方便，自然环境清洁。

（2）远离产生粉尘、油烟、有害气体以及生产或储存具有腐蚀性、易燃、易爆物品的工厂、仓库、堆场等。

（3）远离水灾隐患区域。

（4）远离强震源和强噪声源。

（5）避开强电磁场干扰。

参考国标《数据中心设计规范》（GB 50174—2017），见表 3－2。

表 3-2　数据中心设计规范

项　目	技术要求			备　注
	A 级	B 级	C 级	
机房位置选择				
距离停车场的距离	不应小于 20 m	不宜小于 20 m	没有要求	
距离铁路或高速公路的距离	不应小于 800 m	不宜小于 800 m	没有要求	
距离机场、有危险的实验室、化学工厂中的危险区域、掩埋式垃圾处理场、河岸、海岸或水坝的距离	不应小于 400 m	不应小于 400 m	不宜小于 400 m	不包括各场所自身使用的机房
距离军火库	不应小于 1 600 m	不应小于 1 600 m	不宜小于 1 600 m	不包括军火库自身使用的机房
距离核电站的危险区域	不应小于 1 600 m	不应小于 1 600 m	不宜小于 1 600 m	不包括核电站自身使用的机房
有可能发生洪水的地区	不应设置机房	不应设置机房	不宜设置机房	
地震断层附近或有滑坡危险区域	不应设置机房	不应设置机房	不宜设置机房	
机场航道	不应靠近	不宜靠近	没有要求	
高犯罪率的地区	不应设置机房	不应设置机房	没有要求	

设备间或者机房进行选址时要考虑环境，避免强磁、强辐射、灰尘大的环境，另外，考虑布线容易、节省成本。经过认真的调研、考察，本企业的网络中心设计在行政办公楼的二楼，其他各楼栋的设备间设在每栋楼的中间楼层，分别向上和向下布线，力求节省成本。

2. 综合布线物理链路路由图

根据企业具体情况，建筑群子系统的布线采用埋线的方法布线，全部采用六芯多模光缆，光缆到每栋楼的设备间。根据富源企业的平面图设计综合布线物理链路路由图。建筑群子系统网络布线路由图如图 3-1 所示。

3. 线缆布线设计

1）线缆标签规则与方法

在综合布线标准中，EIA/TIA 606 标准专门对布线标识系统作了规定和建议，该标准是为了提供一套独立于系统应用之外的统一管理方案。

完整的标识应提供以下的信息：建筑物的名称、位置、区号和起始点。综合布线使用了三种标识：电缆标识、场标识和插入标识。

（1）电缆标识。由背面有压敏胶黏剂的材料制成，可以直接贴到各种电缆表面上，配线间安装和做标识之前，利用这些电缆标识来辨别电缆的源发地和目的地。

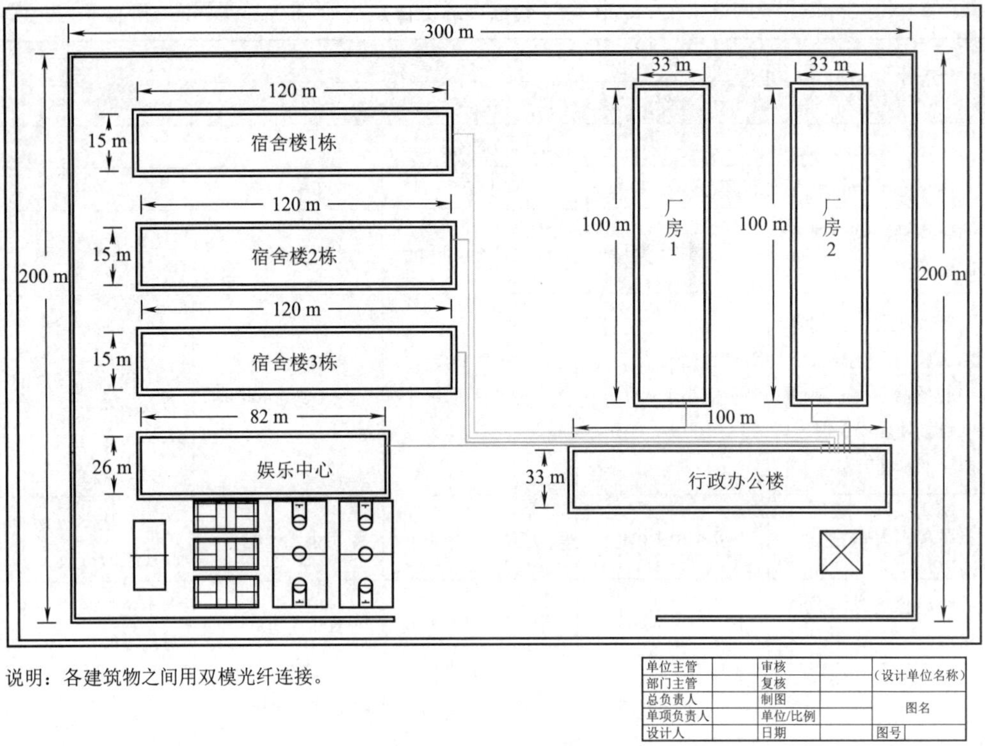

图 3－1　建筑群子系统网络布线路由图

（2）场标识。也是由背面有压敏胶黏剂的材料制成，可贴在设备间、配线间、二级交接间、建筑物布线场的平整表面上。

（3）插入标识。它是硬纸片，通常由安装人员在需要时取下来使用。每个标示都用色标来指明电缆的源发地，这些电缆端接于设备间和配线间的管理场。对于110 配线架，可以插在位于 110 型接线块上的两个水平齿条之间的透明塑料夹内，对于数据配线架，可插入插孔面板下部的插槽内。

EIA/TIA 606 中推荐了两种电缆标签：一类是专用标签；另一类是套管和热缩套管。

（1）专用标签。专用标签可直接粘贴缠绕在线缆上。这类标签通常以耐用的化学材料作为基层。

（2）套管和热缩套管。套管类产品只能在布线工程完成前使用，因为需要从线缆的一端套入并调整到适当位置。如果为热缩套管还要使用加热枪使其收缩固定。套管线标的优势在于紧贴线缆，提供最大的绝缘和永久性。

标签应打印，最好不要手工填写，应清晰可见、易读取。特别强调的是，标签应能够经受环境的考验，比如潮湿、高温、紫外线，应该具有与所标识的设施相同或更长的使用寿命。聚酯或聚烯烃等材料通常是最佳的选择。

根据本企业的命名设计，沿用逻辑设计命名方式，采用原来楼栋的命名，标示出起始点，例如行政楼到厂房的，标示为 x01－C01，第一根光缆标示为 x01－C01－01，第二根光缆标示为 x01－C01－02。

表 3－3 所示为本企业建筑群线缆标示设计。

表 3-3　建筑群线缆标示设计

起始楼栋	楼栋标示	终止楼栋	楼栋标示	线缆标示编码	备　注
行政楼	x01	宿舍楼 1	S01	x01 - S01 - 01	
行政楼	x01	宿舍楼 2	S02	x01 - S02 - 01	
行政楼	x01	宿舍楼 3	S03	x01 - S03 - 01	
行政楼	x01	厂房 1	C01	x01 - C01 - 01	
行政楼	x01	厂房 2	C02	x01 - C02 - 01	
行政楼	x01	娱乐中心	Y01	x01 - Y01 - 01	

2）建筑群链路线缆需求设计

建筑群之间连接采用双链路设计，提供冗余备份，由于距离不远，采用多模 6 芯光缆从机房连接到企业内的每一栋楼设备间。线缆的长度采用实际长度计算，端接裕量长度均用 20 m 计算，楼高采用实际计算另加 20 m 裕量。线缆长度计算可用如下公式：

线缆长度 = 埋线长度 + 机房楼高 + 机房楼高裕量 + 对方楼高 + 对方楼高裕量 + 端接裕量

设计长度 = 线缆长度 ×（1 + 20%）

按照 20% 的线缆容差计算。

例如：

宿舍楼 1 栋线缆长度 = 5.65 + 14.75 + 30 + 5 + 40 + 40 ≈ 136（m）

x01 - S01 - 01 设计长度 = 136 ×（1 + 20%）≈ 164（m）

其他依此类推计算。表 3-4 所示为具体的建筑群链路线缆设计。

表 3-4　具体的建筑群链路设计

线缆编号	线　型	本端连接端点	对端连接端点	需求长度（m）	设计长度（m）	备　注
x01 - S01 - 01	多模 6 芯光缆	宿舍楼 1 栋机房	网管中心设备间	136	164	
x01 - S02 - 01	多模 6 芯光缆	宿舍楼 2 栋机房	网管中心设备间	136	164	
x01 - S03 - 01	多模 6 芯光缆	宿舍楼 3 栋机房	网管中心设备间	149	179	
x01 - C01 - 01	多模 6 芯光缆	厂房 1 机房	网管中心设备间	131	158	
x01 - C02 - 01	多模 6 芯光缆	厂房 2 机房	网管中心设备间	131	158	
x01 - Y01 - 01	多模 6 芯光缆	娱乐中心机房	网管中心设备间	125	150	
合计				808	973	

在本项目中，在设计原则的指导下，采用地下管布线法进行各楼栋间的连接，效果如图 3-2 所示。

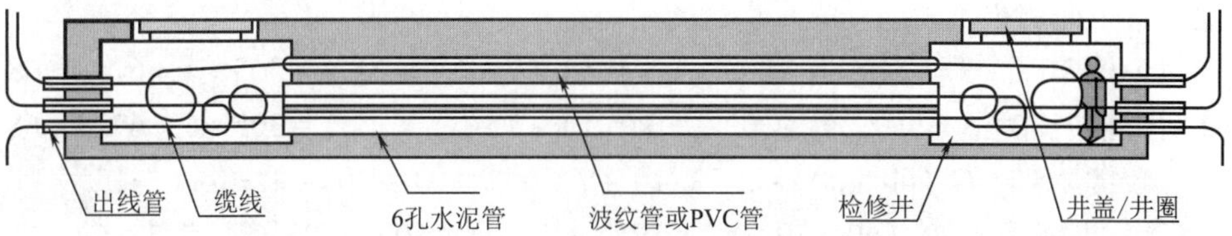

图 3-2　地下管布线效果图

三、管理、垂直和水平布线设计

管理子系统由交连、互连配线架组成。管理点为连接其他子系统提供连接手段。交连和互连允许将通信线路定位或重定位到建筑物的不同部分，以便能更容易地管理通信线路，使在移动终端设备时能方便地进行插拔。互连配线架根据不同的连接硬件分楼层配线架（箱）IDF 和总配线架（箱）MDF，IDF 可安装在各楼层的干线接线间，MDF 一般安装在设备机房。

垂直干线子系统布线的目的是实现计算机设备、程控交换机（PBX）、控制中心与各管理子系统间的连接，是建筑物干线电缆的路由。该子系统通常是在两个单元之间，特别是在位于中央点的公共系统设备处提供多个线路设施。系统由建筑物内所有的垂直干线多对数电缆及相关支撑硬件组成，以提供设备间总配线架与干线接线间楼层配线架之间的干线路由。常用介质是大对数双绞线电缆和光缆。

水平布线子系统目的是实现信息插座和管理子系统（跳线架）间的连接，将用户工作区引至管理子系统，并为用户提供一个符合国际标准、满足语音及高速数据传输要求的信息点出口。该子系统由一个工作区的信息插座开始，经水平布置到管理区的内侧配线架的线缆所组成。系统中常用的传输介质是 4 对 UTP（非屏蔽双绞线），它能支持大多数现代通信设备。如果需要某些宽带应用时，可以采用光缆。信息出口采用插孔为 ISDN8 芯（RJ－45）的标准插口，每个信息插座都可灵活地运用，并根据实际应用要求可随意更改用途。

1. 设计方法

垂直布线设计，根据企业的具体情况，企业高层建筑主要有两种：6 层和 4 层结构。对于 6 层建筑，设备间和管理间合并一起设计，不再单独设计管理间，设计在楼层第 3 层，到达用户最远距离不到 90 m，垂直和水平布线设计在一起走线，采用超 5 类双绞线。对于 4 层建筑，将设备间设计在第 2 层，负责用户接入。

2. 线缆需求估算

采用如下公式计算：

$$S=((((A+B)\div 2\times 110\%)+7+6)\times n)\div 305+1$$

式中：S 为一层楼布线需要双绞线的箱数；A 为楼层最远信息点距离（单位为 m）；B 为楼层最近信息点距离（单位为 m）；2 为最远信息点和最近信息点距离求平均；110% 为布线误差裕量，7 为楼层高度裕量（单位为 m）；6 为端接裕量（单位为 m）；n 为信息点数量；305 为一箱双绞线长度（单位为 m）；最后加 1 为备用裕量。

例如：对于宿舍楼 1 栋计算：

$S=((((80+20)\div 2\times 1.1)+7+6)\times 300)\div 305+1=67.8\approx 68$，取整 68 为箱。其他计算依此类推。

宿舍楼 2 栋　$S=((((80+20)\div 2\times 1.1)+7+6)\times 300)\div 305+1=67.8\approx 68$

宿舍楼 3 栋　$S=((((80+20)\div 2\times 1.1)+7+6)\times 300)\div 305+1=67.8\approx 68$

行政楼　$S=((((60+20)\div 2\times 1.1)+7+6)\times 90)\div 305+1=14.6\approx 15$

厂房 1 栋　$S=((((60+20)\div 2\times 1.1)+7+6)\times 30)\div 305+1=5.5\approx 6$

厂房 2 栋　$S=((((60+20)\div 2\times 1.1)+7+6)\times 30)\div 305+1=5.5\approx 6$

娱乐中心　$S = ((((50+20)\div 2\times 1.1)+7+6)\times 60)\div 305+1=8.96\approx 9$

由以上计算可知，企业双绞线需求量见表 3－5。

表 3－5　企业双绞线需求量

楼　栋	线　型	数量/箱	备　注
宿舍楼 1 栋	超 5 类双绞线	68	
宿舍楼 2 栋	超 5 类双绞线	68	
宿舍楼 3 栋	超 5 类双绞线	68	
行政楼	超 5 类双绞线	15	
厂房 1 栋	超 5 类双绞线	6	
厂房 2 栋	超 5 类双绞线	6	
娱乐中心	超 5 类双绞线	9	
合　计		240	

四、工作区设计

工作区子系统用于实现工作区终端设备与水平子系统之间的连接，由终端设备连接到信息插座的连接线缆所组成。工作区常用设备是计算机、网络集散器、电话、报警探头、摄像机、监视器、音响等。

1. 安装规则

工作区设计主要根据用户的需求和房间的设计进行，安装地面的信息插座要使用防水和抗压的接线盒，安装墙壁上的接线盒一般要高于地面 300 mm。信息模块采用超 5 类或者 6 类信息模块。

2. 布线

布线标准可以采用 T568A 或者 T568B 标准。

3. 信息模块需求计算

根据公式 $m=n+n\times 3\%$ 计算。据表 3－1 统计的结果，企业信息插座总数为1 110 个，设计信息插座的总量为 $m=n+n\times 3\%=1\ 110+1\ 110\times 3\%=1\ 143.3\approx 1\ 144$（个）。

4. RJ－45 接头计算

根据公式 $m=n\times 4+n\times 4\times 5\%$ 计算（这里全部采用自己压接，如果不考虑管理间的跳线，公式中用的 $n\times 4$ 可以改为 $n\times 2$）。根据表 3－1 统计的结果，企业信息插座总数为 1 110 个，设计 RJ－45 接头的总量为 $m=n\times 4+n\times 4\times 5\%=1\ 110\times 4+1\ 110\times 4\times 5\%=4\ 662$（个）。

五、成本估算

1. 设备成本总体估算

设备成本包括线缆、接头、模块等，这里没有对设备间的机柜、配线架、跳接电缆、光纤跳线、光纤配线架、光纤模块进行估算，该内容请读者自己设计并计算。

设备成本估算见表3-6。

表3-6 设备成本估算

设备类型	厂 商	型 号	数 量	单价/元	合计/元	备 注
光缆	大唐电信	中心束管式6芯多模室外光缆	973 m	11	10 703	
双绞线	TCL	超5类双绞线	240 箱	480	115 200	
RJ-45 接头	大唐电信	非屏蔽	4 662 个	2	9 324	
信息插座	大唐电信	超5类模块	1 110 个	40	44 400	
合 计					179 627	

2. 人力成本估算

人力成本主要包括电缆铺设人力成本、设备安装人力成本等。电缆铺设人力成本可以根据企业建筑结构、地理条件估算工作日，按工人每天的工作报酬进行计算；设备安装技术性较高，根据双方协商的合同计算。这里不再计算。

六、编写企业网络物理设计说明书

企业物理网络设计归档，将上面物理设计中的每个步骤进行汇总，形成企业网络的物理设计说明书。下面是整理的样例结果。

富源企业网络物理设计说明书

1. 综述

富源企业网络物理设计是在逻辑设计的基础上进行的下一步设计，设计过程中充分考虑企业的多方面需求，如企业通信流量的需求，以及企业网安全性、可靠性、可用性、适用性、可扩展性需求。尽我们的努力将网络设计成高性价比、高可用性、高安全性的网络，满足用户的实际需求，提供优质的服务。

本次富源企业网络物理设计主要内容有：

（1）企业网络信息点统计。

（2）建筑群子系统设计。

（3）垂直和水平布线设计。

（4）工作区设计。

（5）成本估算。

2. 物理设计

网络物理设计的任务就是要选择符合逻辑性能要求的传输介质、设备、部件或模块等，并将它们搭建成一个可以正常运行的网络。

1）企业网络信息点统计

信息点统计主要是对企业内每栋楼的住户数进行统计，其中宿舍楼900个信息点、行政楼90个信息点、厂房60个信息点、娱乐管理中心60个信息点，下表是企业信息点统计表。

企业信息点统计表

楼栋/功能区	住户数/房间数	信息点数	备　注
宿舍楼－1	300	300	
宿舍楼－2	300	300	
宿舍楼－3	300	300	
行政楼	9	90	
厂房－1	4	30	
厂房－2	4	30	
娱乐中心	10	60	
合计	927	1 110	

2）建筑群和设备子系统设计

（1）设备间选址。

设备间或者机房进行选址时要考虑环境，避免强磁、强辐射、灰尘大的环境，另外，考虑布线容易、节省成本。经过认真的调研、考察，本企业的网络中心设计在行政楼二楼，其他各楼栋的设备间设在每栋楼的中间楼层，分别向上和向下布线，力求节省成本。

（2）综合布线物理链路路由图。

根据企业具体情况，建筑群子系统的布线采用埋线的方法，全部采用6芯多模光缆，光缆到每栋楼的设备间。根据富源企业的平面图设计综合布线物理链路路由图。建筑群子系统网络布线路由图如下图所示。

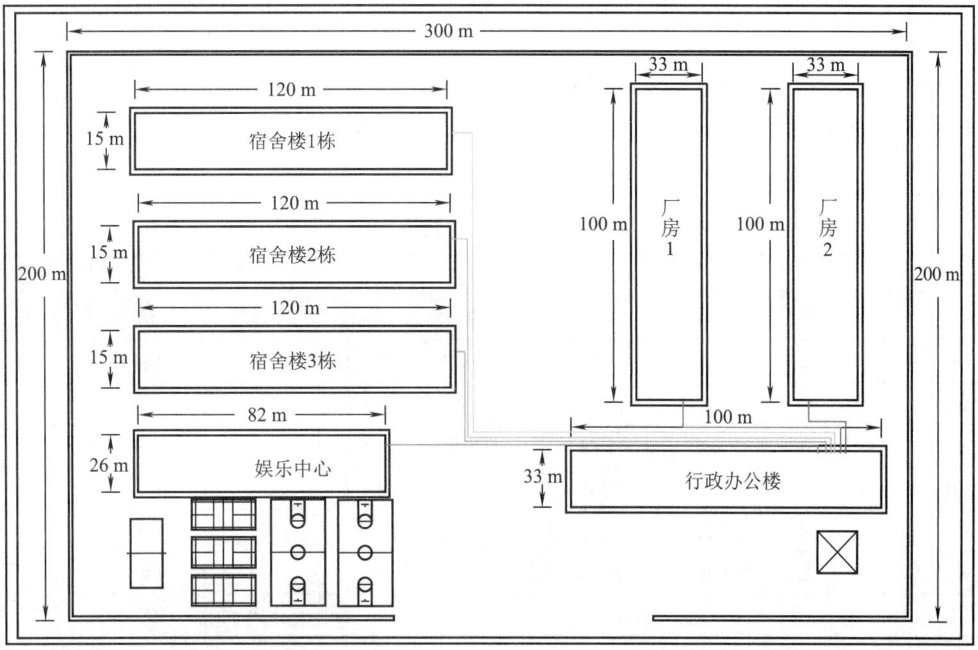

说明：各建筑物之间用双模光纤连接。

单位主管		审核		（设计单位名称）
部门主管		复核		
总负责人		制图		图名
单项负责人		单位/比例		
设计人		日期		图号

建筑群子系统网络布线路由图

（3）线缆布线设计。

①线缆标签规原则与方法。根据本企业的命名设计，沿用逻辑设计命名方式，采用原来楼栋的命名，标示出起始点，例如行政楼到厂房的，标示为 x01 – C01，第一根光缆标示为 x01 – C01 – 01，第二根光缆标示为 x01 – C01 – 02。

下表是本企业建筑群线缆标示设计。

建筑群线缆标示设计

起始楼栋	楼栋标示	终止楼栋	楼栋标示	线缆标示编码	备　注
行政楼	x01	宿舍楼 1	S01	x01 – S01 – 01	
行政楼	x01	宿舍楼 2	S02	x01 – S02 – 01	
行政楼	x01	宿舍楼 3	S03	x01 – S03 – 01	
行政楼	x01	厂房 1	C01	x01 – C01 – 01	
行政楼	x01	厂房 2	C02	x01 – C02 – 01	
行政楼	x01	娱乐中心	Y01	x01 – Y01 – 01	

②建筑群链路设计。建筑群之间连接采用双链路设计，提供冗余备份，由于距离不远，采用多模 6 芯光缆从机房连接到企业内的每一栋楼设备间。线缆的长度采用实际长度计算，端接裕量长度均用 20 m 计算，楼高采用实际计算另加 20 m 裕量。线缆长度计算可用如下公式：

线缆长度 = 埋线长度 + 机房楼高 + 机房楼高裕量 + 对方楼高 + 对方楼高裕量 + 端接裕量

设计长度 = 线缆长度 ×（1 + 20%），按照 20% 的线缆容差计算。

例如：

宿舍楼 1 栋线缆长度 = 5.65 + 14.75 + 30 + 5 + 40 + 40 ≈ 136（m）

x01 – S01 – 01 设计长度 = 136 ×（1 + 20%）≈ 164（m）

其他依次类推计算。下表是具体的建筑群链路设计。

具体的建筑群链路设计

线缆编号	线　　型	本端连接端点	对端连接端点	需求长度/m	设计长度/m	备　注
x01 – S01 – 01	多模 6 芯光缆	宿舍楼 1 栋机房	网管中心设备间	136	164	
x01 – S02 – 01	多模 6 芯光缆	宿舍楼 2 栋机房	网管中心设备间	136	164	
x01 – S03 – 01	多模 6 芯光缆	宿舍楼 3 栋机房	网管中心设备间	149	179	
x01 – C01 – 01	多模 6 芯光缆	厂房 1 机房	网管中心设备间	131	158	
x01 – C02 – 01	多模 6 芯光缆	厂房 2 机房	网管中心设备间	131	158	
x01 – Y01 – 01	多模 6 芯光缆	娱乐中心机房	网管中心设备间	125	150	
合　　计				808	973	

3）管理、垂直和水平布线设计

（1）设计方法。

垂直布线设计，根据企业的具体情况，企业高层建筑主要有两种：6 层和 4 层结构。对于6层建筑，设备间和管理间合并一起设计，不再单独设计管理间，设计在楼层第3层，到达用户最远距离不到90 m，垂直和水平布线设计在一起走线，采用超5类双绞线。对于4层建筑，将设备间设计在第2层，负责用户接入。

（2）线缆需求估算。

计算方法，采用如下公式：

$$S=((((A+B)\div 2\times 110\%)+7+6)\times n)\div 305+1$$

式中　S为一层楼布线需要双绞线的箱数；A为楼层最远信息点距离（单位为m）；B为楼层最近信息点距离（单位为m）；2为最远信息点和最近信息点距离求平均；110%为布线误差裕量，7为楼层高度裕量（单位为m）；6为端接裕量（单位为m）；n为信息点数量；305为一箱双绞线长度（单位为m）；最后加1为备用裕量。

例如：对于宿舍楼1栋计算：

$S=((((80+20)\div 2\times 1.1)+7+6)\times 300)\div 305+1=67.8\approx 68$，取整68为箱。其他计算以此类推。

宿舍楼2栋　$S=((((80+20)\div 2\times 1.1)+7+6)\times 300)\div 305+1=67.8\approx 68$

宿舍楼3栋　$S=((((80+20)\div 2\times 1.1)+7+6)\times 300)\div 305+1=67.8\approx 68$

行政楼　$S=((((60+20)\div 2\times 1.1)+7+6)\times 90)\div 305+1=14.6\approx 15$

厂房1栋　$S=((((60+20)\div 2\times 1.1)+7+6)\times 30)\div 305+1=5.5\approx 6$

厂房2栋　$S=((((60+20)\div 2\times 1.1)+7+6)\times 30)\div 305+1=5.5\approx 6$

娱乐中心　$S=((((50+20)\div 2\times 1.1)+7+6)\times 60)\div 305+1=8.96\approx 9$

下表是企业双绞线需求量。

企业双绞线需求量

楼　　栋	线　　型	数量/箱	备　　注
宿舍楼1栋	超5类双绞线	68	
宿舍楼2栋	超5类双绞线	68	
宿舍楼3栋	超5类双绞线	68	
行政楼	超5类双绞线	15	
厂房1栋	超5类双绞线	6	
厂房2栋	超5类双绞线	6	
娱乐中心	超5类双绞线	9	
合　　计		240	

4）工作区设计

（1）安装规则。工作区设计主要根据用户的需求、房间的设计进行，安装地面的信息插座要使用防水和抗压的接线盒，安装墙壁上的接线盒一般要高于地面300 mm。信息模块采用超5类或者6类信息模块。

（2）布线。布线标准可以采用T568A或者T568B标准。

（3）信息模块需求计算。根据公式$m=n+n\times 3\%$计算。根据企业信息点统计表的结果，企业信息插座总数为1 110个，设计信息插座的总量为$m=n+n\times 3\%=1\,110+1\,110\times 3\%=1\,143.3\approx 1\,144$（个）。

（4）RJ－45 接头计算。根据公式 $m=n\times4+n\times4\times5\%$ 计算。根据企业信息点统计表的结果，企业信息插座总数为 1 110 个，设计 RJ－45 接头的总量为 $m=n\times4+n\times4\times5\%=1\,110\times4+1\,110\times4\times5\%=4\,662$（个）。

3. 成本估算

1）设备成本总体估算

设备成本包括线缆、接头、模块等，这里没有对设备间的机柜、配线架、跳接电缆、光纤跳线、光纤配线架、光纤模块进行估算，该内容请读者自己设计并计算。设备成本估算见下表。

设备成本估算

设备类型	厂　商	型　号	数　量	单价/元	合计/元	备　注
光缆	大唐电信	中心束管式 6 芯多模室外光缆	973 m	11	10 703	
双绞线	TCL	超 5 类双绞线	240 箱	480	115 200	
RJ－45 接头	大唐电信	非屏蔽	4 662 个	2	9 324	
信息插座	大唐电信	超 5 类模块	1 110 个	40	44 400	
合　计					179 627	

2）人力成本估算

人力成本主要包括电缆铺设人力成本、设备安装人力成本等。电缆铺设人力成本可以根据企业建筑结构、地理条件估算工作日，按工人每天的工作报酬进行计算；设备安装技术性较高，根据双方协商的合同计算。这里不再计算。

以上是富源企业逻辑设计说明书，请企业负责人和网络公司集成商领导双方对以上内容审阅，并做出批示。

4. 修改说明书

1）修改的程序和对应责任

（1）修改程序。

①提出或记录书面的软件修改需求。

②双方商定修改的软件范围及修改的期限。

③接受方书面确认对方提出的需求。

为了简化书面形式，可以制订一个固定格式的修改需求表，双方在提出及确认需求、修改完毕时在同一张表上签字。

（2）对应责任。

修改需求的主要提出方要承担一定的经济责任。

2）修改记录

（1）修改的时间________________________________。

（2）具体内容________________________________。

（3）修改后产生的附件文本________________________。

知识链接

在确定建设一个什么样的网络之后，下一步就要选择合适的网络介质和设备来实现它。网络物理设计的任务就是要选择符合逻辑性能要求的传输介质、设备、部件或模块等，并将它们搭建成一个可以正常运行的网络。

一、物理设计的原则

(1) 所选择的物理设备至少应该满足逻辑设计的基本性能要求，同时还需要考虑设备的可扩展性和冗余性等因素。

(2) 从网络设备的可用性、可靠性和冗余性的角度去考虑。

(3) 所选择的设备还应该具有较强的互操作性。

(4) 在进行结构化综合布线设计时，要考虑到未来20年内的增长需求。

(5) 情况不明朗时一定要进行充分的实地考察。

二、传输介质选型

传输介质是指连接两个网络结点的物理线路，用于网络信号传输。传输介质通常分为有线介质和无线介质。有线介质包括同轴电缆、双绞线、光缆等，无线介质包括红外线、电磁波、通信卫星等。

1. 同轴电缆

同轴电缆是传统以太网使用的传输介质，它由中心导体、绝缘材料层、网状织物构成的屏蔽层以及外部隔离材料层组成，如图3-3所示。

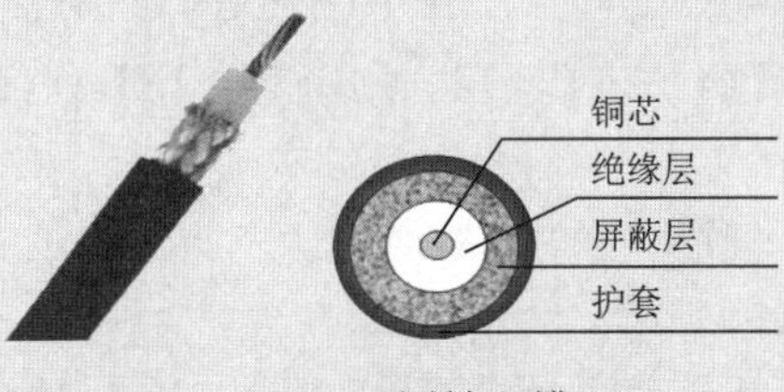

图3-3　同轴电缆

主要电气参数：

(1) 同轴电缆的特性阻抗。

(2) 同轴电缆的衰减。

(3) 同轴电缆的传播速度。

(4) 同轴电缆直流回路电阻。

2. 双绞线

1）双绞线结构

双绞线（twisted pair，TP）是由两根具有绝缘保护层的铜导线组成。把两根绝缘的铜导线按一定密度互相绞在一起，可降低信号干扰的程度，每一根导线在传输中辐射出来的电波会被另一根线上发出的电波抵消。双绞线的结构如图3-4所示。

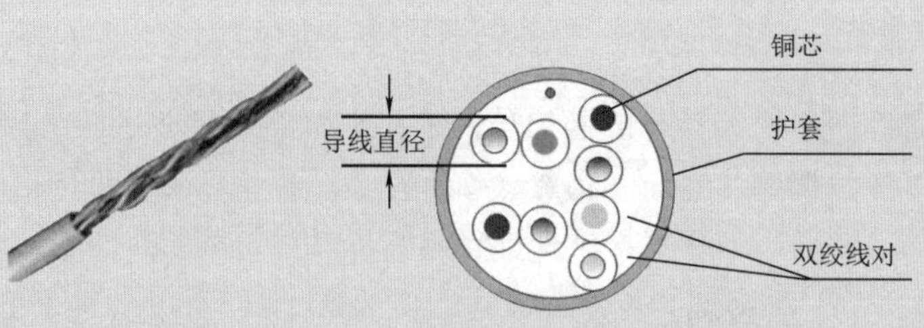

图 3－4　双绞线

双绞线按屏蔽特性可分为非屏蔽双绞线（unshielded twisted pair，UTP，也称无屏蔽双绞线）和屏蔽双绞线（shielded twisted pair，STP）。

根据双绞线的规格，可以将双绞线划分为以下类型，见表 3－7。

表 3－7　双绞线类型

双绞线规格	适用网络	长度（m）/使用线对数	最高传输速率	备　注
3 类	10Base－T	100 m/1 对	10 Mbit/s	国家标准
4 类	10Base－T，100Base－T4	100 m/1 对，100 m/4 对	16 Mbit/s	国家标准
5 类	10Base－TX，100Base－TX	100 m/2 对	100 Mbit/s	国家标准
超 5 类	100Base－TX，1 000Base－T	100 m/2 对，25 m/4 对	125 Mbit/s，998 Mbit/s	国家标准
6 类	1 000Base－T	1 000 m/2 对	128 Mbit/s	国家标准
超 6 类	10Gbase－T	不成熟，标准还在制定之中		
7 类	10Gbase－T			

双绞线外保护套说明信息：“AMP SYSTEMS CABLE E138034 0100 24 AWG（UL）CMR/MPR OR C（UL）PCC FT4 VERIFIED ETL CAT5 O22766 FT 2307”。

其含义如下：

- AMP：代表公司名称。
- 0100：表示 100 Ω。
- 24：表示线芯是 24 号的（线芯有 22、24、26 三种规格）。
- AWG：AWG 表示美国线缆规格标准。
- UL：表示通过认证的标记。
- FT4：表示 4 对线。
- CAT 5：表示 5 类线。
- 022766：双绞线的长度点，FT 为英尺缩写。
- 2307：表示生产日期为 2023 年第 7 周。

2）双绞线性能参数详解

（1）衰减：衰减（attenuation）是沿链路的信号损失度量。

（2）近端串扰：近端串扰 NEXT 损耗（near－end crosstalk loss）是测量一条 UTP 链路中从一对线到另一对线的信号耦合。

（3）直流电阻：直流环路电阻会消耗一部分信号并转变成热量，它是指一对导线电阻的和。

(4) 特性阻抗：对双绞线电缆而言，则有 100 Ω、120 Ω 及 150 Ω 几种。

(5) 衰减串扰比（ACR)：在某些频率范围，串扰与衰减量的比例关系是反映电缆性能的另一个重要参数。

(6) 信噪比：信噪比（SNR signal – noise ratio）描述了通信信道的品质。

3. 光纤

1）单模光纤和多模光纤

- 单模光纤的纤芯直径很小，在给定的工作波长上只能传输一路信号，传输频带宽，传输容量大。
- 多模光纤是在多个给定的工作波长上，能以多个模式（多路信号）同时传输的光纤。

2）折射突变型光纤和折射渐变型光纤

- 以折射突变型光纤作为传输媒介时，发光管以小于临界角发射的所有光都在光缆包层界面进行反射，并通过多次内部反射沿纤芯传播。
- 折射渐变型光纤的反射层由多种透明涂层构成。特定的非均匀折射率可以使多束光线以更单一的方式传输到对端。

3）室外光缆

室外光缆用于建筑群间布线或远程通信布线，也可用于干线布线。一般都是全铠装结构，具有抗拉伸、抗侧压、防水性能好等特点。图 3 –5 所示为室外光缆结构。

4）室内光缆

室内光缆主要用于室内布线，如条线、水平布线和尾纤等。室内光缆有别于室外光缆，它具有柔软、全介质、方便插接（可带 FC/SC 等）、阻燃（或不延燃）及一定的机械强度和耐环境特性等优点。图 3 –6 所示为室内光缆结构。

图 3 –5　室外光缆结构

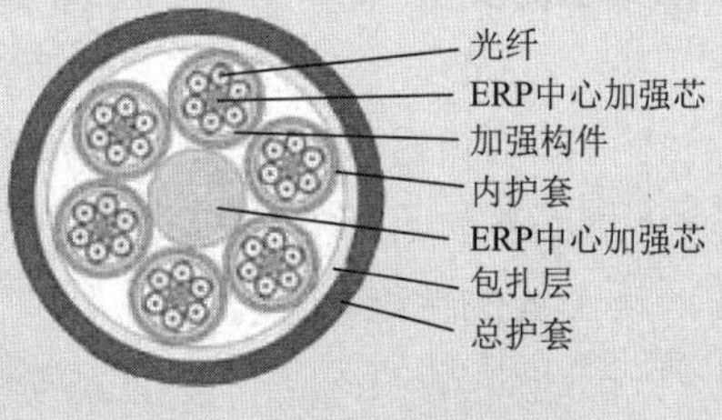

图 3 –6　室内光缆结构

4. 无线介质

1）红外线

红外线是一种波长较长的光波，具有热感功能，较早应用于近距离无线传输。

2）微波

微波曾在无线通信领域得到广泛应用，目前，它也是 WLAN 的主要传输介质。

3）卫星通信

卫星通信指的是通过人造同步地球卫星作为中继站的微波通信，主要优缺点与微波通信类似。最大的优点是传输距离远，并且通信费用与距离无关。缺点是造价高、时延大。

三、网络设备选型

1. 网卡选型

网卡（network interface card，NIC）是主机与其他主机或网络设备交换数据的接口，是主机的硬件组成部分之一。网卡工作在数据链路层，同时又是局域网的接入层设备。

2. 交换机选型

1）交换机类型

从规模应用分类，可以将交换机分为企业级交换机、部门级交换机和工作组级交换机。

2）交换机的性能指标

（1）MAC 地址表容量。

（2）背板带宽。

（3）生成树标准（spanning tree）。

（4）流量控制方式。

（5）VLAN 能力。

（6）端口聚合功能（port trucking）。

（7）支持的协议和标准。

（8）部件冗余性。

（9）网管能力。

3. 路由器选型

1）路由器类型

路由器（router）在实际应用中两种主要的类型：

（1）内部路由器：工作在园区网内部，主要实现子网路由与包过滤。

（2）边界路由器：提供园区网到广域网或 Internet 的连接。

2）路由器的性能指标

（1）性能（performance）。包括全双工线速转发能力、设备吞吐量、端口吞吐量、背靠背帧数等。

（2）配置（configuration）。

（3）路由协议。

（4）VPN 支持能力。

（5）防火墙功能。

（6）压缩比。

（7）组播协议支持（multi－broadcasting）。

（8）QoS。

（9）对 IPv6 的支持。

（10）网管能力。

4. 服务器选型

1）服务器的 SUMA

服务器的核心技术可以用四个字母表示：SUMA——可扩展性（scalability）、可用性（usability）、易管理性（manageablity）、高可靠性（availability）。

2）服务器的分类

（1）按照体系架构划分：

● 非 x86 服务器：包括大型机、小型机和 UNIX 服务器，它们是使用 RISC（精简指令集）或 EPIC（并行指令代码）处理器，主要采用 UNIX 和其他专用操作系统的服务器。精简指令集处理器主要有 IBM 公司的 POWER 和 PowerPC 处理器，SUN 与富士通公司合作研发的 SPARC 处理器；并行指令代码处理器主要是 Intel 研发的安腾处理器等。这种服务器价格昂贵、体系封闭，但是稳定性好、性能强，主要用在金融、电信等大型企业的核心系统中。

● x86 服务器：又称 CISC（复杂指令集）架构服务器，即通常所讲的 PC 服务器，它是基于 PC 体系结构，使用 Intel 或其他兼容 x86 指令集的处理器芯片和 Windows 操作系统的服务器。价格便宜、兼容性好、稳定性较差、安全性不算太高，主要用在中小企业和非关键业务中。

（2）按应用层次划分：

● 入门级服务器：是最基础的一类服务器，也是最低档的服务器。随着 PC 技术的日益提高，许多入门级服务器与 PC 的配置差不多。其稳定性、可扩展性以及容错冗余性能较差，仅适用于没有大型数据库数据交换、日常工作网络流量不大、无须长期不间断开机的小型企业。

● 工作组服务器：比入门级高一个层次的服务器。它只能连接一个工作组（50 台左右）的用户，网络规模较小，服务器的稳定性和其他性能方面的要求也相应要低一些。

● 部门级服务器：属于中档服务器之列，一般支持双 CPU 以上的对称处理器结构。最大特点就是集成了大量的监测及管理电路，具有全面的服务器管理能力，可监测如温度、电压、风扇、机箱等状态参数，结合标准服务器管理软件，使管理人员及时了解服务器的工作状况。部门级服务器可连接 100 个左右的计算机用户，适用于对处理速度和系统可靠性要求高一些的中小型企业网络。

● 企业级服务器：属于高档服务器行列，采用 4 个以上 CPU 的对称处理器结构，有的高达几十个，具有高内存带宽、大容量热插拔硬盘和热插拔电源、超强的数据处理能力和群集性能等。最大的特点就是它还具有高度的容错能力、优良的扩展性能、故障预报警功能、在线诊断，以及 RAM、PCI、CPU 等具有热插拔性能。企业级服务器适合运行在需要处理大量数据、高处理速度和对可靠性要求极高的金融、证券、交通、邮电、通信或大型企业。

3）高性能服务器的选购原则

MPASS 原则：

● M——可管理性（management）。

● P——性能（performance）。

● A——可用性（availability）。

- S——服务（service）。
- S——节约成本（saving cost）。

5. 无线局域网络（WLAN）设备选型

无线局域网络设备选型需要考虑以下方面：

- 功耗与稳定性。
- 安全第一。
- 传输距离。
- 协议类型。
- DHCP。
- 频道范围。
- 品牌。

四、列出设备清单报表

列出设备清单报表时要写清这样几项：设备名称和类型、可选/备选模块、数量、单价、总价等，对于设备商而言，真实合理的设备报价表往往是促使用户作出最后决定的重要因素，任何虚假或疏漏都会导致信誉和利润的损失。

五、结构化综合布线设计与施工

结构化综合布线系统是一个模块化、灵活性极高的建筑物或建筑群内的信息传输系统，是建筑物内的“信息高速公路”。

它既使语音、数据、图像通信设备和交换设备与其他信息管理系统彼此相连，也使这些设备与外部通信网络相连接。

它包括建筑物到外部网络或电信局线路上的接线点与工作区的语音或数据终端之间的所有线缆及相关联的布线部件。

综合布线的主要优点为：

- 结构清晰，便于管理维护。
- 材料统一先进，符合国内外布线标准。
- 灵活性强，适应各种不同的需求。
- 开放式设计，扩展性强。

1. 结构化综合布线标准

- 国内标准（中国工程建设标准化协会标准）：即 CECS 72197、CECS 89。
- 国际标准，主要是 ISO/IEC 11801、ISO/IEC CD14673。
- 美国标准：ANSI/TIA/EIA，如 EIA/TIA 568A。
- 欧洲标准：EN 50173。

2. 综合布线工程等级

1）基本型

基本型适用于综合布线系统中配置标准较低的场合，使用铜芯双绞线组网，其配置如下：

- 每个工作区有一个信息插座。
- 每个工作区配线电缆为 1 条 4 对双绞线电缆。

- 采用夹接式交接硬件。
- 每个工作区的干线电缆至少有 2 对双绞线。

2）增强型

增强型适用于综合布线系统中中等配置标准的场合，使用铜芯双绞线组网。其配置如下：

- 每个工作区有两个或以上信息插座。
- 每个工作区的配线电缆为 1 条独立的 4 对双绞线电缆。
- 采用直接式或插接交接硬件。
- 每个工作区的干线电缆至少有 3 对双绞线。

3）综合型

综合型适合于综合布线系统中配置标准较高的场合，用光缆和铜芯线缆混合组网。其配置如下：

- 在基本型和增强型综合布线系统的基础上增设光缆系统。
- 在每个基本型工作区的干线线缆中至少配有 2 对双绞线。
- 在每个增强型工作区的干线线缆中至少配有 3 对双绞线。

3. 结构化综合布线系统

结构化综合布线系统如图 3－7 所示，可以分为：

- 工作区子系统（work area subsystem）。
- 水平子系统（horizontal subsystem）。
- 管理间子系统（administration subsystem）。
- 垂直子系统（Vertical subsystem）。
- 设备间子系统（equipment subsystem）。
- 建筑群子系统（building group system）。

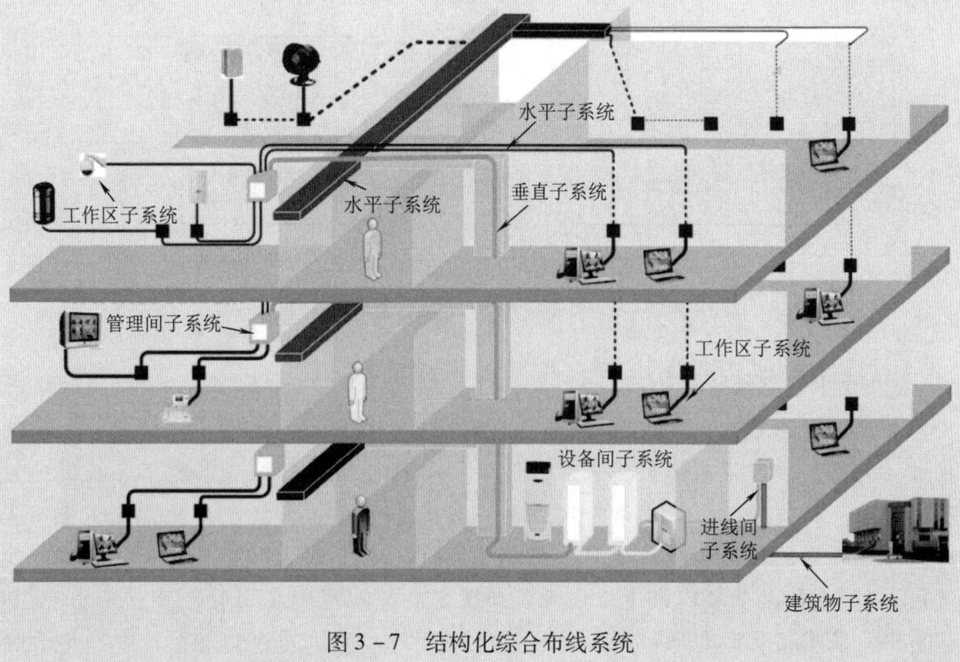

图 3－7　结构化综合布线系统

1）工作区子系统

工作区子系统由终端设备连接到信息插座的跳线组成。它包括信息插座、信息模块、网卡和连接终端所需的跳线，并在终端设备和输入/输出（I/O）之间搭接，相当于电话配线系统中连接话机的用户线及话机终端部分，如图 3－8 所示。

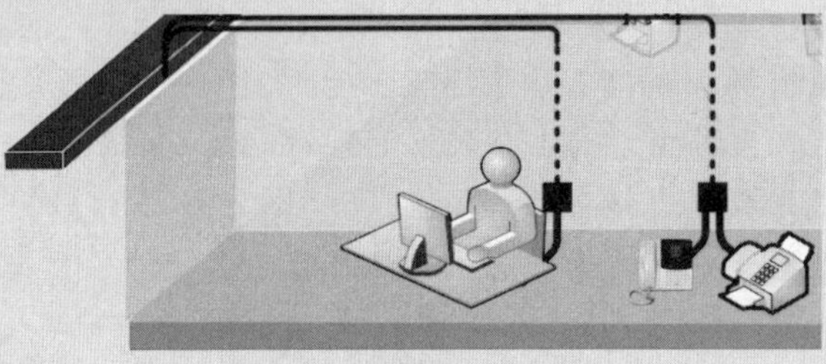

图 3－8　工作区子系统

（1）工作区设计步骤

①根据楼层平面图计算每层楼布线面积。

②估算 I/O 插座数量。

③确定 I/O 插座的类型。

④确定 I/O 插座的位置。

⑤确定工作区跳线的长度和类型。

⑥如果自己制作跳线，还要购买 RJ－45 插头（水晶头）。

（2）信息插座及 RJ－45 接头的技术要求如图 3－9 所示。

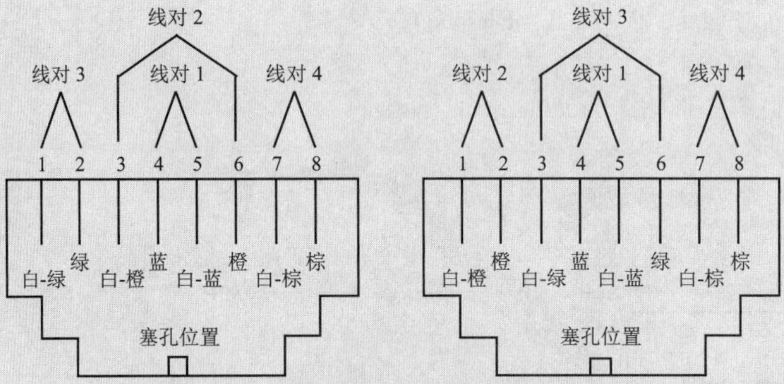

（a）T568A 型插座　　（b）T568B 型插座

图 3－9　信息插座及 RJ－45 接头布线图

2）水平子系统

水平布线子系统用来实现信息插座和管理子系统（跳线架）间的连接，将用户工作区引至管理子系统，并为用户提供一个符合国际标准、满足语音及高速数据传输要求的信息点出口。该子系统由一个工作区的信息插座开始，经水平布置到管理区的内侧配线架的线缆。系统中常用的传输介质是 4 对 UTP（非屏蔽双绞线），它能支持大多数现代通信设备。如果需要某些宽带应用时，可以采用光缆。信息出口采用插孔为 ISDN8 芯（RJ－45）的标准插口，每个信息插座都可灵活地运用，并可根据实际应用要求更改用途。水平子系统包括工作区与楼层配线间之间的所有电缆、连接硬件（信息插座、插头、端接水平传输介质的配线架、跳线架等）、跳线线缆及附件。

（1）水平子系统设计应考虑的几个问题。

①信息点面板应采用国际标准面板。

②水平子系统可采用吊顶上、地毯下、暗管、地槽等方式布线。

③水平子系统应根据楼层用户类别及工程提出的近、远期终端设备要求，确定每层的信息点数。

④配线电缆宜采用8芯屏蔽双绞线，以增强系统的灵活性；对于高传输速率的场合，宜采用多模或单模光纤，每个信息点的光纤宜为4芯。

⑤信息点应为标准的RJ－45型插座，并与缆线类别相对应。

（2）水平子系统缆线的布线距离规定。按照GB 50311—2016《综合布线系统工程设计规范》规定，水平子系统属于配线子系统，对缆线的长度做了统一规定，配线子系统各缆线长度应符合图3－10的划分并应符合下列要求：

- 配线子系统信道的最大长度不应大于100 m。
- 信道总长度不应大于2 000 m。
- 建筑物或建筑群配线设备之间（FD与BD、FD与CD、BD与BD、BD与CD之间）组成的信道出现4个连接器件时，主干缆线的长度不应小于15 m。

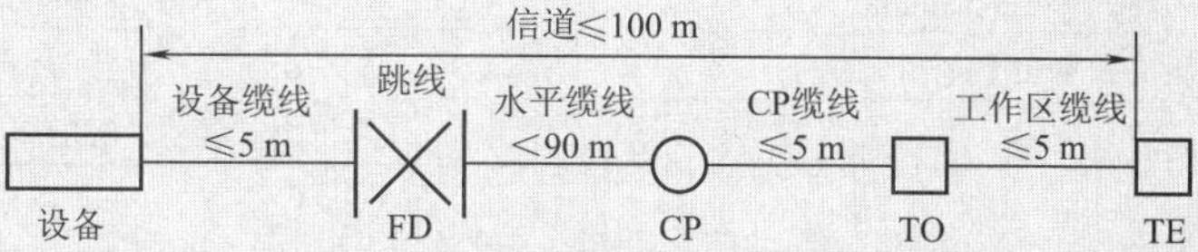

图3－10　配线子系统缆线划分

（3）管道缆线的布放根数。在水平子系统中，缆线必须安装在线槽或者线管内。缆线布放在管与线槽内的管径与截面利用率，应根据不同类型的缆线做不同的选择。管内穿放大对数电缆或4芯以上光缆时，直线管路的管径利用率应为50%~60%，弯管路的管径利用率应为40%~50%。管内穿放4对对绞电缆或4芯光缆时，截面利用率应为25%~35%。布放缆线在线槽内的截面利用率应为30%~50%。

线槽规格型号与容纳双绞线最多条数见表3－8。

表3－8　线槽规格型号与容纳双绞线最多条数

线槽/桥架类型	线槽/桥架规格/mm	容纳双绞线最多条数	截面利用率
PVC	20×10	2	30%
PVC	25×12.5	4	30%
PVC	30×16	7	30%
PVC	39×18	12	30%
金属、PVC	50×22	18	30%
金属、PVC	60×30	23	30%

续表

线槽/桥架类型	线槽/桥架规格/mm	容纳双绞线最多条数	截面利用率
金属、PVC	75×50	40	30%
金属、PVC	80×50	50	30%
金属、PVC	100×50	60	30%
金属、PVC	100×80	80	30%
金属、PVC	150×75	100	30%
金属、PVC	200×100	150	30%

（4）布线弯曲半径要求。布线中如果不能满足最低弯曲半径要求，双绞线电缆的缠绕节距会发生变化，严重时，电缆可能会损坏，直接影响电缆的传输性能。在光纤系统中，则可能会导致高衰减。因此在设计布线路径时，尽量避免和减少弯曲，增加电缆的拐弯曲率半径值。管线敷设允许的弯曲半径见表3－9。

表3－9　管线敷设允许的弯曲半径

缆线类型	弯曲半径
4对非屏蔽电缆	不小于电缆外径的4倍
4对屏蔽电缆	不小于电缆外径的8倍
大对数主干电缆	不小于电缆外径的10倍
2芯或4芯室内光缆	应大于25 mm
其他芯数和主干室内光缆	不小于光缆外径的10倍
室外光缆、电缆	不小于缆线外径的20倍

（5）网络缆线与电力电缆的间距。在水平子系统中，经常出现布线电缆与电力电缆平行布线的情况，为了减少电力电缆电磁场对网络系统的影响，综合布线电缆与电力电缆接近布线时，必须保持一定的距离。GB 50311—2016《综合布线系统工程设计规范》规定的间距见表3－10。

表3－10　电缆与电力电缆的间距

类　别	与综合布线接近状况	最小间距/mm
380 V以下电力电缆<2 kV·A	与缆线平行敷设	130
	有一方在接地的金属线槽或钢管中	70
	双方都在接地的金属线槽或钢管中①	10①
380 V电力电缆2～5 kV·A	与缆线平行敷设	300
	有一方在接地的金属线槽或钢管中	150
	双方都在接地的金属线槽或钢管中②	80
380 V电力电缆>5 kV·A	与缆线平行敷设	600
	有一方在接地的金属线槽或钢管中	300
	双方都在接地的金属线槽或钢管中②	150

注：①当380 V电力电缆<2 kV·A，双方都在接地的线槽中，且平行长度≤10 m时，最小间距可为10 mm。

②双方都在接地的线槽中，系指两个不同的线槽，也可在同一线槽中用金属板隔开。

(6) 水平线缆的布线方案，一般可采用 3 种类型：

①直接埋管式。

②先走吊顶内线槽，再走支管到信息出口的方式。

③适合大开间及后打隔断的地面线槽方式。

其余都是这 3 种方式的改良型和综合型。

3) 干线子系统

干线子系统的任务是通过建筑物内部的传输电缆，把各个服务接线间的信号传送到设备间，直到主交换设备。垂直干线子系统一般在建筑物中预留的弱电井中布线。因此干线子系统包括干线线缆、干线通道及其他辅助设施。

(1) 垂直干线子系统的设计步骤。

①确定每层楼的干线要求。

②确定整座楼的干线要求。

③确定从楼层到设备间的干线电缆路线。

④确定干线接线间的接合方法。

⑤选定干线电缆的长度。

⑥确定敷设附加横向电缆时的支撑结构。

(2) 垂直干线子系统的布线方法。在大楼的楼层间布设垂直干线系统通常有下列两种方法：电缆孔方法和电缆井方法，如图 3－11 所示。

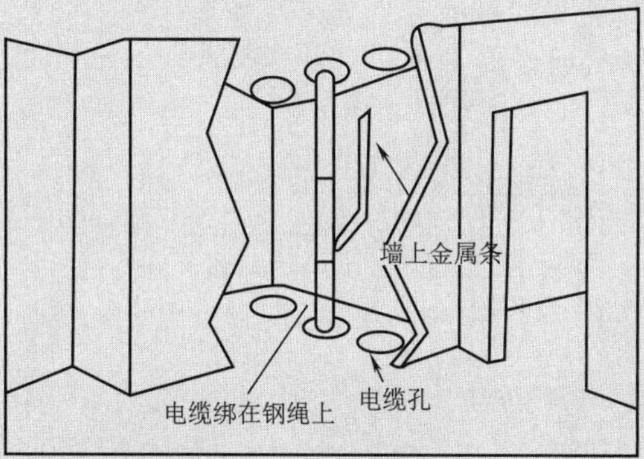

(a) 电缆孔方法

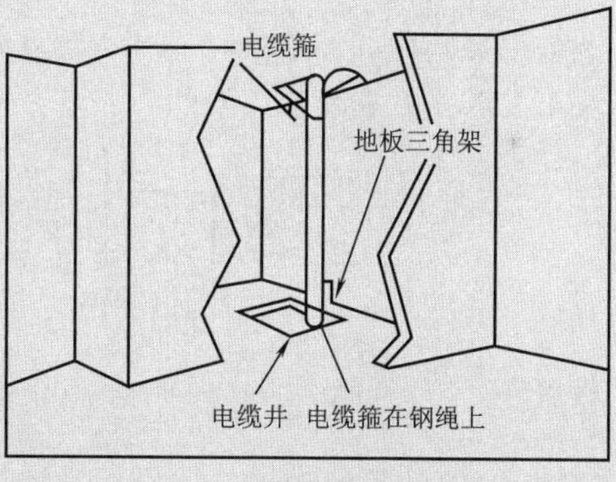

(b) 电缆井方法

图 3－11　垂直干线子系统的布线方法

4) 设备间子系统设计

(1) 在设计设备间时应考虑下列要素：

①设备间应设在合适的位置。

②设备间应抓好物理安全性设计，避免设备被盗或遭到损坏和干扰。

③应尽可能靠近外部通信电缆的引入区和网络接口。

④设备间应在服务电梯附近，便于装运笨重设备。

⑤设备间应按《数据中心设计规范》(GB 50174—2017) 标准设计。

(2) 设备间子系统设计的环境考虑：温度和湿度、尘埃、照明、噪声、电磁场干扰、供电、安全、建筑物防火与内部装修、地面、墙面、火灾报警及灭火设施。

5）管理子系统

管理子系统连接水平电缆和垂直干线，是综合布线系统中较重要的一环，常用设备包括快接式配线架、理线架、跳线和必要的网络设备。管理子系统安装在楼层配线间，实现楼层干线到水平布线的交接。楼层配线间比主设备间小，有时不需要专用的机房，使用壁挂式的配线箱就可以，而且位置靠近干线路由，便于连接。

（1）管理子系统的管理硬件：配线架、端子板（terminal block）、110 连接块、入口端子、出口端子、主布线场。

（2）管理子系统交连的几种形式。

①单点管理单交连。单交连指水平电缆和垂直主干到网络设备的电缆分别打在端子板的同一位置上连接块的里侧和外侧，通过连接块连通起来，如图 3－12 所示。

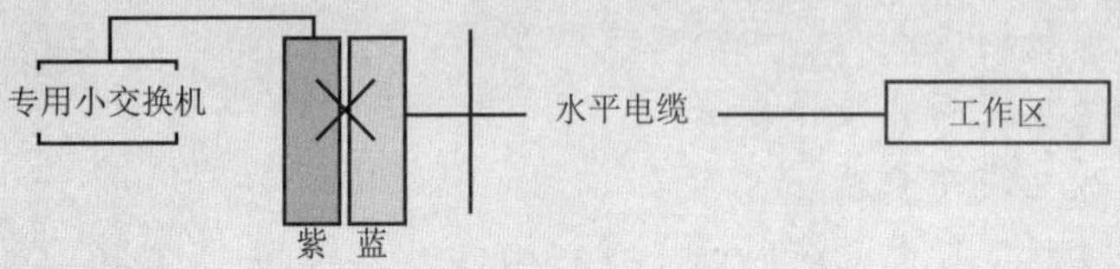

图 3－12　单点管理单交连

②单点管理双连接。双交连指水平电缆和垂直主干，或垂直主干和到网络设备的电缆都打在端子板的不同位置的连接块的里侧，再通过跳线把两组端子跳接起来，跳线打在连接块的外侧，这是标准的交接方式，如图 3－13 所示。

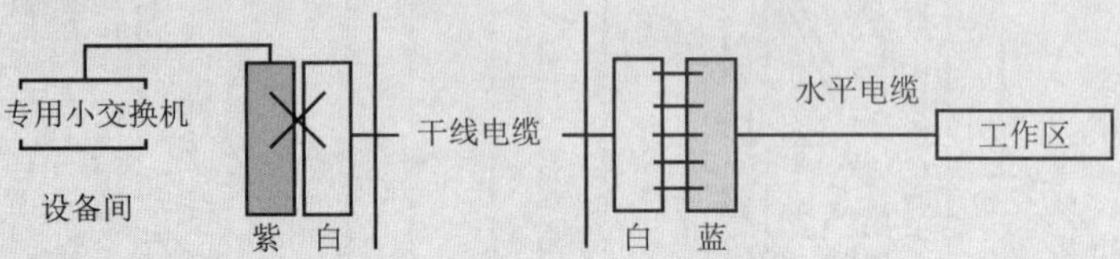

图 3－13　单点管理双连接

③双点管理双连接。当低矮而又宽阔的建筑物管理规模较大、复杂（如机场、大型商场）时，多采用双点管理双交接。双点管理除了在设备间里有一个管理点之外，在配线间仍有一个次级管理交接（跳线）。在二级交接间或用户房间的墙壁上还有第二个可管理的交接。

（3）管理子系统的设计步骤。

①确定模块化系数是 2 对线还是 4 对线。每个线路模块当作一条线路处理。

②选择合适的接线硬件，计算其使用数量。

③设计管理间的位置（楼层配线间）。

④指定管理标识，做好文档记录。

（4）管理标识设计。管理标识是管理子系统设计过程中很重要的一个环节，它的设计方法在 EIA/TIA 606 标准即《商业及建筑物电信基础结构的管理标准》中有详细的规定，即要求传输机房、设备间、介质终端、双绞线、光纤、接地线等都有明确的编号标准和方法。

管理标识设计主要包括：

①标识位置。

②标识类型。

③设计标识。

④标签材质标准。

6）建筑群子系统

建筑群子系统包括建筑群间电缆、架空线杆、布线管道等，建筑群子系统设计步骤如下：

(1) 确定敷设现场的特点。

(2) 确定电缆系统的一般参数。

(3) 确定建筑物的电缆入口。

(4) 确定明显障碍物的位置。

(5) 确定主电缆路由和备用电缆路由。

(6) 选择所需电缆类型和规格。

(7) 确定每种备选方案所需的劳务成本。

(8) 确定每种选择方案的材料成本。

(9) 选择最经济、最实用的设计方案。

4. 电缆布线方法

在建筑群子系统中电缆布线方法有 4 种。

(1) 架空电缆布线。

(2) 直埋电缆布线。

(3) 管道电缆布线。

(4) 隧道内电缆布线。

5. 综合布线测试技术

1）水平布线测试连接方式

(1) 基本连接方式。基本连接是指通信回路的固定线缆安装部分，它不包括插座至网络设备的末端连接电缆。

(2) 通道连接方式。通道连接是指网络设备的整个连接。

(3) 水平布线光纤测试连接方式。光纤链路只要在楼宇内进行，长度就不受严格限制。

2）楼宇内主干布线

楼宇内可使用多模光纤、单模光纤和大对数铜缆布线，测试起点为楼层配线架，测试终点为楼宇总配线架，主干链路长度小于 350 m。

3）测试参数和技术指标

(1) 双绞线系统的测试元素及标准：

①连接图。

②线缆长度。

③衰减。

④近端串音衰减。

（2）光缆布线系统的测试元素及标准：

①光缆测试的主要内容：

- 对整个光纤链路（包括光纤和连接器）的衰减进行测试。
- 光纤链路的反射测量以确定链路长度及故障点位置。

②光缆布线链路在规定的传输窗口测量出的最大光衰减（介入损耗）应不超过规定，该指标已包括链路与连接插座的衰减在内。

4）测试条件

为了保证布线系统测试数据准确可靠，对测试环境有着严格规定，应在规定的测试环境和测试温度下测试。

5）对测试仪表的性能和精度要求

（1）测试仪表的性能要求。

①在1～3.25 MHz测量范围内，测量最大步长不大于150 kHz；在3.26～100 MHz测量范围内，测量最大步长不大于250 kHz；100 MHz以上测量步长待定。

②测试仪表分为通用型测试仪表和宽带链路测试仪表两类。

③具有一定的故障定位诊断能力。

④具有自动、连续、单项选择测试的功能。

⑤可存储前面第①项中规定的各测量步长频率点的全部测试结果，以供查询。

（2）测试仪表的精度要求。测试仪表的精度表示实际值与仪表测量值的差异程度，直接决定着测量数值的准确性。通常要求用于综合布线系统工程现场测试的仪表应满足二级精度，宽带测试仪表的测试精度应高于二级，光纤测试仪表测量信号的动态范围应大于或等于60 dB。具体参数如下：

①近端串扰精度±2 dB。

②衰减量精度±1.0 dB。

③内部随机噪声电平－65＋151lg10（f/100）dB。

④内部残余串扰－55＋151lg10（f/100）dB。

⑤输出信号平衡－37＋lg10（f/100）dB。

⑥共模排斥－37＋lg10（f/100）dB。

⑦电表精度±0.75 dB。

⑧回波损耗±15 dB。

6）测试程序

（1）测试仪测试前自检，确认仪表是正常的。

（2）选择测试了解方式。

（3）选择设置线缆类型及测试标准。

（4）NVP值核准（核准NVP使用缆长不短于15 m）。

（5）设置测试环境湿度。

（6）根据要求选择“自动测试”或“单项测试”。

（7）测试后存储数据并打印。

（8）发生问题修复后复测。

（9）测试中出现“失败”查找故障。

7）测试结果应报告的内容

除长度、特性阻抗、环路电阻等项测试外，其余各测试项都是与频率有关的技术指标，测试仪测试结果应报告表中所规定的各项目，并按测试结果内容说明规定做出报告。

课后练习

（1）收集网络工程项目物理网络设计。

（2）完成本项目中未统计的成本估算。

（3）根据“案例说明”中的企业描述中，针对汇源服饰厂的情况编写网络物理设计说明书。

项目四

企业网络施工

项目综述

本项目主要工作是对企业进行施工，包括编写施工项目组人员组织方案，编写施工计划、施工技术标准，实施布线施工并进行网络设备配置调试等。

学习目标

（1）能够根据企业网络状况编写企业施工人员组织方案。

（2）能够根据企业网络物理设计编写施工计划。

（3）能够根据企业网络物理设计编写技术标准。

（4）能够根据企业网络物理设计进行布线施工，并设计施工中的相关表格。

（5）能够根据企业网络逻辑设计进行网络设备的调试与配置。

（6）培养学生的工匠精神以及与人沟通、团队合作能力。

项目流程

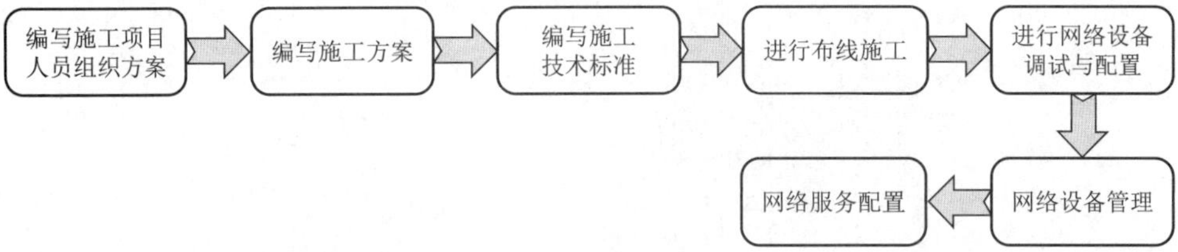

任务一　编写企业施工人员组织方案

任务描述

在逻辑网络和物理网络设计完成后进入企业网络的实施阶段，为确保优质、按时、安全地完成网络工程项目，将对该项目成立项目工作组（简称项目组）。以项目经理为核心，把项目相关各个专业技术人员放在该项目上，在财力、物力、人力方面保证工程顺利完成。项目组根据企业网络的需求、规模以及架构等对施工人员进行组织，编写企业网络施工人员组织方案，确定各个专业技术人员的岗位职责。

任务目标

（1）能根据企业网络的实际情况，在教师的指导下完成企业网络施工人员组织方案的编写。

（2）培养学生与人沟通、组织、协调以及文字处理能力。

任务实施

一、确定项目经理，建立项目组

为有效进行资源控制、进度控制、质量控制，确保项目工程顺利实施及系统维护的便利开展，由公司确定项目经理人选。由项目经理建立项目组，并选择项目组成员，召开项目组全体会议，讨论施工面临的任务，确定人员组织结构及工作岗位。

实施方法：

（1）公司根据客户网络项目的实际情况选择项目经理。

（2）项目经理建立项目组，选择项目组成员，召集项目组成员召开全体会议。

（3）大家讨论、总结、记录，最后形成企业施工面临的具体工作内容和任务，做出相应的人员安排，确定企业项目组各个工作岗位。

1. 主要人员工作岗位

根据现场的实际情况，如工程项目较小，可一人承担两项或三项工作。

（1）公司总经理。

（2）项目经理。

（3）项目技术督导总监。

（4）专业工程师。

（5）项目施工管理总监。

（6）项目物料管理员。

（7）质量安全检查员。

（8）资料员。

（9）项目施工班组人员。

2. 工程施工组织机构

工程施工组织机构图如图 4－1 所示。

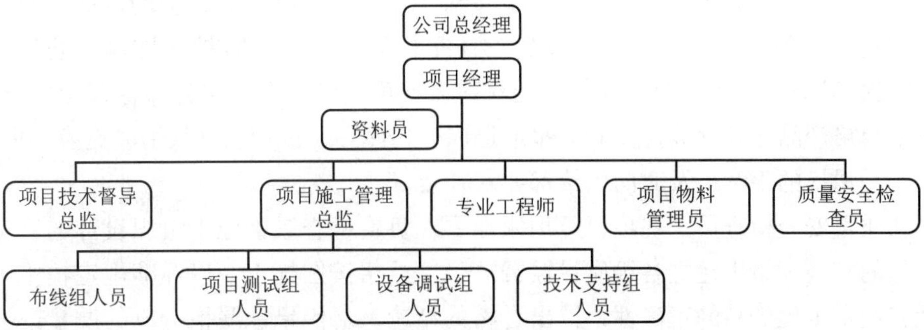

图 4－1　工程施工组织机构图

二、召开项目组全体会议，讨论企业项目组各个工作岗位的岗位职责

实施方法：

（1）项目组负责人召集项目组成员召开全体会议。

（2）讨论人员分工。

（3）讨论工作岗位职责。

（4）大家讨论、总结、记录，最后形成文档，编写出具体的岗位职责。主要人员岗位职责如下：

①公司总经理。负责整个工程的人员组织安排和处理工地现场重大事件，保证工程进度。

②项目经理。具有大型综合布线系统工程项目的管理与实施经验，监督整个工程项目的实施，对工程项目的实施进度负责；负责协调解决工程项目实施过程中出现的各种问题。负责与业主及相关人员的协调工作。主要统筹项目所有的施工设计、施工管理、工程测试及各类协调等工作。

③项目技术督导总监。负责审核设计、制订施工计划、检验产品性能指标；审核项目方案是否满足标书要求；施工技术指导和问题解决；工程进度监控；工程施工质量检验与监控。

④专业工程师。对项目经理负责：对其所设计的系统进行全面专业的技术支持、技术协调、调试及试运行，深化施工图设计、技术变更。对施工图纸包括系统图、平面图、安装接线端子图、设备材料表等所有技术文件的执行负责。指导施工并负责单机、联机设备调试。负责整理各类验收必备的图纸文件审核，负责操作人员培训、系统维护等。确保系统一次调试成功，性能指标达到设计、使用要求。

⑤项目施工管理总监。直接对项目经理负责，在保证工程质量的前提下抓好生产进度，对施工质量负责，在项目经理授权下协调现场有关施工单位的施工问题。遵守工序质量制度，严格执行“三检制”，保证不合格工序未整改前不进入下道工序，对工序治理引起的质量问题负责，对工序质量做好记录，定期上报。

⑥项目物料管理员。主要根据合同及工程进度及时安排好库存和运输，为工程提供足够、合格的施工物料与器材。负责对工地工具、材料、设备的码放，对出入库物资进行账簿登记，做到账物相符。注重标识、储存和防护（防潮、防鼠、防盗、防损坏）。施工中一时不能用完的材料设备可退库或在库房另保存，做好记录。发现不合格产品分开存放，及时上报或退回公司库存。负责工具领用、更换、损耗、损坏产品退换的手续，及时向供给部要求补货。

⑦质量安全检查员。在项目经理领导下，负责检查监督施工组织设计的质量保证措施的实施，组织建立各级质量监督体系。严格按图施工，以标准规定检验工程质量，判定工程产品的正确性，得出合格的结论，对因错、漏检造成的质量问题负责。对不合格产品按类别和程度进行分类，做出标识，及时填写不合格品通知单、

返工通知单、废品通知单，做好废品隔离工作。监督施工过程中的质量控制情况，严格执行“三检制”，并做好被检查品和部位的检验标识，发现质量问题及时反映：正确填写工序质量表，做好各种原始记录和数据处理工作，对所填写的各种数据、文字问题负责。

检查督促生产安全、防火、防盗等安全措施的落实执行，并做安全学习记录，及早消除隐患。按时统计汇报工程质量情况，按时填写质量事故报表，并其对准确性负责。

严格监督进场材料的质量、型号和规格。监督班组操作是否符合规范。

⑧资料员。负责下发的各种资料文件（如治理文件、通知单、有关技术文件、施工技术标准、工艺标准、施工规范、图集、施工图纸、施工组织设计、工程项目质量计划等）的整理与保管，以及施工过程中形成的资料（如施工技术交底、工程联系单、变更签证单、工程洽商记录、会议纪要、工序检查表、设备安装检查表、调试记录、工程隐（预）检记录、设计变更）的整理、保存和归档，以及资料编写、工程预结算书等文本的处理。

⑨项目施工班组人员。主要承担工程施工的各项具体任务，其下设布线组、测试组、设备台调试组和技术支持组，各组的分工明确又可相互协调。严格按图纸、施工规范的要求进行操作，对不执行工艺和操作规范而造成的质量事故和不合格产品负责。保证个人质量指标的完成，出现质量问题及时向施工主管或项目经理反映，对不及时自检和不及时反映问题造成不合格品负责。注重保护成品，控制材料使用；保证安全生产，严防出现安全生产事故，遵守安全用电规定，以及电动工具和登高用具的安全操作规程。

三、编写企业施工人员组织方案

实施方法：

(1) 项目组负责人召集项目组成员召开全体会议。

(2) 讨论如何编写企业施工人员组织方案。

(3) 针对工程规模、施工进度、技术要求、施工难度等特点，根据正规化的工程管理模式，拟定出一套科学、合理的企业网络施工人员组织方案。

表4－1所示为一个参考性组织方案，实际的方案由施工单位根据自己的情况进行组建。

表4－1　施工人员组织方案表

项目管理人员组成	所在部门	联系电话
公司总经理：		
项目经理：		
项目技术督导总监：		
专业工程师：		

续表

项目管理人员组成	所在部门	联系电话
质量安全检测员：		
项目物料管理员：		
项目施工管理总监：		
工程资料员：		
布线组人员组成	所在部门	联系电话
……		
设备调试组人员组成	所在部门	联系电话
……		

课后练习

项目组完善本项目组的人员组织方案。

任务二　编写施工计划

任务描述

根据逻辑网络设计和物理网络设计，由项目经理组织相关岗位人员编写企业网络施工计划，并根据施工计划进行项目前期工作安排。

任务目标

（1）能在教师的指导下完成企业网络施工计划的编写。
（2）培养学生与人沟通、组织、协调及文字处理能力。

任务实施

一、召开项目组全体会议，讨论施工相关的工作安排

实施方法：
（1）项目组负责人召集项目组成员召开全体会议。
（2）根据物理网络设计讨论企业施工面临的具体工作内容和相关工作安排。

1. 讨论施工前预备工作

业务部与工程部进行正式移交后，由项目经理组织工程部、技术部并知会供给部和质监部，分项或同时进行如下工作安排：

1）现场勘察和图纸现场签证记录

主要进行以下工作：

（1）勘察施工材料储存及搬运环境。

（2）勘察电源照明。

（3）勘察管道、线架的规格尺寸是否符合设计要求。

（4）接线箱、设备间及工作环境位置的确定。

（5）各相关位置尺寸的核对。

如发现施工的条件与设计图纸条件不符或者有错误，又或者因为材料、设备规格质量、场地不能满足设计要求，可以探讨合理化的改进意见，并遵循技术核定和设计变更签证制度，进行图纸的施工现场变更签证。如对投资影响较大时，要报请项目的原批准单位批准。所有变更改动资料，都要有正式的文字记录，归入拟建工程施工档案，作为施工、竣工验收和工程估算的依据。

2）图纸会审

图纸会审是一项极其严肃和重要的技术工作。认真做好图纸会审工作，对于减少施工图中的差错、保证和提高工程质量有重要的作用。我方负责施工的专业技术人员首先会认真阅读施工图，熟悉图纸的内容和要求，把疑难问题整理出来，把图纸中存在的问题等记录下来，在设计交底和图纸会审时解决。

图纸会审建议由建设单位、监理公司、各子系统设备供应商、机电安装商参加，有步骤地进行，并按照工程的性质、图纸内容等分别组织会审工作。会审结果应形成纪要，由设计、建设、总包、施工四方共同签字，并分发下去，作为施工图的补充技术文件，与技术文件一起用于指导施工的依据，以及作为建设单位与施工单位进行工程估算的依据。

3）施工设备及材料准备

施工机械设备的准备：布线施工无大型施工工具，主要为电钻、电锤、切割机、网络测试仪、线缆端接工具、光纤熔接、测试设备等。

施工材料准备：主要是根据施工预算，按材料名称、规格、使用时间、材料储备额和消耗定额进行汇总，编制出材料需要量计划，确定供货厂商及确定提货日期。

确定施工材料清点验收流程：

（1）确定产品规格、尺寸、数量、材质。

（2）根据厂商提供的型号规格进行核对。

（3）对材料进行抽样检查。

（4）对检测结果进行汇总记录。

4）技术交底

由项目经理亲自主持编写施工手册。设计人员与施工队进行技术交底，由设计人员向施工队阐明要点、难点、各系统工程的注重事项，组织施工人员学习设计方案并熟识施工图，所有参与人员签名记录备案。

技术交底的主要内容包括：施工中采用的新技术、新工艺、新设备、新材料的性能和操作方法，以及预埋部件注意事项。

5）工程项目的协调工作安排

工程项目在施工过程中会涉及很多方面的关系，协调作为项目管理的重要工作，要有效解决各种分歧和施工冲突，使各施工单位齐心协力保证项目的顺利实施，以达到预期的工程建设目标。协调工作主要由项目经理完成，技术人员支持。

需协调的工作如下：

（1）电源照明申请。

（2）工期及进出时间确定。

（3）配线架及管道孔位配置申请。

（4）材料及物品暂存区的确定。

2. 讨论工程材料、设备的运输

弱电工程材料设备不多，技术含量高，安装、调试要求严格。运输不当，轻则造成设备表面刮花，严重的则会损毁。在本施工过程中分为远程远送和现场运输两部分进行治理。

1）材料、机具远程运送

材料（管、槽、线）将根据本工程的进度、工程需求量及工地仓库面积的大小，采用一次性或分批由厂家（供给商）点对点地在工地仓库交货。尽量避免多重周转引起的破损、划花、错漏和运输成本的增加。

生产工具和生产设备由供给部统一集中、清点，工程部逐一检查型号和核对数量，打包装车送货，如数量多或路途远，则请信誉好的搬家公司负责运送。

2）系统设备和机柜的远程运送

大件设备，如机柜、设备模块箱等，凡涉及美观和有特殊安装要求、特殊用途、专业性强的，由厂家或供给商点对点送货。待生产现场（即建设单位使用现场）条件成熟时，由专业人员就位安装。最大限度地保证设备的完整、资料设备附件的齐整、开箱报验等工程手续的齐备。

3）材料、设备的现场运输

在土建未退场时货物尽量走垂直货梯。当工程进入二次装修而没有笼梯时，则走楼梯。如甲方答应使用客梯时，先用 5 cm 厚夹板敷贴牢固，保护好内装饰面后方进行使用。对长度超过 3 m 或宽度大于楼梯 3/4 的物体，宜用两人抬杠运输。如运输过程有可能令墙体、材料和设备表面花损的，还需用毛毯包裹后方可进行。

3. 讨论施工项目进度控制

1）施工治理方法

本工程采用项目法中的流水式施工方法，并结合平行式施工法，以在必要时加快进度。流水式施工可节省人、财、物，提高质量并合理使用资源。项目法施工是以工程项目为对象，按客观规律的要求，对项目需要的各生产要素进行最优化的搭配，通过观察、分析、综合、求进等方法，对产生技术经济的各项工作制定工作标准，让一切生产活动有条不紊地进行，使人力、资金和设备都发挥最大的作用，达到最佳效果。项目法施工的最大好处是可以缩小业主和施工单位的距离，项目治理经理部既是决策机构，又是责任机构，是施工单位对工程项目实施的全权代表，这样就便于保证施工项目按照规定的目标高速、优质、低耗地全面完成，保证各生产要素在项目经理的授权范围内做到最大限度的优化配置。

2）施工流程图（见图4－2）

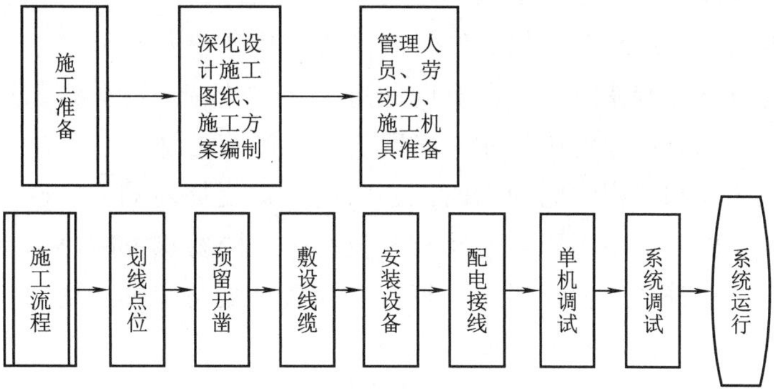

图4－2　施工流程图

3）强化计划治理

工程计划治理，在现场施工治理中包含3部分内容：要组织连续、均衡地施工，要全面完成各阶段的各项计划任务或指标，要以最低的消耗取得最大效益。主要措施如下：

（1）生产计划与实际情况对比分析。根据总网络计划、关键路线计划，以及日、周工程计划，在施工过程中，将实际完成情况记录下来，并与原计划进度进行对比分析，及时发现薄弱环节和矛盾，提出补救措施，估计完成工程所需时间，提出加快某些施工工序的具体方案。

每周定期举行计划协调例会，收集上周现场施工、计划落实等各种信息，研究问题，下达下周的施工任务。

（2）加强实质性监管。加强现场的督促检查，包括检查施工预备、施工计划和合同的执行情况，检查并综合平衡劳动力、物质供给和机械设备，督促有关部门各类资源的供给。

4）施工项目进度控制

项目进度控制的目的是提前完成预定的工期。进度控制将有限的投资合理使用，在保证工程质量的前提下按时完成工程任务，以质量、效益为中心搞好工期控制。施工控制难度最大，问题最多，必须使用正确的方法和对策，进行及时有效的控制。

（1）施工进度的前期控制。工期预控制是对工程施工进度进行控制，达到项目要求的工期目标。施工顺序要安排合理、均衡有节奏才能实现计划工期。根据合同对工期的要求设计计算出工程量；根据施工现场的实际情况、总体工程的要求、施工工程的顺序和特点，制订出工程总进度计划；根据工程施工的总进度计划要求和施工现场的特殊情况，制订月进度计划；制订设备的采、供计划。对施工现场进行勘测，作好施工前的预备，为施工创造必要的施工条件。作好施工前的一切预备工作，包括人员、机具、材料、施工图纸等。

（2）施工进度的中间控制。对施工进行进度检查、动态控制和调整，及时进行工程计量，把握进度情况，按合同要求及时联系进行工程量的验收。对影响进度的诸因素建立相应的治理方法，进行动态控制和调整，及时发现及时处理。由于本工程许多系统同时施工，相互影响因素较多，现场作业条件和现场作业情况的变化及土建、装修现场条件的改变，相应的对施工进度应作出及时调整。落实进度控制的责任，建立进度控制协调制度，有问题进行及时协调；落实施工过程中的一切技术支持，增加同时作业的施工面，采用高效的施工方法，以及施工新工艺、新技术，缩短工艺间和工序间的间歇时间；对施工进度提前的、应急工程及时的实行奖励，以及确保施工使用资金的及时到位；按合同要求及时协调有关各方面的进度，以确保工程符合进度的要求。每月要检查计划与实际进度的差异、形象进度、实物工程量与工作量指标完成情况的一致性，提交工程进度报告。当实际计划与进度计划发生差异时，分析产生的原因，提出调整方案和措施，如进度计划、修改设计、材料、设备、资金到位计划等，必要时调整工期目标（所有文件都要编目建档）。

（3）施工进度的后期控制。进度的后期是控制进度的要害时期，当进度不能按计划完成时，分析原因，采取措施，改进工艺，实行流水立体交叉作业，增加人员，增加工作面，加强调度。工期要突破时，制定工期突破后的补救措施，调整施工计划、资金供给计划、设备材料等，组织新的协调。

（4）多方沟通和紧密配合。各方的配合是讲求材料、设备、供给、人员、机具的科学调配，包括我方与土建的配合、与机安的配合、与内装饰的配合、与甲方和监理的配合。使互相制约的工程变为步调一致，减少工时，节约成本，达到按需求时间完成工程的目的。多方及时沟通，准时参加工程例会，发现问题主动积极与有关单位协作解决，不推卸责任，不回避问题。及早发现，及时解决，以用户为主，合理安排施工。

（5）不可猜测情况的紧急应对。在以防为主的治理措施下，当出现特殊情况时应采取有效的应急处理对策。当遇有关单位（如土建、机安、水、电、装饰单位）未能按期交出作业面等非我单位所能控制的局面时，可申报停工延期及退场，以节约工时，若遇施工条件变化时，如地震、恶劣天气环境、高温、洪水、下沉等不可抗力时，我们根据具体情况采取如下措施：抢救成品、及早转移物资，尽量减少损失，尽早复工，加班加人保质量补工期。若遇技术失误时，如施工过程中，在应用新技术、新材料、新工艺、新产品缺乏经验时，不能保证质量，并影响施工进度时，应成立攻关小组加大人力的投入，或建议甲方更换品牌、型号等对策和相关措施。

4. 讨论技术保证制度

除了具有一批高素质的工程技术治理人员，以及精良的仪器、工具、设备外，所选用的产品都是质量过硬的国际知名品牌或经过多个工程的实践，在多个项目上运行性能稳定的产品。与供给商签署售后技术服务《使用保障承诺书》、技术服务授权书和《产品授权书》，得到厂商对单位全方位的强大的技术支持。

工程的技术治理包括施工图纸会审、编制施工组织设计、技术交流，技术检查、拟定各项技术措施和实施各种技术规程、提出合理化建议、加强工程技术监督治理，这些工作有助于确保工程质量和进度。工程中推广应用先进的技术、合理的施工工艺，可以给工程带来良好的经济效益，主要措施如下：

（1）建立健全技术治理制度，包括技术责任制度、图纸会审制度、技术交底制度、材料和设备进场检验制度、施工技术日志、工程质量验收制度、工程技术档案制度，在施工中严格执行。

（2）制定奖励条例，鼓励技术人员。治理干部在施工过程提出合理化建议，对原设计进行优化，在经过实践证实保证质量前提下可以提前工期、降低工程造价的给予奖励。

（3）科学设计完善的施工计划：施工进度计划使用动态的网络计划技术，网络图可用横道图表示，它是现代化科学治理的重要组成部分，把施工过程中有关工作组成一个有机整体，把整个项目作为一个系统去加以处理，使系统中各个环节相互配合，协调一致，使任务完成得既快又好又省。根据现有资料分析，将项目的各项任务的各个阶段和先后顺序、要害和非要害的工作通过网络形式对整个系统统筹规划，区分轻重缓急进行协调，使此系统对资源进行合理的安排，有效地加以利用，达到预定工期目标。

该智能弱电项目工程施工将完全按合同规范和高标准设计要求进行，将使施工计划具有一定的被动性，系统的结构复杂多变，受外界影响因素较大，加上需要的协调配合单位多，不可预测的因素多。工程施工受工程开工时间、其他单位的竣工时间、施工过程中的各阶段工作面的实际情况及建设资金等方面的影响，所以使年度、季度、月度计划之间难做到均衡。单位应加强搞好计划的衔接，及时把握、控制，对计划进行及时调整和综合平衡，保证在工期内顺利完成。

最后，大家讨论、总结、记录，形成企业施工面临的具体工作内容和工作安排。

二、召开项目组全体会议，讨论具体施工计划

实施方法：

（1）项目组负责人召集项目组成员召开全体会议。

（2）大家讨论、总结、记录，最后形成文档，编写企业网络施工计划概要。

（3）指定相关人员使用项目管理软件进行甘特图设计，编制项目施工计划。

施工计划的进度管理可以采用项目管理软件中的进度管理模块进行，而甘特图又是工程项目管理中最常用的进度管理工具。因此可以使用项目管理软件来编制甘特图，实施项目管理中的进度管理，此处采用微软公司开发的 Project 项目管理工具软件来编制甘特图。

下面是采用 Project 编制本项目施工计划的整个过程。

（1）创建一个新的项目文件。

选择【文件】选项卡，单击【新建】选项，然后选择【空白项目】，如图 4 - 3 所示。

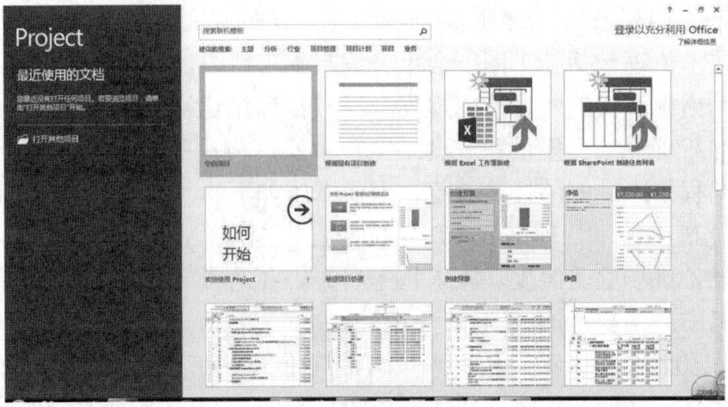

图 4－3　创建一个项目文件

（2）输入任务。选择【视图】选项卡，在【任务视图】选项组中单击【甘特图】，在任务名称字段中，可以手工输入任务，也可以批量从 Excel 中导入任务。任务含摘要任务、里程碑和 WBS 等事项，如图 4－4 所示。

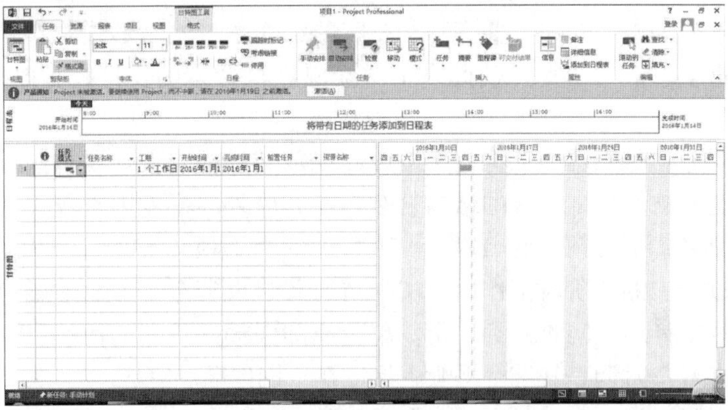

图 4－4　输入任务

（3）编辑任务信息。双击“甘特图”视图中的某条任务，在弹出的“任务信息”对话框中，进行任务信息编辑，如图 4－5 所示。

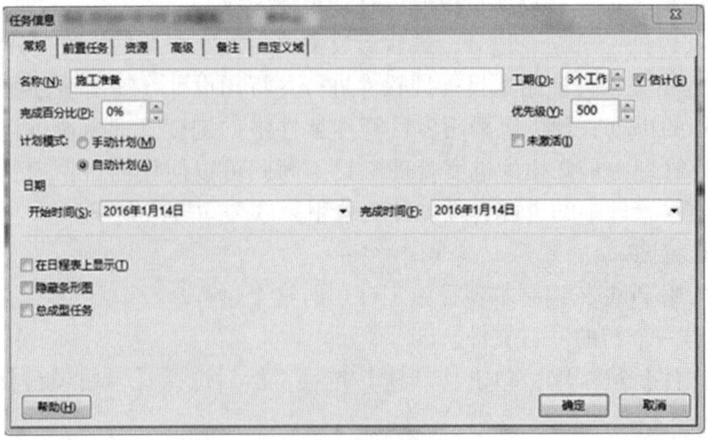

图 4－5　编辑任务信息

（4）完成整个工作计划，如图 4－6 所示。

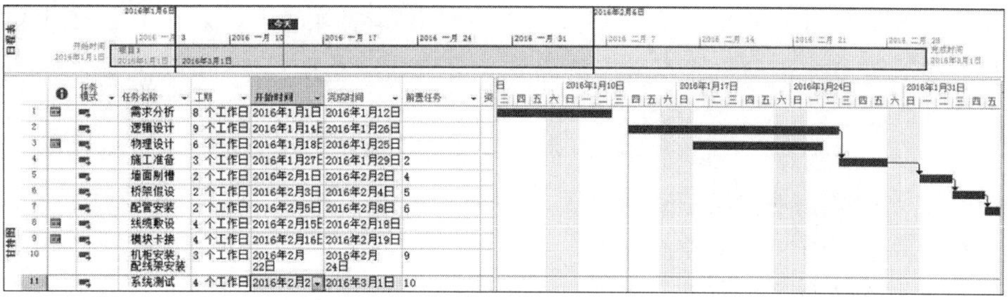

图 4－6　完成整个工作计划

三、工作材料归档和评审

每个项目组将材料归档并交老师进行综合评审，项目组之间进行评审，指出存在的问题并进行更正。

知识链接

知识一：项目管理软件

项目管理是为了使工作项目能够按照预定的需求、成本、进度、质量顺利完成，而对人员、产品、过程和项目进行分析和管理的活动。

目前，国内企业对项目管理水平和方法越来越重视，而合适的项目管理软件在其中起了极其重要的作用。项目管理软件主要有工程项目管理软件和非工程项目管理软件两大类。

随着微型计算机的出现和运算速度的提高，20 世纪 80 年代后项目管理技术也呈现出繁荣发展的趋势，项目管理软件开始出现。对于大型项目管理，没有软件支撑，手工完成项目任务制定、跟踪项目进度、资源管理、成本预算的难度是相当大的。可以说，计算机技术的发展对项目管理深入应用起了举足轻重的作用。根据管理对象的不同，项目管理软件可分为进度管理、合同管理、风险管理、投资管理等软件。

根据提高管理效率、实现数据/信息共享等方面功能的不同实现层次，项目管理软件又可分为以下三种：①实现一个或多个项目管理的手段，如进度管理、质量管理、合同管理、费用管理，或者它们的组合等；②具备进度管理、费用管理、风险管理等方面的分析、预测以及预警功能；③实现了项目管理的网络化和虚拟化，实现基于 Web 的项目管理软件甚至企业级项目管理软件或者信息系统，企业级项目管理信息系统便于项目管理的协同工作、数据/信息的实时动态管理，支持与企业/项目管理有关的各类信息库对项目管理工作的在线支持。

一般项目管理软件都会包含以下一些主要功能：

（1）预算及成本控制：大部分项目管理软件系统都可以用来获得项目中各项活动、资源的有关情况。人员的工资可以按小时、加班或一次性来计算，也可以具体明确到期支付日；对于原材料，可以确定一次性或持续成本；对各种材料，可以设立相应的会计和预算代码。另外，还可以利用用户自定义公式来运行成本函数。大部分软件程序都应用这一信息来帮助计算项目成本，在项目过程中跟踪费用。项目过程中，随时可以就单个资源、团队资源或整个项目的实际成本与预算成本进行对比分析，在计划和汇报工作中都要用到这一信息。大多数软件程序可以随时显示并打印出每项任务、每种资源（人员、机器等）或整个项目的费用情况。

（2）项目资源管理：目前的项目管理软件都有一份资源清单，列明各种资源的名称、资源可以利用时间的极限、资源标准及过时率、资源的收益方法和文本说明。每种资源都可以配以一个代码和一份成员个人的计划日程表。对每种资源加以约束，比如它可被利用的时间数量。用户可以按百分比为任务配置资源，设定资源配置的优先标准，为同一任务分配各个资源，并保持对每项资源的备注和说明。系统能突出显示并帮助修正不合理配置，调整和修匀资源配置。大部分软件包可以为项目处理数以千计的资源。

（3）项目计划：在所有项目管理软件包中，用户都能界定需要进行的活动。正如软件通常能维护资源清单，它也能维护一个活动或任务清单。用户对每项任务选取一个标题、起始与结束日期、总结评价，以及预计工期（包括按各种计时标准的乐观、最可能及悲观估计），明确与其他任务的先后顺序关系以及负责人。通常，项目管理软件中的项目会有几千个相关任务。另外，大部分程序可以创建工作分析结构，协助进行计划工作。

（4）项目监督及追踪：项目管理的一项基本工作是对工作进程、实际费用和实际资源耗用进行跟踪管理。大部分项目管理软件包允许用户确定一个基准计划，并就实际进程及成本与基准计划中的相应部分进行比较。大部分系统能跟踪许多活动，如进行中或已完成的任务、相关的费用、所用的时间、起止日期、实际投入或花费的资金、耗用的资源，以及剩余的工期、资源和费用。关于这些临近和跟踪特征，管理软件包有许多报告格式。

（5）项目进度安排：在实际工作中，项目规模往往比较大，人工进行进度安排活动就显得极为复杂了。项目管理软件包能为进度安排工作提供广泛的支持，而且一般是自动化的。大部分系统能根据任务和资源清单以及所有相关信息制作甘特图及网络图，对于这些清单的任何变化，进度安排会自动反映出来。此外，用户还能调度重复任务，制定进度安排任务的优先顺序，进行反向进度安排（从末期到日首期），确定工作轮班，调度占用时间，调度任务，确定最晚开始或尽早开始时间，明确任务必须开始或必须结束日期，或者是最早、最晚日期。

知识二：甘特图

甘特图（Gantt chart）又称为横道图、条状图（bar chart）。以提出者亨利·L.甘特的名字命名。

甘特图内在思想简单，即以图示的方式通过活动列表和时间刻度形象地表示出任何特定项目的活动顺序与持续时间。基本是一条线条图，横轴表示时间，纵轴表示活动（项目），线条表示在整个期间上计划和实际的活动完成情况。它直观地表明任务计划在什么时候进行，以及实际进展与计划要求的对比。管理者由此可便利地弄清一项任务（项目）还剩下哪些工作要做，并可评估工作进度。

甘特图包含以下三种含义：

(1) 以图形或表格的形式显示活动。

(2) 一种通用的显示进度的方法。

(3) 构造时应包括实际日历天和持续时间，并且不要将周末和节假日算在进度之内。

甘特图具有简单、醒目和便于编制等特点，在企业管理工作中被广泛应用。甘特图按反映的内容不同，可分为计划图表、负荷图表、机器闲置图表、人员闲置图表和进度表等五种形式。

甘特图基于作业排序，是将活动与时间联系起来的最早尝试之一。该图能帮助企业描述对诸如工作中心、超时工作等资源的使用图。当用于负荷时，甘特图可以显示几个部门、机器或设备的运行和闲置情况。这表示了该系统的有关工作负荷状况，这样可使管理人员了解何种调整是恰当的。例如，当某一工作中心处于超负荷状态时，则低负荷工作中心的员工可临时转移到该工作中心以增加其劳动力，或者，在制品存货可在不同工作中心进行加工，则高负荷工作中心的部分工作可移到低负荷工作中心完成，多功能的设备也可在各中心之间转移。但甘特图有一些重要的局限性，它不能解释生产变动如意料不到的机器故障及人工错误所形成的返工等。甘特排程图可用于检查工作完成进度。它表明哪件工作如期完成，哪件工作提前完成或延期完成。在实践中还可发现甘特图的多种用途。

甘特图有以下优点和局限：

(1) 优点：

- 图形化概要，通用技术，易于理解。
- 中小型项目一般不超过 30 项活动。
- 有专业软件支持，无须担心复杂计算和分析。

(2) 局限：

- 甘特图事实上仅仅部分地反映了项目管理的三重约束（时间、成本和范围），因为它主要关注进程管理（时间）。
- 软件的不足：尽管能够通过项目管理软件描绘出项目活动的内在关系，但是如果关系过多，纷繁复杂的线图必将增加甘特图的阅读难度。

图 4 -7 所示为一幅甘特图，其绘制步骤如下：

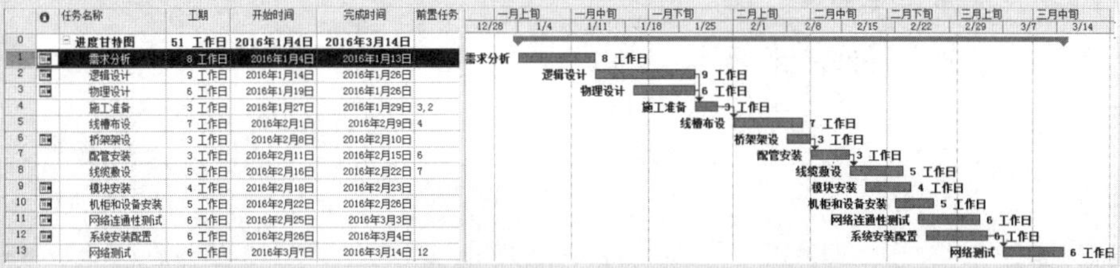

图 4 -7　甘特图

(1) 明确项目牵涉的各项活动、项目。内容包括项目名称（包括顺序）、开始时间、工期，任务类型（依赖/决定性）和依赖于哪一项任务。

(2) 创建甘特图草图。将所有的项目按照开始时间、工期标注到甘特图上。

(3) 确定项目活动依赖关系及时序进度。使用草图，按照项目的类型将项目联系起来，并安排项目进度。（此步骤将保证在未来计划有所调整的情况下，各项活动仍然能够按照正确的时序进行。也就是确保所有依赖性活动能并且只能在决定性活动完成之后按计划展开。）

(4) 计算单项活动任务的工时量。

(5) 确定活动任务的执行人员及适时按需调整工时。

(6) 计算整个项目时间。

知识三：项目前期所需资料

施工前期需要准备很多资料，其中有些是建设单位负责准备，有些是由施工单位负责准备。

(1) 建设单位需要负责准备：

①建设工程规划许可证（包括附件）。

②建设工程开工审查表。

③建设工程施工许可证。

④规划部门签发的建筑红线验线通知书。

⑤在指定监督机构办理的具体监督业务手续。

⑥经建设行政主管部门审查批准的设计图纸及设计文件。

⑦建筑工程施工图审查备案证书。

⑧图纸会审纪要。

⑨施工承包合同（副本）。

⑩水准点、坐标点等原始资料。

⑪工程地质勘查报告、水文地质资料。

⑫建设单位驻工地代表授权书。

⑬建设单位与相关部门签订的协议书。

(2) 施工单位需要准备：

①施工企业资质证书、营业执照及注册号。

②国家企业等级证书、信用等级证书。

③施工企业安全资格审查认可证。

④企业法人代码书。

⑤质量体系认证书。

⑥施工单位的试验室资质证书。

⑦工程预标书、工程中标价明细表。

⑧工程项目经理、主任工程师及管理人员资格证书、上岗证（上述资料均为复印件）。

⑨建设工程特殊工种人员上岗证审查表及上岗证复印件（安全员、电工须持建设行业与劳动部门双证）。

⑩建设单位提供的水准点和坐标点复核记录。

⑪施工组织设计报审与审批，施工组织设计方案。

⑫施工现场质量管理检查记录。

除此之外，施工单位还需要准备很多相关表格，其中就包括了开工申请表、施工技术方案申报表、进场材料报验单、进场设备报验单。以下就是这些表格的样例（见表4－2～表4－5）。

表4－2　开工申请单

工程名称：	项目编号：
建议开工日期：	年　月　日
计划完工日期：	年　月　日
工程负责人姓名：	
上一工作验收证书编号：	
备注： （应附的附件清单） 承包商（签字）：　　　　日期：	
总监理工程师或甲方负责人意见： （（1）本工程准许开工；（2）本工程不能开工） 总监理工程师或甲方负责人（签字）：　　　　日期：	

表4－3　施工技术方案申报表

工程名称：	项目编号：
致监理工程师或甲方负责人________： 现报上________工程技术、工艺方案，方案详细说明和图表见附件，请予审查批准。 承包商（签字）：　　　　日期：	
监理工程师或甲方负责人意见： □同意 □修改后再批 □不同意（附理由） 监理工程师或甲方负责人（签字）：　　　　日期：	

表4－4　进场材料报验单

致（监理工程师或甲方负责人）________： 下列建筑材料经自检试验符合技术规范要求，报请验证，并准予进场。 附件：1. 材料出厂合格证； 2. 材料质量保证书； 3. 材料自检试验报告。 承包商（签字）：　　　　日期：	
设备名称	
材料来源、产地	
材料规格	
用途	
本批材料量	

续表

承包商的试验	试样来源	
	取样地点、日期	
	试验日期、操作人	
	试验结果	
致（承包商）＿＿＿＿＿＿＿： 上述材料经抽验，表明：符合/不符合合同技术规范要求，可以/不可以进场使用。 监理工程师或甲方负责人（签字）：　　　　　　　　日期：		

表 4－5　进场设备报验单

致（监理工程师或甲方负责人）＿＿＿＿＿＿＿＿＿＿： 下列施工设备已按合同规定进场，请你查验签证，准予使用。					
设备名称	规格型号	数量	进场日期	拟用处所	备注
致（承包商）＿＿＿＿＿＿＿＿＿＿： 经查验： 1. 性能、数量能满足施工需要的设备：（准予进场使用的设备） 2. 性能不符合施工要求的设备：（由承包商更换后再报的设备） 3. 数量或能力不足的设备：（由承包商补充的设备） 4. 配足所需设备期限：　年　月　日 承包商：　　　　　　　　日期：					

课后练习

网络收集下载网络综合布线国家标准。

任务三　编写施工技术标准

任务描述

根据物理网络设计，参照相关国际、国家技术标准编写企业网络施工技术标准。

任务目标

（1）能在教师的指导下完成企业网络施工标准编写。

（2）培养学生与人沟通、组织、协调及文字处理能力。

任务实施

一、召开项目组全体会议，讨论具体施工技术标准

实施方法：

(1) 项目组负责人召集项目组成员召开全体会议。

(2) 讨论具体的施工过程和施工内容。

①弱电管、线、槽施工标准及要求。

②电缆桥架的安装要求。

③线管的敷设要求。

④各子系统主要材料、设备安装与调试。

(3) 讨论并编写施工技术标准。

下面对各项内容进行详细说明。

1. 弱电管、线、槽施工标准及要求

严格执行施工规范，按施工图、施工手册进行施工。未经总工签名、项目经理同意并向监理公司申报，不得随意改动施工方案。对施工完成部分要做好成品保护。管槽施工必须横平竖直，应吊线、格墨、打平水、拉直线（预埋管线除外）。

线、管、槽施工艺要求：

(1) 垂直敷设的线槽必须按底架安装，水平部分用支架固定。固定支点之间的距离要根据线槽具体的负载量在 1.5 ~ 2 m 之间。进入接线盒、箱柜、转弯和变形缝两端及丁字接头不大于 0.5 m。线槽固定支点间距离偏差小于 50 mm。底板离终点 50 mm 处均应固定。

(2) 不同电压、不同回路、不同频率的强电线应分槽敷设，或加隔离板放在同一槽内。

(3) 线槽与各种模块底座连接时，底座应压住槽板头。

(4) 线槽螺杆高出螺母的长度小于 5 mm。

(5) 线槽两个固定点之间的接口只有一个，所有接口跨接处均装上接地铜线或片，每层保证可靠地重复接地。

(6) 线槽交叉、转弯、丁字连接要求：平整无扭曲，接缝紧密平直，无刺无缝隙，接口位置准确，角度适宜。

(7) 槽板应紧贴建筑墙面，排列整洁。

(8) 导线不得在线槽内接头，接线在接线盒内进行。

(9) 穿在管、槽、架内的绝缘导线，其绝缘电压不应低于 500 V。

(10) 管线槽架内穿线宜在建筑物的抹灰及地面工程结束后进行，在配线施工之前，将线槽内的积水和杂物清除干净。

2. 电缆桥架的安装

(1) 电缆桥架必须根据图纸走向及现场建筑特性设计弯头、马鞍、长度等。

(2) 电缆桥架安装必须横平竖直。

(3) 电缆桥架安装必须根据桥架大小精确计算出承托点受力情况。要求均匀、

整洁美观且牢固可靠。

（4）桥架角弯必须有充分的弧度，防止将电缆拆散。

（5）电缆桥架必须至少将两端加接地保护，本工程要求每隔 20 m 接地一次，由于图纸上无明确如何接地，建议在桥架内加设一条横截面积为 16 mm^2 的双色地线。

3. 线管的敷设

（1）视不同场合、不同用途，选用镀锌管线管作线缆护套，室外裸露及天面部分，均采用自来水管作线管。

（2）金属管的加工要求。金属管应符合设计文件的规定，表面不应有穿孔、裂缝和明显的凹凸不平，内壁应光滑，不能有锈蚀。

现场加工应符合下列要求：

①为了防止在穿电缆时划伤电缆，管口应无刺和锐棱角。

②为了减少直理管在沉陷时管口处对电缆的剪切力，金属管口宜做成喇叭形。

③金属管在弯制后，不应有裂缝和明显的凹瘪现象。若弯曲程度过大，将减少线管的有效直径，造成穿线困难。

④金属管的弯曲半径不应小于所穿入电缆的最小弯曲半径。

⑤镀锌管锌层剥落处应涂防腐漆，以增加使用寿命。

（3）金属管的切割套丝。在配管时，应根据实际需要长度对管子进行切割。可使用钢锯、管子切割刀或电动切管机，严禁使用气割。

管子和管子连接，以及管子和接线盒、配线箱连接，都需要在管子端部套丝。套丝可用管子丝板或电动套丝机。

套完丝后，应随即清扫管口，将管口端面和内壁的毛刺用锉刀锉光，使管口保持光滑，避免破线缆护套。

（4）金属管弯曲。在敷设金属线管时应尽量减少弯头，每根金属管的弯头不宜超过 3 个，直角弯头不应超过 2 个，并不应有 S 弯出现，对于截面较大的电缆不能有弯头，可采用内径较大的管子或增设拉线盒。

弯曲半径应符合下列要求：

①明配管时，一般不小于管外径的 6 倍；只有一个弯时，可不小于管外径的 4 倍；整排钢管在转弯处，宜弯成同心圆外形。

②明配管时，一般不小于管外径的 6 倍，敷设于地下或混凝土楼板内时，应不小于管外径的 10 倍。

③电线管的弯曲处不应有折皱和裂缝，且弯扁程度不应大于管外径的 10% 。

（5）金属管的连接。

①金属管连接应牢固，密封良好，两管口应对准。套接的短套管或带螺纹的管接头的长度，不应小于金属管外径的 2. 2 倍。

②管接头处应以铜线作可靠连接，以保证电气接地的连续。

③金属管连接不宜采取直接对焊的方式。

④金属管进入接线盒后，可用缩紧螺母或带丝扣管帽固定，露出缩紧螺母的丝扣为 2 ~4 扣。或者采用铜杯臣与梳结来连接金属管与接线盒，但都应保证接线盒内露出的长度要小于 5 mm。

（6）金属管的敷设。金属管暗设时应符合下列要求：

①预埋在墙体中间的金属管内径不宜超过 50 mm，楼板中的管径宜为 15～20 mm，直线布管 30 m 处设暗线盒。

②敷设在混凝土、水泥里的金属管，其地基应坚实平整。

③金属管连接时，管孔应对准，接缝应严密，不得有水和泥浆渗入。

④金属管道应有不小于 0.1% 的排水坡度。

⑤建筑群间的金属管道埋设深度不应小于 0.7 m；在人行道下面敷设时，不应小于 0.5 m。

（7）金属管暗设时按下列要求施工：

①金属管应用卡子固定，支持点间的间距不应超过 3 m。在距接线盒 0.3 m 处，要用管卡将管子固定。在弯头的地方，两边也要固定。

②光缆与电缆同管敷设时，应在暗管内预置塑料子管。将光缆敷设在子管内，使光缆和电缆分开布放，子管的外径应为光缆外径的 2.5 倍。

③当弱电管道与强电管道平行布设时，应尽量使两者有一定的间距，以 13 cm 左右为宜。

④当线路明配时，弯曲半径不宜小于管外径的 6 倍，当两个接线盒间只有一个弯曲时，其弯曲半径不宜小于管外径的 4 倍。

⑤水平线垂直敷设的明配电线保护管，其水平垂直安装的偏差为 1.5%，全长偏差不应大于管内径的 1/2。

⑥钢管不应有折扁和裂缝，管内应无铁屑及毛刺，切断口应平整、管口应光滑。

⑦薄壁电线管的连接必须采用丝扣连接，管道套丝长度不应小于接头长度的 1/2，在管接头两端应加跨接地线（不小于 4 mm^2 铜芯电线）。

⑧混凝土楼板、墙及砖结构内暗装的各种信息点接线盒与管连接应采用迫母固定。

⑨暗敷与混凝土内的接线盒要求用湿水泥纸或塑料泡沫填满内部，不能用水泥纸包外面。预埋在楼板、剪力墙内的钢管、接线盒应固定牢固，预防移位。

⑩当电线管与设备直接连接时，应将管敷设到设备的接线盒内；当钢管与设备间接连接时，应增设电线保护软管或可挠金属保护管（金属软管）连接；选用软管接头时，不得利用金属软管作为接地体。

⑪镀锌钢管或可挠金属电线保护管的跨接接地线，宜采用专用接地线卡跨接，不应采用熔焊连接。

⑫明配钢管应排列整洁，固定点的间距应均匀，钢管管卡间的最大距离应符合规范的要求：管卡与终端、弯头中点、电气器具或接线盒（箱）边缘的距离宜为 150～500 mm。中间的管卡最大间距为：厚壁钢管 DN15—20 为 1.5 m，薄壁钢管 DN15—20 为 1.5 m，天花吊顶内敷设的钢管应按明配管要求施工。

⑬管内穿线前应将管内积水及杂物清除干净，导线在管内不得有接头，接头应在接线盒内进行，管口处应加塑料护咀，不同回路、不同电压等级、交流和直流的导线不应穿入同根管内。

⑭管线穿过建筑物伸缩缝时，应在伸缩缝两端留接线盒和接地螺栓。

4. 弱电电缆敷设

（1）电缆敷设前须先核准电缆型号、截面是否与设计相同，进行目测和物理粗测。

（2）电缆敷设前必须具体勘查放缆现场环境，确定最佳放缆方案。

（3）对截面为25 mm^2 及以上电缆，放缆时应增设电缆导向缆辘，以避免拉伤电缆。

（4）电缆敷设应根据用电设备位置，在桥架内由里到外整洁排列。

（5）对于使用电缆规格相同的设备，放缆时应先远后近。

（6）电缆固定时，在转弯处弯曲半径不小于电缆直径的6倍。

（7）每放一个回路，都必须在电缆头、尾上绑挂电缆铭牌，铭牌上应编上每个回路的编号、电缆型号、规格及长度，也可用号码管作标识。

（8）布放电缆的牵引力应少于电缆张力的80%。对直径为0.5 mm的双绞线，牵引拉力不能超过去时100 N；直径为0.4 mm的双绞线，牵线力不能超过70 N。

（9）对批量购进的四对双绞电缆，应从任意三盘中抽出100 m进行电缆电气性能抽样测试。对电缆长度、衰减、近端串扰等几项指标进行测试。

5. 电缆头制作安装

（1）电缆头制作前应校对，对其物理性能进行粗测；对不同功能的电缆可用摇表、万用表、电话机待设备进行测量。四对UTP双绞线，必要时打上模块实测。

（2）制作电缆头前，根据连接的设备、模块考虑电缆的预留余量。

（3）电缆进入配电箱（柜）内应剥去电缆外层保护皮，并用尼龙扎带等加以固定。

（4）铠装电缆引入电箱后应在铠甲上焊接好接地引线，或加装专门接地夹。

（5）在配电箱内，接线空间一般比较宽裕，选用压接铜线耳制作电缆头，在电视上一般使用开口线耳制作电缆头。

（6）采用压接线耳，在压接线耳两端朝不同方向各压接一次，采用开口线耳时，将开口处敲紧敲密，并涂上非酸性焊锡膏后灌锡，减低接触电阻。

（7）压接线耳截面应与导线截面相同，开口线耳载流量不应低于导线载流量。

（8）在有腐蚀性或对供电要求较高的场所，所有铜－铜接点都应搪锡或加涂导电膏，以减少接触面发热。

（9）线耳压接完毕后均应彻底清理干净，并包扎与相序一致的色带。

（10）控制电缆头两端导线压接接线端子后必须包扎良好。

6. 各子系统主要材料、设备安装与调试

1）技术预备

组织主要施工人员要能读懂图纸、各种设备的安装说明，熟悉图纸和设备性能。开工前施工人员应对施工意图有明确的了解。除了熟悉本专业外，还要了解其他专业的施工配合状况，以便碰到问题能及时采取措施，确保在施工过程中不影响建筑物强度、美观和系统性能，减少与其他工种发生位置冲突。

熟悉与工程有关的其他技术资料，如施工规范、技术规程以及制造厂提供的说明书。

在上述基础上，依据图纸并根据现场施工情况、技术力量及技术装备情况，综合作出合理的动态施工计划。各种计算机工作站的程序软件尽量在公司安装预调和试运行。

2）器材预备

对工程中所用线缆和连接硬件设备的规格、质量、数量，应进行检查核对，如无质量保证或与设计不符的，不得使用。

弱电系统设备多属于精度高、专业性强的器材，所有设备在安装前必须会同建设单位、监理公司三方开箱报验。要特别注重配件（附件）、各种资料、合格证书的完整性，并及时填写设备开箱检查记录表。三方签章确认，如发现问题及时向供给部反映，尽快落实解决。

经开箱报验检查合格后和通过稳定测试的器材应做好记录，并包装复原存储，对不合格的器件物料应单独存放，以备复检和退换处理。

高精尖的弱电设备，对安装专业要求较高，必须轻拿轻放，严格按设备说明书要求的步骤及施工图纸、施工安装技术手册的规定进行操作。严禁野蛮施工，为保证使用者方便操作，按人体工程学原理进行安装，并做好成品保护，如防潮、防盗、防水、防火、防鼠及防划花等措施。

设备安装稳固美观、方便实用、易维护，做到不管外部明安装还是隐蔽安装都一样。产品尽量实施模块化安装，以便于调试、检修、维护和产品的升级换代。务求达到调试、验收均一致通过。

3）模块箱、控制箱（柜、台）的安装

控制室、弱电井的土建装饰工程完工后，设备安装前需要检查设备外形是否完整，内表面漆层是否完好。箱体安装在混凝土墙、柱上时宜用膨胀螺栓固定，壁式箱体中心距离地面的高度为1.3～1.5 m。成排箱柜安装时，排列整洁。有底座设备的，底座尺寸应与设备相符。设备底座安装时，其表面保持水平，水平方向的倾斜度偏差为每米1度；设备及设备构件连接应紧密、牢固，安装用的紧固件有防锈层；安装应牢固、整洁、美观、端子编号应科学易读、用途标志应完整，书写应正确清楚，设备内主板及接线端口的型号、规格应符合设计规定；安装严格按图纸施工、按技术说明书连线；按系统设计图检查主机设备之间的连接电缆型号以及连接方式是否正确，以及金属外壳是否接地良好。

4）综合布线系统安装

对综合布线系统而言，体现的不仅仅是材料和设备，工程在整个系统中占重要的地位。因为用户所购买的不仅仅是供给商综合布线系统的线缆和接插件，而应当是整个工程。

系统的设计很大程度上依靠于对综合布线的理解和施工治理及经验；而布线工程的实施在一定程度上讲是一门经验科学。具体保证措施如下：

（1）水平子系统的布线施工。水平子系统完成由接线间到工作区信息出口线路连接的功能。采用走吊顶的镀锌金属线槽的方案，线管采用镀锌钢管，为水平线系统提供机械保护和支持。

装配式的金属线槽是一种闭合式的金属管槽，安装在吊架上，从弱电井引向各个设有信息点的房间，再由不同规格的线管将线路引到墙壁上的暗装底盒。

综合布线系统的布线是星状的，水平线缆量较大，所以，线槽容量的计算是很重要的，按照标准的线槽设计方法，应根据水平线缆的外径来确定线槽的容量。

可以根据情况选用不同的规格，为保证线缆的转弯半径，线槽须配以相应规格的分支辅件，以使线缆线路弯转自如。

假如不能确定信息出口的准确位置，拉线时可先将线缆盘在吊架上的线缆出线口处，待具体位置确定后，再引到各信息出口。

由于铺设水平线缆之前先得铺设线管，在铺设时应当注意不能有连续两个 90°的拐角，若实际情况限制则需加过线盒。

（2）垂直干线子系统的布线施工。本方案的垂直干线子系统，是由开好的垂直对准孔组成的，它的走线设计分为两部分。

①干线的垂直部分。垂直部分的作用是提供弱电井内垂直干缆的通道。这部分采用预留电缆井方式，在每层楼的弱电井中留出专为综合布线大对数电缆通过的长方形地面孔，电缆井的位置设在靠近支电缆的墙壁四周，但又不妨碍端接配线架的地方。在预留有电缆井一侧的墙面上，还应安装电缆爬架或线槽，爬架或线槽的横档上开一排小孔，大对数电缆用紧固绳绑在上面，用于固定和承重，假如四周有电梯等大型干扰源，则应使用封闭的金属线槽为垂直干缆提供屏蔽保护。

②干线的水平通道部分。水平通道部分的作用是提供垂直干缆从主设备间到所在楼层的弱电井的通路，这部分也应采用走吊顶的镀锌金属线槽的方案，用来安放和引导电缆，可以对电缆起到机械保护的作用，同时还提供了一个防火的、为垂直干缆提供密封、坚固的空间，使线缆可以安全地延伸到目的地。其选材算法与水平子系统设计部分的线槽算法一致，且若一根线管连续有两个 90°的拐角时，应在一处加过线盒，以便拉线时不破坏线缆，与垂直部分一样，水平通道部分也必须保留一定的空间余量，以确保在今后系统扩充时不致需要安装新的管线。

（3）系统安装的工艺要求。系统集成商应严格遵守厂家制定的综合布线系统安装指南有关规定施工，如电缆/光缆弯曲半径、电缆/光缆成端及机柜注意事项、保护接地及信号接地的有关规定。电缆在线槽中应正确排列。最多 20 根一束，最多每隔 5 m 绑扎固定于线槽。

在绑扎双绞线时用力要适度，绑扎带的张力不能太大，否则将影响系统的串扰指标（近端串扰衰减 NEXT 和等效远端串扰衰减 ELFEXT）。

双绞线成端时，应尽量保持双绞线的绞合，开绞长度不应超过 13 mm。所有的金属部件必须接保护地，以保障人身安全。弱电地（数据通信的工作地）与强电地应分开，直到建筑物的集中接地点。缆线布放前应核对型号规格、程式、路由及位置与设计规定相符。在同一线槽内包括绝缘在内的导线截面积总和应该不超过内部截面积的 40% 。缆线的布放应平直，不得产生扭绞、打圈等现象，不应受到外力的挤压和损伤。缆线在布放前两端应贴有标签，以表明起始和终端位置，标签书写应清楚、端正、正确。

电源线、信号电缆、对绞电缆、光缆及建筑物内其他弱电系统的缆线应分离布放，各缆线间的最小净距应符合设计要求。缆线布放时应有冗余。在交接间、设备间对绞电缆预留一般为 3 ~ 6 m，工作区为 0. 3 ~ 0. 6 m；光缆在设备端预留长度一般为 5 ~ 10 m；有特殊要求的，应按设计要求预留长度。缆线布放，在牵引过程中，吊挂缆线的支点相隔间距不应大于 1. 5 m。布放缆线的牵引力，应小于缆线张力的 80%，对光缆瞬间最大牵引力不应超过光缆的张力。在以牵引方式敷设光缆时，主要牵引力应加在光缆的加强芯上。电缆桥架内缆线垂直敷设时，在缆线的上端和每间隔 1.5 m 处，应固定在桥架的支架上；水平敷设时，直接部分间隔距 3～5 m 处设固点。在缆线的距离首端、尾端、转弯中心点 300～500 mm 处设置固定点。

槽内缆线应顺直，尽量不交叉，缆线不应溢出线槽，在缆线进出线槽部位、转弯处应绑扎固定。垂直线槽布放缆线，应间隔 1.5 m，固定在缆线支架上，以防线缆下坠。

在水平、垂直桥架和垂直线槽中敷设缆线时，应对缆线进行绑扎；4 对双绞电缆以 24 根为束，25 对或以上主干对绞电缆、光缆及其他电缆，应根据缆线的类型、缆径、缆线芯数为束绑扎。绑扎间距不宜大于 1.5 m，扣间距应均匀、松紧适应。

在竖井内采用明配、桥架、金属线槽等方式敷设缆线，并应符合以上有关条款要求。

7. 其他系统设备软、硬件的安装

1）安装工作的主要目标

（1）所有系统和设备能够接通并正常运转。

（2）所有软件能够在相应平台上正常运行。

（3）对系统运行进行监控测试，保证系统优化运行。

2）硬件设备的安装内容、方法和步骤

（1）开箱验货：根据设备装箱单逐一清点所到货物。

（2）预备安装：

- 确认包装内没有遗漏的部件。
- 阅读安装指南。
- 检查安装环境是否符合要求。
- 预备好安装必需的设备，包括防静电腕套、安装所需螺钉等。
- 确保交流电源符合供电要求。
- 严防静电伤害。要采取一些措施，如戴上防静电腕套、安装模块时只拿着边缘；模块没有安装时要把它放在原始的包装袋内。
- 加电运行系统自检程序。

（3）完成硬件连接：将系统的各种设备正确安装上去，连接其他外围设备。

（4）硬件加电测试：仔细观察指示灯，假如有硬件出错，填写相应报告，对设备进行返修。

（5）填写安装调试报告。

（6）讨论遗留问题，尽快提交解决方案。

8. 机房设备的布置及接地

在建筑物的各治理控制中心，各类设备按照分区摆放、相互之间连线方便、互不干扰的原则，将产生尘埃及废物的设备摆放在远离对尘埃敏感设备（如磁盘机、磁带机和磁鼓）的地方，并集中放置在靠近机房排风的地方。另外，各通信远端模块、交换机柜、各类服务器的摆放位置应考虑墙的距离不能小于 800 mm、四周要留有足够的检修操用空间。具体布置略。

对弱电系统的线缆采取有别于强电系统的独立接地系统，保证对系统进行防雷

接地、工作接地、保护接地、防静电接地、屏蔽接地、直流接地（信号接地、逻辑接地）等措施，并使电子设备中的电子线路有一个基准电位，保证电子设备能稳定、可靠地工作。

大家讨论、总结、记录，最后形成文档，编写出具体的企业网络施工技术标准。

二、工作材料归档和评审

每个项目组将材料归档并交老师进行综合评审，项目组之间进行评审，指出存在的问题并进行更正。

知识链接

（1）综合布线施工过程中应严格遵守的规范如下：

- ORTRONICSSCS 综合布线系统施工规范。
- 中国建筑电气设计规范。
- 工业企业通信设计规范。
- 中国工程建设标准化协会标准。
- 结构化布线系统设计总则。
- 电话线路工程施工及验收技术规范。

（2）相关的国际标准和国家标准如下：

- ANSITIA/EIA－568－A 商用建筑的电信布线标准。
- TIA/EIA－569 商用建筑标准中对电信路由和空间的规定。
- TIA/EIA－570 照明、住宅和轻工业建筑布线标准。
- TIA/EIA－606 配线间的管理。
- TIA/EIA－607 屏蔽与接地。
- ISO/IEC11801 商用建筑电信布线标准。
- EN/50173 欧洲商用建筑电信布线标准。
- TIA/EIATSB－67 测试标准。
- 中华人民共和国建筑物综合布线标准 GB 50311—2016《综合布线系统工程设计规范》。
- 中华人民共和国行业标准 YD/T 2008—1993《城市住宅区和办公楼梯电话通信设施设计标准》。
- CCITTISDN 综合业务数据网络标准。
- IEEE 802. 310Base－T 网络标准。
- IEEE 802. 5TokenRing 网络标准。
- ANSIFDDI100 Mbit/s 光纤分布数据接口高速局域网标准。
- ATM155/622 Mbit/s 异步传输模式标准。
- RS－232、X. 25、RS－422 异步和同步传输标准。
- 中国建筑电气设计规范。
- 工业企业通信设计规范。

课后练习

网络收集布线中各个关键的标准指标并进行整理。

任务四　进行布线施工

任务描述

根据施工设计方案，参照企业网络施工技术标准进行布线施工。

任务目标

（1）能在教师的指导下进行布线施工。

（2）培养学生与人沟通、组织、协调及文字处理能力。

任务实施

召开项目组全体会议，讨论具体施工流程、施工安全事项、施工需要注意的事项。

实施方法：

（1）项目组负责人召集项目组成员召开全体会议。

（2）讨论具体的施工流程、施工安全管理质量管理、进度管理、施工需要注意的事项。

①施工流程：

- 安装水平线槽。
- 安装铺设穿线管。
- 安装信息插座暗盒。
- 安装竖井桥架。
- 水平线槽与竖井桥架的连接。
- 铺设水平 UTP 线缆（做标记）。
- 铺设垂直主干大对数电缆、光缆（做标记）。
- 安装工作区模块面板（制作标签）。
- 安装各个配线间机柜。
- 楼层配线架线缆端接（制作标签）。
- 楼层配线架大对数线缆端接（制作标签）。
- 综合布线主机房大对数线缆端接（制作标签）。
- 光纤配线架安装。
- 光纤熔接（制作标签）。
- 系统测试工（水平链路测试、大对数线缆、光纤测试）。
- 自检合格（成品保护）。

②施工安全管理：

- 安全生产是重中之重，所以施工人员进入施工现场前，要进行安全生产教育，并在每次协调、调试会上，都将安全生产放到议事日程上，做到处处不忘安全生产，时刻注意安全生产。

- 施工现场工作人员必须严格按照安全生产、文明施工的要求，积极推行施工现场的标准化管理，按施工组织设计，科学组织施工。
- 按照施工总平面图设置临时设施，严禁侵占场内道路及安全防护等设施。
- 施工现场全体人员必须严格执行《建筑安装工程安全技术规程》和《建筑安装工人安全技术操作规程》。
- 施工人员应正确使用劳动保护用品，进入施工现场必须戴安全帽，高处作业必须拴安全带。严格执行口口相传的规程和施工现场的规章制度，禁止违章指挥和违章作业。
- 施工用电、现场临时电线路和设施的安装和使用必须按照住房和城乡建设部颁发的《施工临时用电安全技术防范》规定操作，严禁私自接电或带电作业。
- 使用电气设备、电动工具应有可靠保护接地，随身携带和使用的工具应搁置于顺手稳妥的地方，以防发生事故伤人。
- 高处作业必须设置防护措施，并符合《建筑施工高处作业安全技术规范》的要求。
- 施工用的高凳、梯子、人字梯、高架车等，在使用前必须认真检查其牢固性。梯外端应采取防滑措施，并不得垫高使用。在通道处使用梯子，应有人监护或设围栏。
- 人字梯距梯脚 40 ~ 60 cm 处要设拉绳，施工中，不准站在梯子最上一层工作，且严禁在这上面放工具和材料。
- 吊装作业时，机具、吊索必须先经严格检查，不合格的禁用，防止发生事故。
- 立杆时，应有统一指挥，紧密配合，防止杆身摆动，在杆上作业时，应系好安全绳。
- 在竖井内作业，严禁随意蹬踩电缆或电缆电架；在井道内作业，要有充分照明；安装电梯中的线缆时，若有相邻电梯，应加倍小心注意相邻电梯的状态。
- 遇到不可抗力的因素（如暴风、雷雨），影响某些作业施工安全，按有关规定办理停止作业手续，以保障人身、设备等的安全。
- 当发生安全事故时，由安全员负责查原因，提出改进措施，上报项目经理，由项目经理与有关方面协商处理。发生重大安全事故时，公司应立即报告有关部门和业主，按政府有关规定处理，做到四不放过：事故原因不明不放过，事故不查清责任不放过，事故不吸取教训不放过，事故不采取措施不放过。
- 安全生产领导小组负责现场施工技术安全的检查和督促工作，并做好记录。

③施工质量管理：

- 建立质量保证机构，强化工程质量管理。
- 坚持“质量第一，用户至上”的基本原则，确保本工程质量达到优良，在工程实施的全过程进行严格的质量监控和开展施工项目的质量控制活动，由公司主任工程师领导的质量检查监督机构深入现场，使工作质量始终处于有效的监督和控制状态。

• 加强项目部质量管理工作，从提高人员素质入手。

• 建立由施工班组、施工员、质检员、项目经理组成的工地质量管理体系。做好宣传教育工作，树立质量第一的观念，提高职业道德水平，开展专业技术培训，特殊工种人员持证上岗，以工作质量保工序质量，促工程质量。采用企业拥有的现代化装备、新技术、新工艺，以科技进步保证工程质量。

• 严把材料进货关，确保施工机具的正常使用。

• 对工程所需材料的质量进行严格的检查和控制。必须按施工图纸和材料明细表所列材料要求选择材料，根据甲方要求提供材料样板，待甲方确认后才进行采购。所有进场材料必须有产品合格证或质量证明，对设备进行开箱检查和验收。根据不同的工艺特点和技术要求，正确使用、管理和保养好机械设备，健全各项机具管理制度，确保施工机具处于良好的使用状态。

• 优化施工方法，达到预防为主的目的。

• 精心制定施工方案和施工工艺、技术措施，做到切合工程实际，解决施工难题，工法有效可行，把常见的质量通病和事故按预定的目标进行控制，将质量管理的检查变为事先控制式程序及因素，达到预防为主的目的。

• 加强工序质量检查，做好成品保护工作。

• 首先认真进行施工图纸的会审工作，明确技术要求和质量标准。在此基础上做好质量技术交底。在施工过程中，加强工序质量的三级检查制度，层层把关，并严格进行质量等级检评。所有隐蔽工程必须经建设单位、监理单位及有关单位验收签字认可，做好记录后方可组织下道工序的施工。针对关键部位或薄弱环节设置控制点，认真执行工序交接记录和验收制度。实施计量管理，保证计量器具的准确性。施工中，合理安排施工程序。对已完成的成品制定保护措施。

④施工进度管理：

• 实行目标管理，控制及协调及时。将安装工程分层、分系统进行项目分解，确定施工进度目标，做好组织协调工作。通过落实各级人员岗位职责，定期召开工程协调会议，分析影响进度的因素，制定相应对策，经常性地对计划进行调整，确保分部分项进度目标的完成。

• 依靠科技进步，加快施工进度。利用公司拥有的现代化装备，依靠广大技术人员，推广使用新技术、新材料，制定切实可行、经济有效的施工操作规程，合理安排施工顺序，加快施工进度，同时，施工现场配置现代化的办公用品（计算机、传真机、打印机等），提高工作效率，减少中间环节，及时传递信息。

• 深化承包机制，强化合同管理。建立一套行之有效的承包机制，形成公司承包、项目部承包、施工班组承包（或分包）三个层次的完整承包体系。在各级承包合同中，将工程进度计划目标与合同工期相协调，做到责权利相一致，直接与经济挂钩，奖罚分明。在工程的实施中，深化承包机制，应用激励措施，充分调动员工的生产积极性。

• 搞好后勤保障，做到优质服务。在甲方资金按时到位的前提下，集中公司力量确保重点，在人力、物力、机具等方面给予本工程以充分的保障。职能部门深入现场协助，指导项目部组织实施。通过计划进度与实际进度的比较，及时调整计划，采取应急措施。注意搞好与建设单位和协作单位的关系，及时沟通信息，顾全大局，服从甲方的决策，同心同德，争取早日完成，做到进度快、投资省、质量高。

⑤施工需要注意事项：

- 电缆系统是否能满足用户的需求。
- 在设计之初，是否存在未能充分考虑用户需求的问题。
- 是否存在安装完的系统超出预算的问题。
- 是否低估了满足用户要求产品的价格。
- 是否制定了施工方的工作范围。
- 施工员是否浪费材料。
- 建筑结构是否适合要安装的电缆类型。
- 管线是否弯曲太多、没有连接盒，造成穿管困难。
- 现有管道是否能容纳需要安装的所有电缆。
- 安装的系统是否符合行业规格要求。
- 是否存在不正确的安装或敷设。
- 是否存在不正确的接地方式。
- 是否存在不正确或不充分的标识。
- 是否存在材料交付耽误工程完工的问题。
- 是否存在忽视材料管理、影响工程施工进度的问题。
- 是否联系好材料供应商、制定材料进场的时间表。
- 是否充分研究现场设备及设备上插座的规格是否准确。
- 是否存在网络设备安装人员不知道设备应该安装在何位置的问题。
- 工程完工后是否及时移交工程竣工图。
- 安装系统的档案文件是否完整。
- 工程结束后，有关工程的所有文档（竣工图纸、工程拓扑图、测试报 告、维护指南）是否整理成册。

（3）讨论并编写相关施工管理文档。

（4）讨论并编写相关表格，见表4－6和表4－7。

表4－6　付款申请表

工程名称：____________　　项目编号：____________

致（监理工程师或甲方负责人）____________：

兹申请支付______年______月份完成下列工程项目的进度款______元，作为本期的全部付款。

承包商：____________　　日期：____________

内容	工程名称	计量证书表号及编号	申请付款数	监量工程师审核数	监量工程师批准数

续表

内容	工程名称	计量证书表号及编号	申请付款数	监量工程师审核数	监量工程师批准数
支付	动员预付款				
	材料预付款				
	保留金				
	其他				
	小计				
本期付款总额：					
附注：1. 将按监工程师批准的付款额签发支付款。 2. 支付的其他项目包括索赔、价格调整、材料预付款。 监理工程师或甲方负责人：__________ 日期：__________					

表 4－7　工程进度月报表

工程名称：__________________

项目编号：__________________

清单项：

工程号	内容	单位	估计数量	至期末累计完成量	本期完成量	单价/元	本期合价/元
本项合同总价：________，本期完成占本项合同总价的_______%，合计：________元。 至期末累计完成本项合同价：________，期末累计完成占本项合同总价的________% 承包商：________________ 日期：________________							

（5）布线施工。

①管槽施工：

- 尽量采用暗敷管路或槽道（又称桥架）。
- 根据综合布线电缆分布状况，结合建筑结构条件组织施工。
- 暗敷管路某些段落必须有一定的备用管路。
- 暗敷管路以直线为主，尽量不选弯曲路由。
- 暗敷槽道一般在天花板内，要求垂直净空不少于 80 mm，以便于槽盖开启和闭合。

②主干线缆施工：

• 避免因电缆自重使电缆受到过大的拉力。

• 垂直线槽中敷设大对数主干时，每隔 1.5 ~ 2 m 应绑扎固定；水平电缆在垂直线槽中，应每 20 根绑扎一捆，然后每隔 1.5 ~ 2 m 进行绑扎固定。

• 大对数或光缆主干，在两端预留 5 ~ 10 m，以备配线架端接。

• 垂直主干自上而下敷设，且每隔三层须将电缆全部抽回楼面，绑扎好后再向下敷设。

• 扎带不要捆扎过紧，过紧会破坏双绞线内各线对相对位置结构和线对绞合结构，带来串扰增加和回损增加。

课后练习

网络收集下载网络系统集成施工方案，编写本书提供的汇源服饰厂施工方案。

任务五　网络设备配置与调试

任务描述

根据企业网络的逻辑设计配置网络设备，包括接入层交换机上的 VLAN 划分，汇聚层交换机的 SVI 配置、DHCP 配置、路由配置，核心层交换机的路由配置、链路聚合、负载均衡，核心层路由器的路由配置、NAT 转换、基本防火墙配置。

任务目标

（1）能在教师的指导下完成网络设备的配置：

①设备的基本配置：设备名称、密码、IP 地址等。

②交换机 VLAN 设置、端口划分、DHCP 配置、链路聚合、负载均衡等配置。

③路由器路由配置、NAT 配置和 ACL 配置。

（2）培养学生与人沟通、组织、协调、文字处理能力。

任务实施

一、根据逻辑设计，绘制详细拓扑图

网络拓扑结构图的设计是在网络需求分析的基础上，综合考虑网络的功能、性能、安全性、可靠性、可用性、适用性、可扩展性，力求为企业节省投资并且使企业的利益最大化，满足企业的实际需要，创建易用、好用、安全、可靠的信息通信平台。在此思想的指导下设计企业的网络拓扑结构图。

整个设计过程采用层次化设计思想，网络结构采用核心层、汇聚层、接入层三层结构，核心层实现高速交换、路由转发，汇聚层实现多个部门业务汇聚交换，接入层实现具体业务部门的用户接入，具体详细的网络拓扑结构图设计如图 4 – 8 所示。

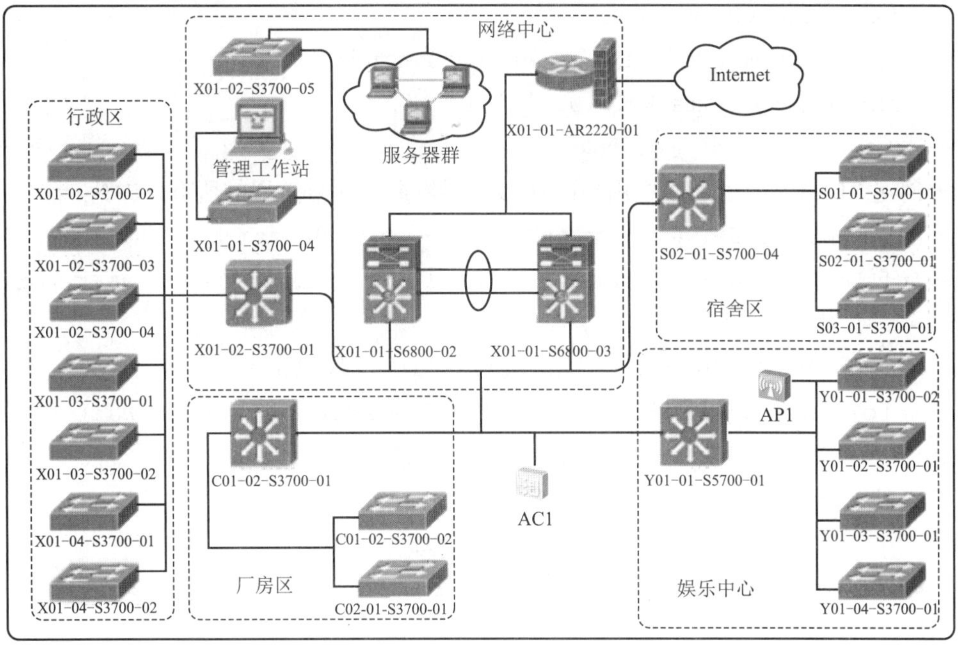

图 4-8　富源企业网络拓扑图

二、网络设备配置

网络设备配置的基本思想是接入层交换机采用端口方式划分 VLAN，将不同部门的用户规划到属于自己的 VLAN 中，也就是将端口设置成 ACCESS 模式，接入层交换机的上连端口设置成 TRUNK 模式，实现传输多个 VLAN 的流量通信；汇聚层交换机下联接入层交换机，提供接入层交换机的接入功能，并通过端口汇聚方式与核心交换机连接，提供可靠的数据连接；核心交换机采用双核心设备，全冗余与汇聚交换机连接，端口采用汇聚方式增加带宽和冗余，路由转发在该层上实现。下面详细讲解配置过程。

1. 接入层交换机配置

接入层的目的是允许终端用户连接到网络，提供了带宽共享、交换带宽、MAC 层过滤和 VLAN 划分等功能。交换机的高速端口用于上连高速率的汇聚层交换机，普通端口直接与用户计算机相连，以有效地缓解网络主干的瓶颈。接入层的配置比较简单，除一些基本配置（如交换机的名字、各类密码、管理 IP 等）外，还要在接入层进行 VLAN 划分、生成树配置等，也可以根据需求添加端口安全检测或其他安全策略配置。

下面以行政楼行政部的接入交换机为例说明接入层设备的配置，其他接入设备配置可以参考本配置方法。

（1）给交换机命名、创建网络需要的 VLAN 并配置管理 IP，可以在系统试视图下使用 sysname 命令给设备命名，给 VLAN91 指定 IP 地址作为其管理 IP。

给交换机命名：

```
<Huawei>
```

```
<Huawei>system-view
Enter system view, return user view with Ctrl+Z.
[Huawei] sysname X01-02-S3700-02
[X01-02-S3700-02]
```

创建 VLAN，便于网络中用户的迁移，创建企业网络需要的所有 VLAN：

```
[X01-01-S6800-02] vlan batch 9 to 50 90 to 91
Info: This operation may take a few seconds. Please wait for a moment...done.
[X01-01-S6800-02] vlan batch 110 112 113
Info: This operation may take a few seconds. Please wait for a moment...done.
```

配置管理地址：

```
[X01-02-S3700-02] int vlanif 91
[X01-02-S3700-02-Vlanif91] ip add 192.168.9.12 24
[X01-02-S3700-02-Vlanif91]
```

（2）划分 VLAN 并分配端口。

```
[X01-02-S3700-02] port-group 1
[X01-02-S3700-02-port-group-1] group-member Ethernet 0/0/1 to Ethernet 0/0/20
[X01-02-S3700-02-port-group-1] port link-type access
[X01-02-S3700-02-Ethernet0/0/1] port link-type access
[X01-02-S3700-02-Ethernet0/0/2] port link-type access
[X01-02-S3700-02-Ethernet0/0/3] port link-type access
[X01-02-S3700-02-Ethernet0/0/4] port link-type access
[X01-02-S3700-02-Ethernet0/0/5] port link-type access
[X01-02-S3700-02-Ethernet0/0/6] port link-type access
[X01-02-S3700-02-Ethernet0/0/7] port link-type access
[X01-02-S3700-02-Ethernet0/0/8] port link-type access
[X01-02-S3700-02-Ethernet0/0/9] port link-type access
[X01-02-S3700-02-Ethernet0/0/10] port link-type access
[X01-02-S3700-02-Ethernet0/0/11] port link-type access
[X01-02-S3700-02-Ethernet0/0/12] port link-type access
[X01-02-S3700-02-Ethernet0/0/13] port link-type access
[X01-02-S3700-02-Ethernet0/0/14] port link-type access
[X01-02-S3700-02-Ethernet0/0/15] port link-type access
[X01-02-S3700-02-Ethernet0/0/16] port link-type access
[X01-02-S3700-02-Ethernet0/0/17] port link-type access
[X01-02-S3700-02-Ethernet0/0/18] port link-type access
```

```
[X01-02-S3700-02-Ethernet0/0/19] port link-type access
[X01-02-S3700-02-Ethernet0/0/20] port link-type access
[X01-02-S3700-02-port-group-1] port default vlan 9
[X01-02-S3700-02-Ethernet0/0/1] port default vlan 9
[X01-02-S3700-02-Ethernet0/0/2] port default vlan 9
[X01-02-S3700-02-Ethernet0/0/3] port default vlan 9
[X01-02-S3700-02-Ethernet0/0/4] port default vlan 9
[X01-02-S3700-02-Ethernet0/0/5] port default vlan 9
[X01-02-S3700-02-Ethernet0/0/6] port default vlan 9
[X01-02-S3700-02-Ethernet0/0/7] port default vlan 9
[X01-02-S3700-02-Ethernet0/0/8] port default vlan 9
[X01-02-S3700-02-Ethernet0/0/9] port default vlan 9
[X01-02-S3700-02-Ethernet0/0/10] port default vlan 9
[X01-02-S3700-02-Ethernet0/0/11] port default vlan 9
[X01-02-S3700-02-Ethernet0/0/12] port default vlan 9
[X01-02-S3700-02-Ethernet0/0/13] port default vlan 9
[X01-02-S3700-02-Ethernet0/0/14] port default vlan 9
[X01-02-S3700-02-Ethernet0/0/15] port default vlan 9
[X01-02-S3700-02-Ethernet0/0/16] port default vlan 9
[X01-02-S3700-02-Ethernet0/0/17] port default vlan 9
[X01-02-S3700-02-Ethernet0/0/18] port default vlan 9
[X01-02-S3700-02-Ethernet0/0/19] port default vlan 9
[X01-02-S3700-02-Ethernet0/0/20] port default vlan 9
[X01-02-S3700-02-port-group-1] quit
[X01-02-S3700-02]
```

(3) 设置上连通道，将 g0/0/1 和 g0/0/2 进行捆绑，聚合在一起，并设置为 TRUNK 模式。

```
[X01-02-S3700-02] int Eth-Trunk 2
[X01-02-S3700-02-Eth-Trunk2] trunkport g0/0/1
Info: This operation may take a few seconds. Please wait for a moment...
[X01-02-S3700-02-Eth-Trunk2] trunkport g0/0/2
Info: This operation may take a few seconds. Please wait for a moment...
[X01-02-S3700-02-Eth-Trunk2] port link-type trunk
[X01-02-S3700-02-Eth-Trunk2] port trunk allow-pass vlan 2 to 4094
[X01-02-S3700-02-Eth-Trunk2] quit
[X01-02-S3700-02]
```

（4）设置密码，安全起见，一般需要给网络设备设置密码。网络设备的密码有多种，一般需要配置的密码有 TELNET 密码和 CONSOLE 口密码。下面是密码设置的一般方法：

设置 CONSOLE 口密码：

```
[X01-02-S3700-02] user-interface console 0
[X01-02-S3700-02-ui-console0] authentication-mode password
[X01-02-S3700-02-ui-console0] set authentication password cipher wlzx91con
[X01-02-S3700-02-ui-console0] quit
```

设置 TELNET 和 SSH 密码：

```
[X01-02-S3700-02] aaa
[X01-02-S3700-02-aaa] local-user telnet password cipher wlzx91vty
Info: Add a new user.
[X01-02-S3700-02-aaa] local-user telnet service-type telnet ssh
[X01-02-S3700-02-aaa] local-user telnet privilege level 3
[X01-02-S3700-02-aaa] quit
[X01-02-S3700-02] user-interface vty 0 4
[X01-02-S3700-02-ui-vty0-4] authentication-mode aaa
[X01-02-S3700-02-ui-vty0-4] quit
```

（5）开启生成树，采用 mstp 多生成树模式，将域名命名为“fy”，配置 2 个生成树实例，实例 1 包含 90、91 以及 9～17，实例 2 包含 18～40，以加快生成树的收敛，保证网络的稳定可靠。

```
[X01-02-S3700-02] stp mode mstp
[X01-02-S3700-02] stp region-configuration
[X01-02-S3700-02-mst-region] region-name fy
[X01-02-S3700-02-mst-region] instance 1 vlan 9 to 17 90 91
[X01-02-S3700-02-mst-region] instance 2 vlan 18 to 40
[X01-02-S3700-02-mst-region] revision-level 1
[X01-02-S3700-02-mst-region] active region-configuration
Info: This operation may take a few seconds. Please wait for a moment...done.
[X01-02-S3700-02-mst-region] quit
```

（6）设置特定 IP 段地址进行远程管理。

设置访问控制规则，以允许特定 IP 段地址进行远程管理，其他接入交换机、汇聚交换机、核心交换机以及路由器的远程管理均按照如下配置，定义允许 192.168.9.0/24 网段允许访问设备，达到远程管理的需求。

```
[X01-02-S3700-02] acl 2999
```

```
[X01-02-S3700-02-acl-basic-2999] rule permit source 192.168.9.0 0.0.0.255
[X01-02-S3700-02-acl-basic-2999] quit
[X01-02-S3700-02] user-interface vty 0 4
[X01-02-S3700-02-ui-vty0-4] acl 2999 inbound
[X01-02-S3700-02-ui-vty0-4] quit
[X01-02-S3700-02]
```

综上，接入层交换机的配置就完成了，其他部门的接入交换机的配置基本类似，按照这些步骤配置就可以实现功能，需要注意的是，其他的接入用户的 VLAN-ID 不同，根据规划的实际进行配置即可。下面将该交换机的配置清单显示：

```
<X01-02-S3700-02>display current-configuration
#
sysname X01-02-S3700-02
#
vlan batch 9 to 50 90 to 91 110 112 to 113
#
cluster enable
ntdp enable
ndp enable
#
undo nap slave enable
#
drop illegal-mac alarm
#
dhcp enable
#
diffserv domain default
#
stp region-configuration
 region-name f1
 revision-level 1
 instance 1 vlan 9 to 17 90 to 91
 instance 2 vlan 18 to 40
 active region-configuration
#
acl number 2999
 rule 5 permit source 192.168.9.0 0.0.0.255
#
drop-profile default
#
```

```
aaa
 authentication-scheme default
 authorization-scheme default
 accounting-scheme default
 domain default
 domain default_admin
 local-user admin password simple admin
 local-user admin service-type http
 local-user telnet password cipher aDAR#85W*U_6$XEa%3<-Q!!
 local-user telnet privilege level 3
 local-user telnet service-type telnet ssh
#
interface Vlanif1
#
interface MEth0/0/1
#
interface Eth-Trunk2
 port link-type trunk
 port trunk allow-pass vlan 2 to 4094
#
interface Ethernet0/0/1
 port link-type access
 port default vlan 9
#
interface Ethernet0/0/2
 port link-type access
 port default vlan 9
#
interface Ethernet0/0/3
 port link-type access
 port default vlan 9
#
interface Ethernet0/0/4
 port link-type access
 port default vlan 9
#
interface Ethernet0/0/5
 port link-type access
 port default vlan 9
#
interface Ethernet0/0/6
```

```
 port link-type access
 port default vlan 9
#
interface Ethernet0/0/7
 port link-type access
 port default vlan 9
#
interface Ethernet0/0/8
 port link-type access
 port default vlan 9
#
interface Ethernet0/0/9
 port link-type access
 port default vlan 9
#
interface Ethernet0/0/10
 port link-type access
 port default vlan 9
#
interface Ethernet0/0/11
#
interface Ethernet0/0/12
#
interface Ethernet0/0/13
#
interface Ethernet0/0/14
#
interface Ethernet0/0/15
#
interface Ethernet0/0/16
#
interface Ethernet0/0/17
#
interface Ethernet0/0/18
#
interface Ethernet0/0/19
#
interface Ethernet0/0/20
#
interface Ethernet0/0/21
```

```
#
interface Ethernet0/0/22
#
interface GigabitEthernet0/0/1
 eth-trunk 2
#
interface GigabitEthernet0/0/2
 eth-trunk 2
#
interface NULL0
#
user-interface con 0
 authentication-mode password
 set authentication password cipher W~rx#>=IqU_/<q16-[V(<_/#
user-interface vty 0 4
 acl 2999 inbound
 authentication-mode aaa
#
port-group 1
 group-member Ethernet0/0/1
 group-member Ethernet0/0/2
 group-member Ethernet0/0/3
 group-member Ethernet0/0/4
 group-member Ethernet0/0/5
 group-member Ethernet0/0/6
 group-member Ethernet0/0/7
 group-member Ethernet0/0/8
 group-member Ethernet0/0/9
 group-member Ethernet0/0/10
#
return
```

2. 汇聚层交换机配置

汇聚层是楼群或小区的信息汇聚点，是连接接入层和核心层的网络设备，为接入层提供数据的汇聚、传输、管理、分发处理。汇聚层同时也可以提供接入层虚拟网之间的互联，控制和限制接入层对核心层的访问，保证核心层的安全和稳定。

汇聚层设备一般采用可管理的三层交换机或堆叠式交换机，以达到带宽和传输性能的要求。其设备性能较好，但价格高于接入层设备，而且对环境的要求也较高，对电磁辐射、温度、湿度和空气洁净度等都有一定的要求。汇聚层设备之间以及汇聚层设备与核心层设备之间多采用光纤互联，以提高系统的传输性能和吞吐量。

下面以行政大楼的汇聚交换机（X01-02-S5700-01）配置为例说明汇聚层设备的配置，其他汇聚层设备配置可以参考本配置方法。

(1）给交换机命名并配置管理 IP，可以在全局模式下使用 sysname 命令给设备命名。

```
<Huawei>
<Huawei>system-view
Enter system view, return user view with Ctrl+Z.
[Huawei] sysname X01-02-S5700-01
[X01-02-S5700-01]
```

创建 VLAN，便于网络中用户的迁移，创建企业网络需要的所有 VLAN：

```
[X01-02-S5700-01] vlan batch 9 to 50 90 to 91
Info: This operation may take a few seconds. Please wait for a moment...done.
[X01-02-S5700-01] vlan batch 110 112 113
Info: This operation may take a few seconds. Please wait for a moment...done.
```

配置管理地址：

```
[X01-02-S5700-01] int vlanif 91
[X01-02-S5700-01-Vlanif91] ip add 192.168.9.11 24
[X01-02-S5700-01-Vlanif91]
```

（2）配置接入交换机端口，配置成聚合模式，并配置允许的 VLAN。

配置 g0/0/3 和 g0/0/4 端口，该端口聚合后连接工作站，网络管理人员可以通过该接口连通整个网络，实现对整个网络的管理。

```
[X01-02-S5700-01] int Eth-Trunk 4
[X01-02-S5700-01-Eth-Trunk2] trunkport g0/0/3
Info: This operation may take a few seconds. Please wait for a moment...
[X01-02-S5700-01-Eth-Trunk2] trunkport g0/0/4
Info: This operation may take a few seconds. Please wait for a moment...
[X01-02-S5700-01-Eth-Trunk2] port link-type trunk
[X01-02-S5700-01-Eth-Trunk2] port trunk allow-pass vlan 2 to 4094
[X01-02-S5700-01-Eth-Trunk1] quit
[X01-02-S5700-01]
```

同样的方法配置 g0/0/5 和 g0/0/6 端口，连接行政部的网络。

```
[X01-02-S5700-01] int Eth-Trunk 3
[X01-02-S5700-01-Eth-Trunk2] trunkport g0/0/5
Info: This operation may take a few seconds. Please wait for a moment...
```

```
[X01-02-S5700-01-Eth-Trunk2] trunkport g0/0/6
Info: This operation may take a few seconds. Please wait for a moment...
[X01-02-S5700-01-Eth-Trunk2] port link-type trunk
[X01-02-S5700-01-Eth-Trunk2] port trunk allow-pass vlan 2 to 4094
[X01-02-S5700-01-Eth-Trunk1] quit
[X01-02-S5700-01]
```

配置 g0/0/7 和 g0/0/8 端口，连接财务部的网络。

```
[X01-02-S5700-01] int Eth-Trunk 2
[X01-02-S5700-01-Eth-Trunk2] trunkport g0/0/7
Info: This operation may take a few seconds. Please wait for a moment...
[X01-02-S5700-01-Eth-Trunk2] trunkport g0/0/8
Info: This operation may take a few seconds. Please wait for a moment...
[X01-02-S5700-01-Eth-Trunk2] port link-type trunk
[X01-02-S5700-01-Eth-Trunk2] port trunk allow-pass vlan 2 to 4094
[X01-02-S5700-01-Eth-Trunk1] quit
[X01-02-S5700-01]
```

其他部门的连接配置方法跟上面一致，只是端口不同而已，因此根据需要将其他部门的连接链路配置好即可。

（3）设置 g0/0/23 和 g0/0/24 分别与核心交换 1 和核心交换 2 的上联端口，设置为 TRUNK 模式。

```
[X01-02-S5700-01] int g0/0/23
[X01-02-S5700-01-GigabitEthernet0/0/23] port link-type trunk
[X01-02-S5700-01-GigabitEthernet0/0/23] port trunk allow-pass vlan 2 to 4094
[X01-02-S5700-01-GigabitEthernet0/0/23]
[X01-02-S5700-01-GigabitEthernet0/0/23] int g0/0/24
[X01-02-S5700-01-GigabitEthernet0/0/24] port link-type trunk
[X01-02-S5700-01-GigabitEthernet0/0/24] port trunk allow-pass vlan 2 to 4094
[X01-02-S5700-01-GigabitEthernet0/0/24] quit
[X01-02-S5700-01]
```

（4）关于密码安全管理配置参考接入层交换机配置。

（5）配置生成树。开启生成树，采用 mstp 多生成树模式，将域名命名为“fy”，配置2个生成树实例，实例1包含90、91以及9~17，实例2包含18~40，以加快生成树的收敛，保证网络的稳定可靠。

```
[X01-02-S5700-01] stp mode mstp
[X01-02-S5700-01] stp region-configuration
[X01-02-S5700-01-mst-region] region-name fy
[X01-02-S5700-01-mst-region] instance 1 vlan 9 to 17 90 91
[X01-02-S5700-01-mst-region] instance 2 vlan 18 to 40
[X01-02-S5700-01-mst-region] revision-level 1
[X01-02-S5700-01-mst-region] active region-configuration
Info: This operation may take a few seconds.Please wait for a moment...done.
[X01-02-S5700-01-mst-region] quit
[X01-02-S5700-01]
```

（6）开启DHCP服务。配置DHCP服务，配置DHCP服务的目的是使公司内部的PC能自动获取正确的IP地址、网关地址和DNS地址等信息，减少网络管理员手动设置的工作量。DHCP服务可以在网络设备（三层交换机、路由器）中配置，也可使用专用的服务器进行配置。下面是在汇聚层的三层交换机上配置DHCP的方法：

```
[X01-02-S5700-01] dhcp enable
```

（7）保存退出。

```
<X01-02-S3700-02>save
The current configuration will be written to the device.
Are you sure to continue? [Y/N] y
Now saving the current configuration to the slot 0.
Jan 18 2019 10:42:53 -08:00 X01-02-S3700-02 %%01CFM/4/SAVE (l) [1]: The user chose Y
when deciding whether to save the configuration to the device.
Save the configuration successfully.
<X01-02-S3700-02>
```

综上，行政楼汇聚层交换机的配置就完成了，其他楼栋的汇聚交换机的配置基本类似，根据规划按照这些步骤配置就可以实现功能。下面将该交换机的配置清单显示：

```
<X01-02-S5700-01>display current-configuration
#
sysname X01-02-S5700-01
#
vlan batch 9 to 50 90 to 91 110 112 to 113
#
cluster enable
ntdp enable
ndp enable
#
```

```
drop illegal-mac alarm
#
dhcp enable
#
diffserv domain default
#
stp region-configuration
 region-name f1
 revision-level 1
 instance 1 vlan 9 to 17 90 to 91
 instance 2 vlan 18 to 40
 active region-configuration
#
acl number 2999
 rule 5 permit source 192.168.9.0 0.0.0.255
#
drop-profile default
#
aaa
 authentication-scheme default
 authorization-scheme default
 accounting-scheme default
 domain default
 domain default_admin
 local-user admin password simple admin
 local-user admin service-type http
 local-user telnet password cipher aDAR#85W*U_6$XEa%3<-Q!!
 local-user telnet privilege level 3
 local-user telnet service-type telnet ssh
#
interface Vlanif1
#
interface Vlanif91
 ip address 192.168.9.11 255.255.255.0
#
interface MEth0/0/1
#
interface Eth-Trunk2
 port link-type trunk
 port trunk allow-pass vlan 2 to 4094
#
```

```
interface Eth-Trunk3
 port link-type trunk
 port trunk allow-pass vlan 2 to 4094
#
interface Eth-Trunk4
 port link-type trunk
 port trunk allow-pass vlan 2 to 4094
#
interface Eth-Trunk5
 port link-type trunk
 port trunk allow-pass vlan 2 to 4094
#
interface GigabitEthernet0/0/1
 eth-trunk 5
#
interface GigabitEthernet0/0/2
 eth-trunk 5
#
interface GigabitEthernet0/0/3
 eth-trunk 4
#
interface GigabitEthernet0/0/4
 eth-trunk 4
#
interface GigabitEthernet0/0/5
 eth-trunk 3
#
interface GigabitEthernet0/0/6
 eth-trunk 3
#
interface GigabitEthernet0/0/7
 eth-trunk 2
#
interface GigabitEthernet0/0/8
 eth-trunk 2
#
interface GigabitEthernet0/0/9
#
interface GigabitEthernet0/0/10
#
```

```
interface GigabitEthernet0/0/11
#
interface GigabitEthernet0/0/12
#
interface GigabitEthernet0/0/13
#
interface GigabitEthernet0/0/14
#
interface GigabitEthernet0/0/15
#
interface GigabitEthernet0/0/16
#
interface GigabitEthernet0/0/17
#
interface GigabitEthernet0/0/18
#
interface GigabitEthernet0/0/19
#
interface GigabitEthernet0/0/20
#
interface GigabitEthernet0/0/21
#
interface GigabitEthernet0/0/22
#
interface GigabitEthernet0/0/23
 port link-type trunk
 port trunk allow-pass vlan 2 to 4094
#
interface GigabitEthernet0/0/24
 port link-type trunk
 port trunk allow-pass vlan 2 to 4094
#
interface NULL0
#
user-interface con 0
user-interface vty 0 4
 acl 2999 inbound
 authentication-mode aaa
#
return
```

3. 核心层交换机配置

核心层的功能主要是实现主干网络之间的优化传输，核心层设计任务的重点通常是冗余能力、可靠性和高速的传输。网络的控制功能最好尽量少在核心层上实施。核心层一直被认为是所有流量的最终承受者和汇聚者，所以对核心层的设计以及网络设备的要求十分严格。核心层设备将占投资的主要部分。核心层需要考虑冗余设计。

核心层交换机配置主要包括链路聚合、负载均衡和路由转发。对于命名、IP 设置和路由转发等配置这里不再赘述。

核心层路由器的路由配置，要注意不能将内网的路由信息暴露在 Internet 中，一般的做法是在出口上禁用 OSPF 的路由更新，同时配置一条默认路由，并在 OSPF 中进行路由的重发布。同时注意出口的安全配置。

下面以行政楼网络中心的一台核心交换机（X01 - 01 - S6800 - 02）为例说明核心层设备的配置，另外一台核心交换机配置可以参考本配置方法。

（1）核心交换机之间链路聚合配置。两台核心交换机之间的物理连接通过端口 g0/0/1 和 g0/0/2 连接，2 个端口进行聚合，增加带宽和提供冗余，配置如下：

```
[X01 -01 -S6800 -02] int Eth -Trunk 11
[X01 -01 -S6800 -02 -Eth -Trunk2] trunkport g0/0/1
Info: This operation may take a few seconds. Please wait for a moment...
[X01 -01 -S6800 -02 -Eth -Trunk2] trunkport g0/0/2
Info: This operation may take a few seconds. Please wait for a moment...
[X01 -01 -S6800 -02 -Eth -Trunk2] port link -type trunk
[X01 -01 -S6800 -02 -Eth -Trunk2] port trunk allow -pass vlan 2 to 4094
[X01 -01 -S6800 -02 -Eth -Trunk1] quit
[X01 -01 -S6800 -02]
```

X01 - 01 - S6800 - 03 核心交换机上也同样这样配置。

（2）与汇聚交换机及无线 AC 连接的链路配置。2 台核心交换机与汇聚交换机进行冗余连接，即任何一台核心交换机与汇聚交换机都有连接，核心交换机的 g0/0/3 到 g0/0/7 分别与网络中心、行政、厂房、宿舍和娱乐中心的汇聚交换机相连接，g0/0/723 与无线控制器 AC 连接，这些端口配置为 TRUNK 模式，并允许所有 VLAN 通过。

```
[X01 -01 -S6800 -02] port -group 1
[X01 - 01 - S6800 - 02 - port - group - 1] group - member GigabitEthernet 0/0/3 to GigabitEthernet 0/0/7
[X01 -01 -S6800 -02 -port -group -1] port link -type trunk
[X01 -01 -S6800 -02 -GigabitEthernet0/0/3] port link -type trunk
[X01 -01 -S6800 -02 -GigabitEthernet0/0/4] port link -type
```

trunk

[X01 -01 - S6800 -02 - GigabitEthernet0/0/5] port link - type trunk

[X01 -01 - S6800 -02 - GigabitEthernet0/0/6] port link - type trunk

[X01 -01 - S6800 -02 - GigabitEthernet0/0/7] port link - type trunk

[X01 -01 - S6800 -02 - GigabitEthernet0/0/23] port link - type trunk

[X01 -01 - S6800 -02 - port - group -1] port trunk allow - pass vlan 2 to 4094

[X01 -01 - S6800 -02 - GigabitEthernet0/0/3] port trunk allow - pass vlan 2 to 4094

[X01 -01 - S6800 -02 - GigabitEthernet0/0/4] port trunk allow - pass vlan 2 to 4094

[X01 -01 - S6800 -02 - GigabitEthernet0/0/5] port trunk allow - pass vlan 2 to 4094

[X01 -01 - S6800 -02 - GigabitEthernet0/0/6] port trunk allow - pass vlan 2 to 4094

[X01 -01 - S6800 -02 - GigabitEthernet0/0/7] port trunk allow - pass vlan 2 to 4094

[X01 -01 - S6800 -02 - GigabitEthernet0/0/23] port trunk allow - pass vlan 2 to 4094

[X01 -01 - S6800 -02 - port - group -1] quit

[X01 -01 - S6800 -02]

X01 -01 - S6800 -03 核心交换机上也同样这样配置。

(3) 与路由器的链路配置。与路由器相连的链路，配置成 ACCESS 模式，并配置 VLAN 虚拟接口方式与路由器的接口相连，核心 1 用 g0/0/24 与路由器的 g0/0/0 接口连接，同样，核心 2 也用 g0/0/24 与路由器的 g0/0/1 接口连接。

[X01 -01 - S6800 -02] int g0/0/24

[X01 -01 - S6800 -02 - GigabitEthernet0/0/24] port link - type access

[X01 - 01 - S6800 - 02 - GigabitEthernet0/0/24] port default vlan 110

[X01 -01 - S6800 -02 - GigabitEthernet0/0/24] quit

[X01 -01 - S6800 -02]

X01 -01 - S6800 -03 核心交换机上也同样这样配置，只是端口的 VLAN ID 应根据规划配置为 VLAN 113。

(4) 接口 IP 地址配置。核心 1 交换机、核心 2 交换机和路由器之间形成路由关系，核心 1 和核心 2 之间需要配置相连虚拟接口的 IP 地址，核心 1 和核心 2 与路由器之间也需要配置虚拟接口的 IP 地址与路由器相连，以实现冗余的路由关系，下面配置虚拟接口的 IP 地址。

核心 1 交换机上与路由器相连虚拟接口的 IP 地址，根据规划应配置为 10.0.0.1/30，VLAN ID 应配置为 110。核心 1 和核心 2 之间根据规划应配置为 10.0.0.9/30，VLAN ID 应配置为 112。具体配置如下：

核心 1 与路由器相连虚拟接口的 IP 地址配置：

```
[X01-01-S6800-02] int vlanif 110
[X01-01-S6800-02-Vlanif110] ip add 10.0.0.1 30
```

核心 1 和核心 2 之间连接的 IP 地址配置：

```
[X01-01-S6800-02-Vlanif110] int vlanif 112
[X01-01-S6800-02-Vlanif112] ip add 10.0.0.9 30
[X01-01-S6800-02-Vlanif112] quit
[X01-01-S6800-02]
```

同样的方法配置核心 2 交换机如下：

核心 2 与路由器相连虚拟接口的 IP 地址配置：

```
[X01-01-S6800-03] int g0/0/24
[X01-01-S6800-03-GigabitEthernet0/0/24] port link-type access
[X01-01-S6800-03-GigabitEthernet0/0/24] port default vlan 113
[X01-01-S6800-03-GigabitEthernet0/0/24] int vlanif 113
[X01-01-S6800-03-Vlanif110] ip add 10.0.0.5 30
```

核心 2 和核心 1 之间连接的 IP 地址配置：

```
[X01-01-S6800-03-Vlanif110] int vlanif 112
[X01-01-S6800-03-Vlanif112] ip add 10.0.0.10 30
[X01-01-S6800-03-Vlanif112] quit
[X01-01-S6800-03]
```

（5）配置生成树。开启生成树，采用 mstp 多生成树模式，将域名命名为“fy”，配置 2 个生成树实例，实例 1 包含 90、91 以及 9~17，实例 2 包含 18~40，以加快生成树的收敛，保证网络的稳定可靠。

```
[X01-01-S6800-02] stp mode mstp
[X01-01-S6800-02] stp region-configuration
[X01-01-S6800-02-mst-region] region-name fy
[X01-01-S6800-02-mst-region] instance 1 vlan 9 to 17 90 91
[X01-01-S6800-02-mst-region] instance 2 vlan 18 to 40
[X01-01-S6800-02-mst-region] revision-level 1
[X01-01-S6800-02-mst-region] active region-configuration
Info: This operation may take a few seconds. Please wait for a moment...done.
```

```
[X01-01-S6800-02-mst-region] quit
[X01-01-S6800-02]
```

该命令同样在核心2上运行，实际上，该生成树的配置需要在所有的交换机上运行，可以写成脚本直接运行，使所有企业网络中的交换机共同参与生成树的运行，生成2个实例。

（6）配置dhcp服务。在核心层实现dhcp服务功能，为企业网用户提供自动获取地址的功能，为了实现冗余，用户的物理网关通过核心1和核心2实现，规划核心1的网关地址用用户网段中地址253实现，核心2的网关地址用用户网段中地址254实现，用户虚拟网关用用户网段中地址250实现，通过vrrp协议实现冗余。下面对在核心1上配置VLAN9网段dhcp服务进行说明。

启动dhcp服务：

```
[X01-01-S6800-02] dhcp enable
```

配置用户的网关：

```
[X01-01-S6800-02] int vlanif 9
[X01-01-S6800-02-Vlanif9] ip add 192.168.9.253 24
[X01-01-S6800-02-Vlanif9] dhcp select global
[X01-01-S6800-02-Vlanif9] quit
[X01-01-S6800-02]
```

采用同样的方法配置企业网中其他网段的网关。

配置地址池，并配置相关参数。

```
[X01-01-S6800-02] ip pool vlan9
Info: It's successful to create an IP address pool.
[X01-01-S6800-02-ip-pool-vlan9] gateway-list 192.168.9.250
[X01-01-S6800-02-ip-pool-vlan9] lease day 3
[X01-01-S6800-02-ip-pool-vlan9] dns-list 192.168.9.2 202.96.128.166
[X01-01-S6800-02-ip-pool-vlan9] network 192.168.9.0 mask 24
[X01-01-S6800-02-ip-pool-vlan9] quit
[X01-01-S6800-02]
```

上面命令中配置地址池的名字，定义网关参数为192.168.9.250，租约时间为3天，DNS地址参数设置为192.168.90.2，202.96.128.166，网络地址为192.168.9.0，掩码为24位。通过这些参数设置可以给用户提供IP地址分配，并能分配网关和DNS参数，保证用户可以访问外部网络以及域名地址解析。采用同样的方法配置企业网中其他网段的地址池参数。

（7）配置vrrp协议。配置vrrp协议，实现网关的冗余，网关用虚拟地址250实现，并配置跟踪上连端口，发现端口出现故障，将优先级减50，及时转换，让另一台承担实际路由功能。

[X01 -01 - S6800 -02] int vlanif 9

[X01 - 01 - S6800 - 02 - Vlanif9] vrrp vrid 9 virtual - ip 192.168.9.250

[X01 -01 - S6800 -02 - Vlanif9] vrrp vrid 9 track interface g0/0/24 reduced 50

[X01 -01 - S6800 -02 - Vlanif9] quit

[X01 -01 - S6800 -02]

采用同样的方法配置企业网中其他网段的 vrrp 协议参数。

(8) 配置路由。由于本网络出口通过路由器连接外网，为了实现内部网络能正常访问互联网，需要设置一个默认路由，指出对于非本企业内部目的地址网段，应转发给路由器转走。又由于本企业网路由关系简单，企业内部采用 OSPF 协议，并全部用区域 0 实现。

配置默认路由：

[X01 - 01 - S6800 - 02] ip route - static 0.0.0.0 0.0.0.0 10.0.0.2

[X01 -01 - S6800 -02]

配置 OSPF 路由协议：

[X01 -01 - S6800 -02] ospf 1

[X01 -01 - S6800 -02 - ospf -1] area 0

[X01 - 01 - S6800 - 02 - ospf - 1 - area - 0.0.0.0] net 10.0.0.0 0.0.0.3

[X01 - 01 - S6800 - 02 - ospf - 1 - area - 0.0.0.0] net 10.0.0.8 0.0.0.3

[X01 - 01 - S6800 - 02 - ospf - 1 - area - 0.0.0.0] net 192.168.90.0 0.0.0.255

[X01 - 01 - S6800 - 02 - ospf - 1 - area - 0.0.0.0] net 192.168.9.0 0.0.0.255

[X01 - 01 - S6800 - 02 - ospf - 1 - area - 0.0.0.0] net 192.168.9.0 0.0.0.255

[X01 - 01 - S6800 - 02 - ospf - 1 - area - 0.0.0.0] net 192.168.10.0 0.0.0.255

[X01 - 01 - S6800 - 02 - ospf - 1 - area - 0.0.0.0] net 192.168.1.0 0.0.0.255

[X01 - 01 - S6800 - 02 - ospf - 1 - area - 0.0.0.0] net 192.168.12.0 0.0.0.255

[X01 - 01 - S6800 - 02 - ospf - 1 - area - 0.0.0.0] net 192.168.13.0 0.0.0.255

[X01 - 01 - S6800 - 02 - ospf - 1 - area - 0.0.0.0] net 192.168.14.0 0.0.0.255

[X01 - 01 - S6800 - 02 - ospf - 1 - area - 0.0.0.0] net

```
192.168.15.0 0.0.0.255
    [X01 - 01 - S6800 - 02 - ospf - 1 - area - 0.0.0.0] net
192.168.16.0 0.0.0.255
    [X01 - 01 - S6800 - 02 - ospf - 1 - area - 0.0.0.0] net
192.168.17.0 0.0.0.255
    [X01 - 01 - S6800 - 02 - ospf - 1 - area - 0.0.0.0] net
192.168.18.0 0.0.0.255
    [X01 - 01 - S6800 - 02 - ospf - 1 - area - 0.0.0.0] net
192.168.19.0 0.0.0.255
    [X01 - 01 - S6800 - 02 - ospf - 1 - area - 0.0.0.0] net
192.168.20.0 0.0.0.255
    [X01 - 01 - S6800 - 02 - ospf - 1 - area - 0.0.0.0] net
192.168.2.0 0.0.0.255
    [X01 - 01 - S6800 - 02 - ospf - 1 - area - 0.0.0.0] net
192.168.22.0 0.0.0.255
    [X01 - 01 - S6800 - 02 - ospf - 1 - area - 0.0.0.0] net
192.168.23.0 0.0.0.255
    [X01 - 01 - S6800 - 02 - ospf - 1 - area - 0.0.0.0] net
192.168.24.0 0.0.0.255
    [X01 - 01 - S6800 - 02 - ospf - 1 - area - 0.0.0.0] net
192.168.25.0 0.0.0.255
    [X01 - 01 - S6800 - 02 - ospf - 1 - area - 0.0.0.0] net
192.168.26.0 0.0.0.255
    [X01 - 01 - S6800 - 02 - ospf - 1 - area - 0.0.0.0] net
192.168.27.0 0.0.0.255
    [X01 - 01 - S6800 - 02 - ospf - 1 - area - 0.0.0.0] net
192.168.28.0 0.0.0.255
    [X01 - 01 - S6800 - 02 - ospf - 1 - area - 0.0.0.0] net
192.168.29.0 0.0.0.255
    [X01 - 01 - S6800 - 02 - ospf - 1 - area - 0.0.0.0] net
192.168.30.0 0.0.0.255
    [X01 - 01 - S6800 - 02 - ospf - 1 - area - 0.0.0.0] net
192.168.3.0 0.0.0.255
    [X01 - 01 - S6800 - 02 - ospf - 1 - area - 0.0.0.0] net
192.168.32.0 0.0.0.255
    [X01 - 01 - S6800 - 02 - ospf - 1 - area - 0.0.0.0] net
192.168.33.0 0.0.0.255
    [X01 - 01 - S6800 - 02 - ospf - 1 - area - 0.0.0.0] net
192.168.34.0 0.0.0.255
    [X01 - 01 - S6800 - 02 - ospf - 1 - area - 0.0.0.0] net
```

192.168.35.0 0.0.0.255

[X01 - 01 - S6800 - 02 - ospf - 1 - area - 0.0.0.0] net 192.168.36.0 0.0.0.255

[X01 - 01 - S6800 - 02 - ospf - 1 - area - 0.0.0.0] net 192.168.37.0 0.0.0.255

[X01 - 01 - S6800 - 02 - ospf - 1 - area - 0.0.0.0] net 192.168.38.0 0.0.0.255

[X01 - 01 - S6800 - 02 - ospf - 1 - area - 0.0.0.0] net 192.168.39.0 0.0.0.255

[X01 - 01 - S6800 - 02 - ospf - 1 - area - 0.0.0.0] net 192.168.40.0 0.0.0.255

[X01 -01 - S6800 -02 - ospf -1 - area -0.0.0.0] quit

[X01 -01 - S6800 -02 - ospf -1] quit

[X01 -01 - S6800 -02]

按照以上步骤对核心 2 进行配置，只是配置默认路由时，下一跳应指向 10.0.0.6 地址。

综上，核心 2 的配置与核心 1 基本一致，个别参数修改即可，下面将核心 1 的配置清单显示，供参考使用。

核心 1 的配置清单：

```
<X01 -01 - S6800 -02 >display current - configuration
#
sysname X01 -01 - S6800 -02
#
vlan batch 9 to 50 90 to 91 110 112 to 113
#
stp instance 1 priority 0
stp instance 2 priority 4096
#
cluster enable
ntdp enable
ndp enable
#
drop illegal - mac alarm
#
dhcp enable
#
diffserv domain default
#
stp region - configuration
  region - name f1
```

```
 revision-level 1
 instance 1 vlan 9 to 17 90 to 91
 instance 2 vlan 18 to 40
 active region-configuration
#
drop-profile default
#
ip pool vlan9
 gateway-list 192.168.9.250
 network 192.168.9.0 mask 255.255.255.0
 lease day 3 hour 0 minute 0
 dns-list 192.168.90.2 202.96.128.166
#
ip pool vlan10
 gateway-list 192.168.10.250
 network 192.168.10.0 mask 255.255.255.0
 lease day 3 hour 0 minute 0
 dns-list 192.168.90.2 202.96.128.166
#
ip pool vlan11
 gateway-list 192.168.1.250
 network 192.168.1.0 mask 255.255.255.0
 lease day 3 hour 0 minute 0
 dns-list 192.168.90.2 202.96.128.166
#
ip pool vlan12
 gateway-list 192.168.12.250
 network 192.168.12.0 mask 255.255.255.0
 lease day 3 hour 0 minute 0
 dns-list 192.168.90.2 202.96.128.166
#
ip pool vlan13
 gateway-list 192.168.13.250
 network 192.168.13.0 mask 255.255.255.0
 lease day 3 hour 0 minute 0
 dns-list 192.168.90.2 202.96.128.166
#
ip pool vlan14
 gateway-list 192.168.14.250
 network 192.168.14.0 mask 255.255.255.0
```

```
 lease day 3 hour 0 minute 0
 dns -list 192.168.90.2 202.96.128.166
#
ip pool vlan15
 gateway -list 192.168.15.250
 network 192.168.15.0 mask 255.255.255.0
 lease day 3 hour 0 minute 0
 dns -list 192.168.90.2 202.96.128.166
#
ip pool vlan16
 gateway -list 192.168.16.250
 network 192.168.16.0 mask 255.255.255.0
 lease day 3 hour 0 minute 0
 dns -list 192.168.90.2 202.96.128.166
#
ip pool vlan17
 gateway -list 192.168.17.250
 network 192.168.17.0 mask 255.255.255.0
 lease day 3 hour 0 minute 0
 dns -list 192.168.90.2 202.96.128.166
#
ip pool vlan18
 gateway -list 192.168.18.250
 network 192.168.18.0 mask 255.255.255.0
 lease day 3 hour 0 minute 0
 dns -list 192.168.90.2 202.96.128.166
#
ip pool vlan19
 gateway -list 192.168.19.250
 network 192.168.19.0 mask 255.255.255.0
 lease day 3 hour 0 minute 0
 dns -list 192.168.90.2 202.96.128.166
#
ip pool vlan20
 gateway -list 192.168.20.250
 network 192.168.20.0 mask 255.255.255.0
 lease day 3 hour 0 minute 0
 dns -list 192.168.90.2 202.96.128.166
#
ip pool vlan21
```

```
 gateway-list 192.168.2.250
 network 192.168.2.0 mask 255.255.255.0
 lease day 3 hour 0 minute 0
 dns-list 192.168.90.2 202.96.128.166
#
ip pool vlan22
 gateway-list 192.168.22.250
 network 192.168.22.0 mask 255.255.255.0
 lease day 3 hour 0 minute 0
 dns-list 192.168.90.2 202.96.128.166
#
ip pool vlan23
 gateway-list 192.168.23.250
 network 192.168.23.0 mask 255.255.255.0
 lease day 3 hour 0 minute 0
 dns-list 192.168.90.2 202.96.128.166
#
ip pool vlan24
 gateway-list 192.168.24.250
 network 192.168.24.0 mask 255.255.255.0
 lease day 3 hour 0 minute 0
 dns-list 192.168.90.2 202.96.128.166
#
ip pool vlan25
 gateway-list 192.168.25.250
 network 192.168.25.0 mask 255.255.255.0
 lease day 3 hour 0 minute 0
 dns-list 192.168.90.2 202.96.128.166
#
ip pool vlan26
 gateway-list 192.168.26.250
 network 192.168.26.0 mask 255.255.255.0
 lease day 3 hour 0 minute 0
 dns-list 192.168.90.2 202.96.128.166
#
ip pool vlan27
 gateway-list 192.168.27.250
 network 192.168.27.0 mask 255.255.255.0
 lease day 3 hour 0 minute 0
 dns-list 192.168.90.2 202.96.128.166
#
```

```
ip pool vlan28
 gateway -list 192.168.28.250
 network 192.168.28.0 mask 255.255.255.0
 lease day 3 hour 0 minute 0
 dns -list 192.168.90.2 202.96.128.166
#
ip pool vlan29
 gateway -list 192.168.29.250
 network 192.168.29.0 mask 255.255.255.0
 lease day 3 hour 0 minute 0
 dns -list 192.168.90.2 202.96.128.166
#
ip pool vlan30
 gateway -list 192.168.30.250
 network 192.168.30.0 mask 255.255.255.0
 lease day 3 hour 0 minute 0
 dns -list 192.168.90.2 202.96.128.166
#
ip pool vlan31
 gateway -list 192.168.3.250
 network 192.168.3.0 mask 255.255.255.0
 lease day 3 hour 0 minute 0
 dns -list 192.168.90.2 202.96.128.166
#
ip pool vlan32
 gateway -list 192.168.32.250
 network 192.168.32.0 mask 255.255.255.0
 lease day 3 hour 0 minute 0
 dns -list 192.168.90.2 202.96.128.166
#
ip pool vlan33
 gateway -list 192.168.33.250
 network 192.168.33.0 mask 255.255.255.0
 lease day 3 hour 0 minute 0
 dns -list 192.168.90.2 202.96.128.166
#
ip pool vlan34
 gateway -list 192.168.34.250
 network 192.168.34.0 mask 255.255.255.0
 lease day 3 hour 0 minute 0
```

```
 dns - list 192.168.90.2 202.96.128.166
#
ip pool vlan35
 gateway - list 192.168.35.250
 network 192.168.35.0 mask 255.255.255.0
 lease day 3 hour 0 minute 0
 dns - list 192.168.90.2 202.96.128.166
#
ip pool vlan36
 gateway - list 192.168.36.250
 network 192.168.36.0 mask 255.255.255.0
 lease day 3 hour 0 minute 0
 dns - list 192.168.90.2 202.96.128.166
#
ip pool vlan37
 gateway - list 192.168.37.250
 network 192.168.37.0 mask 255.255.255.0
 lease day 3 hour 0 minute 0
 dns - list 192.168.90.2 202.96.128.166
#
ip pool vlan38
 gateway - list 192.168.38.250
 network 192.168.38.0 mask 255.255.255.0
 lease day 3 hour 0 minute 0
 dns - list 192.168.90.2 202.96.128.166
#
ip pool vlan39
 gateway - list 192.168.39.250
 network 192.168.39.0 mask 255.255.255.0
 lease day 3 hour 0 minute 0
 dns - list 192.168.90.2 202.96.128.166
#
ip pool vlan40
 gateway - list 192.168.40.250
 network 192.168.40.0 mask 255.255.255.0
 lease day 3 hour 0 minute 0
 dns - list 192.168.90.2 202.96.128.166
#
ip pool vlan90
 gateway - list 192.168.90.250
```

```
 network 192.168.90.0 mask 255.255.255.0
 lease day 3 hour 0 minute 0
 dns-list 192.168.90.2 202.96.128.166
#
aaa
 authentication-scheme default
 authorization-scheme default
 accounting-scheme default
 domain default
 domain default_admin
 local-user admin password simple admin
 local-user admin service-type http
#
interface Vlanif1
#
interface Vlanif9
 ip address 192.168.9.253 255.255.255.0
 vrrp vrid 9 virtual-ip 192.168.9.250
 vrrp vrid 9 track interface GigabitEthernet0/0/24 reduced 50
 dhcp select global
#
interface Vlanif10
 ip address 192.168.10.253 255.255.255.0
 vrrp vrid 10 virtual-ip 192.168.10.250
 vrrp vrid 10 track interface GigabitEthernet0/0/24 reduced 50
 dhcp select global
#
interface Vlanif11
 ip address 192.168.1.253 255.255.255.0
 vrrp vrid 11 virtual-ip 192.168.1.250
 vrrp vrid 11 track interface GigabitEthernet0/0/24 reduced 50
 dhcp select global
#
interface Vlanif12
 ip address 192.168.12.253 255.255.255.0
 vrrp vrid 12 virtual-ip 192.168.12.250
 vrrp vrid 12 track interface GigabitEthernet0/0/24 reduced 50
 dhcp select global
#
interface Vlanif13
 ip address 192.168.13.253 255.255.255.0
```

```
 vrrp vrid 13 virtual-ip 192.168.13.250
 vrrp vrid 13 track interface GigabitEthernet0/0/24 reduced 50
 dhcp select global
#
interface Vlanif14
 ip address 192.168.14.253 255.255.255.0
 vrrp vrid 14 virtual-ip 192.168.14.250
 vrrp vrid 14 track interface GigabitEthernet0/0/24 reduced 50
 dhcp select global
#
interface Vlanif15
 ip address 192.168.15.253 255.255.255.0
 vrrp vrid 15 virtual-ip 192.168.15.250
 vrrp vrid 15 track interface GigabitEthernet0/0/24 reduced 50
 dhcp select global
#
interface Vlanif16
 ip address 192.168.16.253 255.255.255.0
 vrrp vrid 16 virtual-ip 192.168.16.250
 vrrp vrid 16 track interface GigabitEthernet0/0/24 reduced 50
 dhcp select global
#
interface Vlanif17
 ip address 192.168.17.253 255.255.255.0
 vrrp vrid 17 virtual-ip 192.168.17.250
 vrrp vrid 17 track interface GigabitEthernet0/0/24 reduced 50
 dhcp select global
#
interface Vlanif18
 ip address 192.168.18.253 255.255.255.0
 vrrp vrid 18 virtual-ip 192.168.18.250
 vrrp vrid 18 track interface GigabitEthernet0/0/24 reduced 50
 dhcp select global
#
interface Vlanif19
 ip address 192.168.19.253 255.255.255.0
 vrrp vrid 19 virtual-ip 192.168.19.250
 vrrp vrid 19 track interface GigabitEthernet0/0/24 reduced 50
 dhcp select global
#
```

```
interface Vlanif20
 ip address 192.168.20.253 255.255.255.0
 vrrp vrid 20 virtual-ip 192.168.20.250
 vrrp vrid 20 track interface GigabitEthernet0/0/24 reduced 50
 dhcp select global
#
interface Vlanif21
 ip address 192.168.2.253 255.255.255.0
 vrrp vrid 21 virtual-ip 192.168.2.250
 vrrp vrid 21 track interface GigabitEthernet0/0/24 reduced 50
 dhcp select global
#
interface Vlanif22
 ip address 192.168.22.253 255.255.255.0
 vrrp vrid 22 virtual-ip 192.168.22.250
 vrrp vrid 22 track interface GigabitEthernet0/0/24 reduced 50
 dhcp select global
#
interface Vlanif23
 ip address 192.168.23.253 255.255.255.0
 vrrp vrid 23 virtual-ip 192.168.23.250
 vrrp vrid 23 track interface GigabitEthernet0/0/24 reduced 50
 dhcp select global
#
interface Vlanif24
 ip address 192.168.24.253 255.255.255.0
 vrrp vrid 24 virtual-ip 192.168.24.250
 vrrp vrid 24 track interface GigabitEthernet0/0/24 reduced 50
 dhcp select global
#
interface Vlanif25
 ip address 192.168.25.253 255.255.255.0
 vrrp vrid 25 virtual-ip 192.168.25.250
 vrrp vrid 25 track interface GigabitEthernet0/0/24 reduced 50
 dhcp select global
#
interface Vlanif26
 ip address 192.168.26.253 255.255.255.0
 vrrp vrid 26 virtual-ip 192.168.26.250
 vrrp vrid 26 track interface GigabitEthernet0/0/24 reduced 50
```

```
 dhcp select global
#
interface Vlanif27
 ip address 192.168.27.253 255.255.255.0
 vrrp vrid 27 virtual - ip 192.168.27.250
 vrrp vrid 27 track interface GigabitEthernet0/0/24 reduced 50
 dhcp select global
#
interface Vlanif28
 ip address 192.168.28.253 255.255.255.0
 vrrp vrid 28 virtual - ip 192.168.28.250
 vrrp vrid 28 track interface GigabitEthernet0/0/24 reduced 50
 dhcp select global
#
interface Vlanif29
 ip address 192.168.29.253 255.255.255.0
 vrrp vrid 29 virtual - ip 192.168.29.250
 vrrp vrid 29 track interface GigabitEthernet0/0/24 reduced 50
 dhcp select global
#
interface Vlanif30
 ip address 192.168.30.253 255.255.255.0
 vrrp vrid 30 virtual - ip 192.168.30.250
 vrrp vrid 30 track interface GigabitEthernet0/0/24 reduced 50
 dhcp select global
#
interface Vlanif31
 ip address 192.168.3.253 255.255.255.0
 vrrp vrid 31 virtual - ip 192.168.3.250
 vrrp vrid 31 track interface GigabitEthernet0/0/24 reduced 50
 dhcp select global
#
interface Vlanif32
 ip address 192.168.32.253 255.255.255.0
 vrrp vrid 32 virtual - ip 192.168.32.250
 vrrp vrid 32 track interface GigabitEthernet0/0/24 reduced 50
 dhcp select global
#
interface Vlanif33
 ip address 192.168.33.253 255.255.255.0
```

```
 vrrp vrid 33 virtual -ip 192.168.33.250
 vrrp vrid 33 track interface GigabitEthernet0/0/24 reduced 50
 dhcp select global
#
interface Vlanif34
 ip address 192.168.34.253 255.255.255.0
 vrrp vrid 34 virtual -ip 192.168.34.250
 vrrp vrid 34 track interface GigabitEthernet0/0/24 reduced 50
 dhcp select global
#
interface Vlanif35
 ip address 192.168.35.253 255.255.255.0
 vrrp vrid 35 virtual -ip 192.168.35.250
 vrrp vrid 35 track interface GigabitEthernet0/0/24 reduced 50
 dhcp select global
#
interface Vlanif36
 ip address 192.168.36.253 255.255.255.0
 vrrp vrid 36 virtual -ip 192.168.36.250
 vrrp vrid 36 track interface GigabitEthernet0/0/24 reduced 50
 dhcp select global
#
interface Vlanif37
 ip address 192.168.37.253 255.255.255.0
 vrrp vrid 37 virtual -ip 192.168.37.250
 vrrp vrid 37 track interface GigabitEthernet0/0/24 reduced 50
 dhcp select global
#
interface Vlanif38
 ip address 192.168.38.253 255.255.255.0
 vrrp vrid 38 virtual -ip 192.168.38.250
 vrrp vrid 38 track interface GigabitEthernet0/0/24 reduced 50
 dhcp select global
#
interface Vlanif39
 ip address 192.168.39.253 255.255.255.0
 vrrp vrid 39 virtual -ip 192.168.39.250
 vrrp vrid 39 track interface GigabitEthernet0/0/24 reduced 50
 dhcp select global
#
```

```
interface Vlanif40
 ip address 192.168.40.253 255.255.255.0
 vrrp vrid 40 virtual - ip 192.168.40.250
 vrrp vrid 40 track interface GigabitEthernet0/0/24 reduced 50
 dhcp select global
#
interface Vlanif90
 ip address 192.168.90.253 255.255.255.0
 vrrp vrid 90 virtual - ip 192.168.90.250
 vrrp vrid 90 track interface GigabitEthernet0/0/24 reduced 50
 dhcp select global
#
interface Vlanif91
 ip address 192.168.9.11 255.255.255.0
 vrrp vrid 91 virtual - ip 192.168.9.250
 vrrp vrid 91 track interface GigabitEthernet0/0/24 reduced 50
#
interface Vlanif110
 ip address 10.0.0.1 255.255.255.252
#
interface Vlanif112
 ip address 10.0.0.9 255.255.255.252
#
interface MEth0/0/1
#
interface Eth - Trunk11
 port link - type trunk
 port trunk allow - pass vlan 2 to 4094
#
interface GigabitEthernet0/0/1
 eth - trunk 11
#
interface GigabitEthernet0/0/2
 eth - trunk 11
#
interface GigabitEthernet0/0/3
 port link - type trunk
 port trunk allow - pass vlan 2 to 4094
#
interface GigabitEthernet0/0/4
```

```
 port link-type trunk
 port trunk allow-pass vlan 2 to 4094
#
interface GigabitEthernet0/0/5
 port link-type trunk
 port trunk allow-pass vlan 2 to 4094
#
interface GigabitEthernet0/0/6
 port link-type trunk
 port trunk allow-pass vlan 2 to 4094
#
interface GigabitEthernet0/0/7
 port link-type trunk
 port trunk allow-pass vlan 2 to 4094
#
interface GigabitEthernet0/0/8
#
interface GigabitEthernet0/0/9
#
interface GigabitEthernet0/0/10
#
interface GigabitEthernet0/0/11
#
interface GigabitEthernet0/0/12
#
interface GigabitEthernet0/0/13
#
interface GigabitEthernet0/0/14
#
interface GigabitEthernet0/0/15
#
interface GigabitEthernet0/0/16
#
interface GigabitEthernet0/0/17
#
interface GigabitEthernet0/0/18
#
interface GigabitEthernet0/0/19
#
interface GigabitEthernet0/0/20
```

```
#
interface GigabitEthernet0/0/21
#
interface GigabitEthernet0/0/22
#
interface GigabitEthernet0/0/23
 port link-type trunk
 port trunk allow-pass vlan 2 to 4096
#
interface GigabitEthernet0/0/24
 port link-type access
 port default vlan 110
#
interface NULL0
#
ospf 1
 area 0.0.0.0
  network 10.0.0.0 0.0.0.3
  network 10.0.0.8 0.0.0.3
  network 192.168.90.0 0.0.0.255
  network 192.168.9.0 0.0.0.255
  network 192.168.9.0 0.0.0.255
  network 192.168.10.0 0.0.0.255
  network 192.168.1.0 0.0.0.255
  network 192.168.12.0 0.0.0.255
  network 192.168.13.0 0.0.0.255
  network 192.168.14.0 0.0.0.255
  network 192.168.15.0 0.0.0.255
  network 192.168.16.0 0.0.0.255
  network 192.168.17.0 0.0.0.255
  network 192.168.18.0 0.0.0.255
  network 192.168.19.0 0.0.0.255
  network 192.168.20.0 0.0.0.255
  network 192.168.2.0 0.0.0.255
  network 192.168.22.0 0.0.0.255
  network 192.168.23.0 0.0.0.255
  network 192.168.24.0 0.0.0.255
  network 192.168.25.0 0.0.0.255
  network 192.168.26.0 0.0.0.255
  network 192.168.27.0 0.0.0.255
```

```
  network 192.168.28.0 0.0.0.255
  network 192.168.29.0 0.0.0.255
  network 192.168.30.0 0.0.0.255
  network 192.168.3.0 0.0.0.255
  network 192.168.32.0 0.0.0.255
  network 192.168.33.0 0.0.0.255
  network 192.168.34.0 0.0.0.255
  network 192.168.35.0 0.0.0.255
  network 192.168.36.0 0.0.0.255
  network 192.168.37.0 0.0.0.255
  network 192.168.38.0 0.0.0.255
  network 192.168.39.0 0.0.0.255
  network 192.168.40.0 0.0.0.255
#
ip route-static 0.0.0.0 0.0.0.0 10.0.0.2
#
user-interface con 0
user-interface vty 0 4
#
port-group 1
 group-member GigabitEthernet0/0/3
 group-member GigabitEthernet0/0/4
 group-member GigabitEthernet0/0/5
 group-member GigabitEthernet0/0/6
 group-member GigabitEthernet0/0/7
#
return
```

4. 路由器配置

路由器配置主要配置几个接口的地址，启用路由器协议，配置 NAT 地址转换实现内部地址访问外部互联网。

（1）配置接口的 IP 地址。

```
[Huawei] sys router
[router]
[router] int g0/0/0
[router-GigabitEthernet0/0/0] ip add 10.0.0.2 30
[router-GigabitEthernet0/0/0] int g0/0/1
[router-GigabitEthernet0/0/1] ip add 10.0.0.6 30
[router-GigabitEthernet0/0/1] int g0/0/2
[router-GigabitEthernet0/0/2] ip add 200.200.200.200 24
[router-GigabitEthernet0/0/2] int l0
```

```
[router-LoopBack0] ip add 192.168.9.1 24
[router-LoopBack0] quit
[router]
```

以上配置中，对路由器进行命名，然后对 g0/0/0 口配置地址为 10.0.0.2，该接口与核心 1 相连，对 g0/0/1 口配置地址为 10.0.0.6，该接口与核心 2 相连，对 g0/0/2 口配置地址为 200.200.200.200，该地址由电信分配，与互联网相连。

（2）配置路由协议。启用 OSPF 路由协议，并声明 10.0.0.0/30 和 10.0.0.4/30 网段，这里不需要声明出口网段 200.200.200.0/24。

```
[router] ospf 1
[router-ospf-1]
[router-ospf-1] area 0
[router-ospf-1-area-0.0.0.0]
[router-ospf-1-area-0.0.0.0] net 10.0.0.0 0.0.0.3
[router-ospf-1-area-0.0.0.0]
[router-ospf-1-area-0.0.0.0] net 10.0.0.4 0.0.0.3
[router-ospf-1-area-0.0.0.0]
[router-ospf-1-area-0.0.0.0] quit
[router-ospf-1] quit
[router]
```

（3）配置地址转换。配置 NAT 地址转换，使内部用户可以访问互联网。

首先定义一个基本的访问控制列表，源地址用 192.168.0.0/24。

```
[router] acl 2001
[router-acl-basic-2001] rule permit source 192.168.0.0 0.0.255.255
[router-acl-basic-2001] quit
[router]
```

将控制列表应用到路由器出口的接口上实现地址转换。

```
[router] int g0/0/2
[router-GigabitEthernet0/0/2] nat outbound 2001
[router-GigabitEthernet0/0/2] quit
[router]
```

（4）公开企业对外服务。

任何企业都会将自己公开的服务公布出去，让互联网用户可以访问企业内部网站，本方案将企业内部公共服务端口 www 映射到互联网，根据申请的地址池 200.200.200.200 ~ 200.200.200.205 范围，决定使用 200.200.200.201 作为公网的 www 端口映射地址。

```
[router-GigabitEthernet0/0/2] nat server protocol tcp global 200.200.200.201 www inside 192.168.90.1 www
```

（5）禁止无关的端口。

为了保证安全，禁止不必要的端口裸露到互联网，将允许的端口允许，其他端口禁止，根据分析，本网络内允许 www、dns、smtp、pop3 端口即可，其他端口禁止掉。

定义列表：

```
[router] acl 3001
[router-acl-adv-3001] rule permit tcp source any destination-port eq smtp
[router-acl-adv-3001] rule permit tcp source any destination-port eq pop3
[router-acl-adv-3001] rule permit tcp source any destination-port eq pop2
[router-acl-adv-3001] rule permit udp source any destination-port eq dns
[router-acl-adv-3001] rule permit ip
[router-acl-adv-3001] quit
```

将列表作用到接口上：

```
[router-GigabitEthernet0/0/2] traffic-filter inbound acl 3001
[router-GigabitEthernet0/0/2] quit
[router]
```

综上，实现了出口路由的配置，下面是具体的配置清单。

```
<router>display current-configuration
[V200R003C00]
#
 sysname router
#
 snmp-agent local-engineid 800007DB03000000000000
 snmp-agent
#
 clock timezone China-Standard-Time minus 08:00:00
#
portal local-server load flash:/portalpage.zip
#
 drop illegal-mac alarm
#
 wlan ac-global carrier id other ac id 0
#
 set cpu-usage threshold 80 restore 75
#
acl number 2001
 rule 5 permit source 192.168.0.0 0.0.255.255
```

```
#
acl number 3001
 rule 5 permit tcp destination-port eq smtp
 rule 10 permit tcp destination-port eq pop3
 rule 15 permit tcp destination-port eq pop2
 rule 20 permit udp destination-port eq dns
 rule 25 permit ip
#
aaa
 authentication-scheme default
 authorization-scheme default
 accounting-scheme default
 domain default
 domain default_admin
 local-user admin password cipher %$%$K8m.Nt84DZ}e#<0`
 8bmE3Uw}%$%$
 local-user admin service-type http
#
firewall zone Local
 priority 15
#
interface GigabitEthernet0/0/0
 ip address 10.0.0.2 255.255.255.252
#
interface GigabitEthernet0/0/1
 ip address 10.0.0.6 255.255.255.252
#
interface GigabitEthernet0/0/2
 ip address 200.200.200.200 255.255.255.0
 traffic-filter inbound acl 3001
 nat server protocol tcp global 200.200.200.201 www inside
 192.168.90.1 www
 nat outbound 2001
#
interface NULL0
#
ospf 1
 area 0.0.0.0
  network 10.0.0.0 0.0.0.3
  network 10.0.0.4 0.0.0.3
```

```
#
user - interface con 0
 authentication - mode password
user - interface vty 0 4
user - interface vty 16 20
#
wlan ac
#
return
```

5. 无线控制器 AC 配置

满足用户在娱乐中心通过 192. 168. 40. 0/24 网段无线上网。将无线控制器 AC 连接到核心交换机的 G0/0/23 端口，无线 AP 连接到娱乐中心的汇聚交换机的 G0/0/22 端口，通过配置无线控制器 AC，实现对 AP 无线业务下发。

(1) 无线控制器 AC 配置清单：

```
sys
sys AC1
dhcp enable
vlan batch 91 40
int vlan 91
ip add 192 . 168 . 91 . 253 24
dhcp select global
int G0/0/1
port link - type trunk
port trunk allow - pass vlan 1 to 200
quit
int G0/0/2
port link - type trunk
port trunk allow - pass vlan 1 to 200
quit
ip pool vlan91
network 192 . 168 . 91 . 0 mask 24
gateway 192 . 168 . 91 . 250
quit
capwap source interface Vlanif 91
wlan
ap auth - mode mac - auth
ap whitelist mac 00e0 - fc48 - 57f0
ssid - profile name wlan - by
ssid wlan - by
quit
```

```
security -profile name wlan -by
security wpa2psk pass -phrase by123456 aes
quit
vap -profile name default
security -profile wlan -by
ssid -profile wlan -by
service -vlan vlan -id 40
quit
ap -group name default
vap -profile default wlan 1 radio 0
vap -profile default wlan 1 radio 1
quit
```

（2）汇聚交换机 G0/0/22 端口配置：

```
int G0/0/22
port link -type trunk
port trunk pvid vlan 91
port trunk allow -pass vlan 1 to 200
quit
```


三、测试

本次进行阶段性过程测试，采用图 4－8 的模拟环境测试，主要进行生成树测试、路由测试、vrrp 协议运行测试、nat 地址转换测试，以及整个网络连通性的测试。

1. 生成树测试

（1）核心 1 上查看生成树实例 1 状态信息。

```
<X01 -01 -S6800 -02 >disp stp instance 1
- - - - - - - [MSTI 1 Global Info] - - - - - - -
MSTI Bridge ID          : 0.4c1f -cc8e -5828
MSTI RegRoot/IRPC       : 0.4c1f -cc8e -5828 /0
MSTI RootPortId         : 0.0
Master Bridge           : 32768.4c1f -cc00 -4417
Cost to Master          : 30000
TC received             : 44
TC count per hello      : 0
Time since last TC      : 0 days 2h: 27m: 1s
Number of TC            : 23
1......
```

该核心 1 实例 1 中，本桥的 ID 是：0.4c1f－cc8e－5828；根桥是：0.4c1f－cc8e－5828，即是核心 1 桥本身。

（2）核心 1 上查看生成树实例 2 状态信息。

```
<X01-01-S6800-02>disp stp instance 2
-------[MSTI 2 Global Info]-------
MSTI Bridge ID          :4096.4c1f-cc8e-5828
MSTI RegRoot/IRPC       :0.4c1f-cccf-1f1c/10000
MSTI RootPortId         :128.1
Master Bridge           :32768.4c1f-cc00-4417
Cost to Master          :30000
TC received             :25
TC count per hello      :0
Time since last TC      :0 days 2h:44m:39s
Number of TC            :13
1......
```

该核心 1 实例 2 中，本桥的 ID 是：4096.4c1f-cc8e-5828；根桥是：0.4c1f-cccf-1f1c，即是核心 2。

（3）核心 2 上查看生成树实例 1 状态信息。

```
<X01-01-S6800-03>display stp instance 1
-------[MSTI 1 Global Info]-------
MSTI Bridge ID          :4096.4c1f-cccf-1f1c
MSTI RegRoot/IRPC       :0.4c1f-cc8e-5828/10000
MSTI RootPortId         :128.1
Master Bridge           :32768.4c1f-cc00-4417
Cost to Master          :30000
TC received             :33
TC count per hello      :0
Time since last TC      :0 days 2h:41m:42s
Number of TC            :14
Last TC occurred        :Eth-Trunk11
1......
```

该核心 2 实例 1 中，本桥的 ID 是：4096.4c1f-cccf-1f1c；根桥是：0.4c1f-cc8e-5828，即是桥本身。

（4）核心 1 上查看生成树实例 2 状态信息。

```
<X01-01-S6800-03>display stp instance 2
-------[MSTI 2 Global Info]-------
MSTI Bridge ID          :0.4c1f-cccf-1f1c
MSTI RegRoot/IRPC       :0.4c1f-cccf-1f1c/0
MSTI RootPortId         :0.0
Master Bridge           :32768.4c1f-cc00-4417
Cost to Master          :30000
TC received             :29
```

```
TC count per hello                : 0
Time since last TC                : 0 days 2h: 59m: 23s
Number of TC                      : 17
Last TC occurred                  : Eth - Trunk11
1......
```

该核心2实例2中，本桥的ID是：0.4c1f - cccf - 1f1c；根桥是：0.4c1f - cccf - 1f1c，即是核心2本身。

（5）查看核心1上的摘要信息。

```
<X01 -01 - S6800 -02 >display stp brief
MSTID   Port                     Role   STP State    Protection
  0     GigabitEthernet0/0/3     DESI   FORWARDING    NONE
  0     GigabitEthernet0/0/4     ROOT   FORWARDING    NONE
  0     GigabitEthernet0/0/5     DESI   FORWARDING    NONE
  0     GigabitEthernet0/0/6     DESI   FORWARDING    NONE
  0     GigabitEthernet0/0/7     DESI   FORWARDING    NONE
  0     GigabitEthernet0/0/24    DESI   FORWARDING    NONE
  0     Eth - Trunk11            DESI   FORWARDING    NONE
  1     GigabitEthernet0/0/3     DESI   FORWARDING    NONE
  1     GigabitEthernet0/0/4     DESI   FORWARDING    NONE
  1     GigabitEthernet0/0/5     DESI   FORWARDING    NONE
  1     GigabitEthernet0/0/6     DESI   FORWARDING    NONE
  1     GigabitEthernet0/0/7     DESI   FORWARDING    NONE
  1     Eth - Trunk11            DESI   FORWARDING    NONE
  2     GigabitEthernet0/0/3     DESI   FORWARDING    NONE
  2     GigabitEthernet0/0/4     DESI   FORWARDING    NONE
  2     GigabitEthernet0/0/5     DESI   FORWARDING    NONE
  2     GigabitEthernet0/0/6     DESI   FORWARDING    NONE
  2     GigabitEthernet0/0/7     DESI   FORWARDING    NONE
  2     Eth - Trunk11            ROOT   FORWARDING    NONE
```

从显示的信息上看，在核心1上，实例1所有端口均是指定端口（编者将其显示成斜体加粗部分），实例2中除了Eth - Trunk11端口是根口外，其他端口均是指定端口（编者将其显示加粗部分）。

（6）查看核心2上的摘要信息。

```
<X01 -01 - S6800 -03 >disp stp brief
MSTID   Port                     Role   STP State    Protection
  0     GigabitEthernet0/0/3     DESI   FORWARDING    NONE
  0     GigabitEthernet0/0/4     ROOT   FORWARDING    NONE
  0     GigabitEthernet0/0/5     DESI   FORWARDING    NONE
  0     GigabitEthernet0/0/6     DESI   FORWARDING    NONE
  0     GigabitEthernet0/0/7     DESI   FORWARDING    NONE
```

```
0    GigabitEthernet0/0/24  DESI  FORWARDING  NONE
0    Eth-Trunk11            ALTE  DISCARDING  NONE
1    GigabitEthernet0/0/3   DESI  FORWARDING  NONE
1    GigabitEthernet0/0/4   DESI  FORWARDING  NONE
1    GigabitEthernet0/0/5   DESI  FORWARDING  NONE
1    GigabitEthernet0/0/6   DESI  FORWARDING  NONE
1    GigabitEthernet0/0/7   DESI  FORWARDING  NONE
1    Eth-Trunk11            ROOT  FORWARDING  NONE
2    GigabitEthernet0/0/3   DESI  FORWARDING  NONE
2    GigabitEthernet0/0/4   DESI  FORWARDING  NONE
2    GigabitEthernet0/0/5   DESI  FORWARDING  NONE
2    GigabitEthernet0/0/6   DESI  FORWARDING  NONE
2    GigabitEthernet0/0/7   DESI  FORWARDING  NONE
2    Eth-Trunk11            DESI  FORWARDING  NONE
```

从显示的信息上看，在核心 2 上，实例 2 所有端口均是指定端口，实例 1 中除了 Eth-Trunk11 端口是根口外，其他端口均是指定端口。

可以参考以上命令在汇聚层和接入层的交换机上查看生成树的信息，可以看到 2 个实例的基本情况。

2. 客户机自动获取地址测试

（1）查看财务部客户机获取地址信息。

```
PC>ipconfig

Link local IPv6 address..........: fe80::5689:98ff:
                                   fe19:51ed
IPv6 address.....................  ::: /128
IPv6 gateway.....................  :::
IPv4 address.....................  : 192.168.9.252
Subnet mask......................  : 255.255.255.0
Gateway..........................  : 192.168.9.250
Physical address.................  : 54-89-98-19-51-ED
DNS server.......................  : 192.168.90.2
                                     202.96.128.166
```

注意观察加粗显示 IP 地址和 MAC 地址信息，与在核心 1 上显示信息对比。

（2）查看核心 1 上 dhcp 地址池信息。

```
<X01-01-S6800-02>disp ip pool name vlan9 used
Pool-name          : vlan9
Pool-No            : 0
Lease              : 3 Days 0 Hours 0 Minutes
Domain-name        : -
DNS-server0        : 192.168.90.2
```

```
DNS-server1          : 202.96.128.166
NBNS-server0         : -
Netbios-type         : -
Position             : Local          Status        : Unlocked
Gateway-0            : 192.168.9.250
Mask                 : 255.255.255.0
VPN instance         : --
----------------------------------------------------------------------
 Start       End        Total Used Idle (Expired) Conflict Disable
----------------------------------------------------------------------
192.168.9.1 192.168.9.254  253   1    250 (0)       2        0
----------------------------------------------------------------------

Network section:
----------------------------------------------------------------------
Index          IP               MAC                Lease      Status
----------------------------------------------------------------------
251     192.168.9.252     5489-9819-51ed          16793      Used
----------------------------------------------------------------------
```

从（1）和（2）上显示的信息（编者用加粗显示）可以看出，客户端正确获取地址信息，并与服务器上显示信息对比，是一致的。

采用同样的方式，可查看其他部门客户机获取地址信息。

3. 路由测试

（1）查看核心1路由表。

```
<X01-01-S6800-02>display ip routing-table
Route Flags: R - relay, D - download to fib
----------------------------------------------------------------------
Routing Tables: Public
        Destinations : 110      Routes : 355

Destination/Mask  Proto  Pre  Cost  Flags NextHop         Interface

    0.0.0.0/0     Static 60   0     RD    10.0.0.2        Vlanif110
   10.0.0.0/30    Direct 0    0     D     10.0.0.1        Vlanif110
   10.0.0.1/32    Direct 0    0     D     127.0.0.1       Vlanif110
   10.0.0.4/30    OSPF   10   2     D     10.0.0.2        Vlanif110
                  OSPF   10   2     D     192.168.9.12    Vlanif91
                  OSPF   10   2     D     192.168.90.254  Vlanif90
                  OSPF   10   2     D     192.168.39.254  Vlanif39
                  OSPF   10   2     D     192.168.37.254  Vlanif37
                  OSPF   10   2     D     10.0.0.10       Vlanif112
                  OSPF   10   2     D     192.168.40.254  Vlanif40
```

```
                    OSPF    10   2       D    192.168.38.254 Vlanif38
       10.0.0.8/30  Direct  0    0       D    10.0.0.9       Vlanif112
       10.0.0.9/32  Direct  0    0       D    127.0.0.1      Vlanif112
      127.0.0.0/8   Direct  0    0       D    127.0.0.1      InLoopBack0
      127.0.0.1/32  Direct  0    0       D    127.0.0.1      InLoopBack0
    192.168.9.0/24  Direct  0    0       D    192.168.9.253  Vlanif9
  192.168.9.250/32  OSPF    10   2       D    192.168.9.12   Vlanif91
                    OSPF    10   2       D    192.168.90.254 Vlanif90
                    OSPF    10   2       D    192.168.39.254 Vlanif39
                    OSPF    10   2       D    192.168.37.254 Vlanif37
                    OSPF    10   2       D    10.0.0.10      Vlanif112
                    OSPF    10   2       D    192.168.40.254 Vlanif40
                    OSPF    10   2       D    192.168.38.254 Vlanif38
                    OSPF    10   2       D    192.168.36.254 Vlanif36
  192.168.9.253/32  Direct  0    0       D    127.0.0.1      Vlanif9
   192.168.10.0/24  Direct  0    0       D    192.168.10.253 Vlanif10
 192.168.10.250/32  OSPF    10   2       D    192.168.9.12   Vlanif91
                    OSPF    10   2       D    192.168.90.254 Vlanif90
                    OSPF    10   2       D    192.168.39.254 Vlanif39
                    OSPF    10   2       D    192.168.37.254 Vlanif37
                    OSPF    10   2       D    10.0.0.10      Vlanif112
                    OSPF    10   2       D    192.168.40.254 Vlanif40
                    OSPF    10   2       D    192.168.38.254 Vlanif38
                    OSPF    10   2       D    192.168.36.254 Vlanif36
 192.168.10.253/32  Direct  0    0       D    127.0.0.1      Vlanif10
    192.168.1.0/24  Direct  0    0       D    192.168.1.253  Vlanif11
  192.168.1.250/32  OSPF    10   2       D    192.168.9.12   Vlanif91
                    OSPF    10   2       D    192.168.90.254 Vlanif90
                    OSPF    10   2       D    192.168.39.254 Vlanif39
                    OSPF    10   2       D    192.168.37.254 Vlanif37
                    OSPF    10   2       D    10.0.0.10      Vlanif112
                    OSPF    10   2       D    192.168.40.254 Vlanif40
                    OSPF    10   2       D    192.168.38.254 Vlanif38
                    OSPF    10   2       D    192.168.36.254 Vlanif36
  192.168.1.253/32  Direct  0    0       D    127.0.0.1      Vlanif11
   192.168.12.0/24  Direct  0    0       D    192.168.12.253 Vlanif12
 192.168.12.250/32  OSPF    10   2       D    192.168.9.12   Vlanif91
                    OSPF    10   2       D    192.168.90.254 Vlanif90
                    OSPF    10   2       D    192.168.39.254 Vlanif39
                    OSPF    10   2       D    192.168.37.254 Vlanif37
```

```
                    OSPF    10   2      D   10.0.0.10       Vlanif112
                    OSPF    10   2      D   192.168.40.254  Vlanif40
                    OSPF    10   2      D   192.168.38.254  Vlanif38
                    OSPF    10   2      D   192.168.36.254  Vlanif36
192.168.12.253/32   Direct  0    0      D   127.0.0.1       Vlanif12
192.168.13.0/24     Direct  0    0      D   192.168.13.253  Vlanif13
192.168.13.250/32   OSPF    10   2      D   192.168.9.12    Vlanif91
                    OSPF    10   2      D   192.168.90.254  Vlanif90
                    OSPF    10   2      D   192.168.39.254  Vlanif39
                    OSPF    10   2      D   192.168.37.254  Vlanif37
                    OSPF    10   2      D   10.0.0.10       Vlanif112
                    OSPF    10   2      D   192.168.40.254  Vlanif40
                    OSPF    10   2      D   192.168.38.254  Vlanif38
                    OSPF    10   2      D   192.168.36.254  Vlanif36
192.168.13.253/32   Direct  0    0      D   127.0.0.1       Vlanif13
192.168.14.0/24     Direct  0    0      D   192.168.14.253  Vlanif14
192.168.14.250/32   OSPF    10   2      D   192.168.9.12    Vlanif91
                    OSPF    10   2      D   192.168.90.254  Vlanif90
                    OSPF    10   2      D   192.168.39.254  Vlanif39
                    OSPF    10   2      D   192.168.37.254  Vlanif37
                    OSPF    10   2      D   10.0.0.10       Vlanif112
                    OSPF    10   2      D   192.168.40.254  Vlanif40
                    OSPF    10   2      D   192.168.38.254  Vlanif38
                    OSPF    10   2      D   192.168.36.254  Vlanif36
192.168.15.253/32   Direct  0    0      D   127.0.0.1       Vlanif15
192.168.16.0/24     Direct  0    0      D   192.168.16.253  Vlanif16
192.168.16.250/32   OSPF    10   2      D   192.168.9.12    Vlanif91
                    OSPF    10   2      D   192.168.90.254  Vlanif90
                    OSPF    10   2      D   192.168.39.254  Vlanif39
                    OSPF    10   2      D   192.168.37.254  Vlanif37
                    OSPF    10   2      D   10.0.0.10       Vlanif112
                    OSPF    10   2      D   192.168.40.254  Vlanif40
                    OSPF    10   2      D   192.168.38.254  Vlanif38
                    OSPF    10   2      D   192.168.36.254  Vlanif36
192.168.16.253/32   Direct  0    0      D   127.0.0.1       Vlanif16
192.168.17.0/24     Direct  0    0      D   192.168.17.253  Vlanif17
192.168.17.250/32   OSPF    10   2      D   192.168.9.12    Vlanif91
                    OSPF    10   2      D   192.168.90.254  Vlanif90
                    OSPF    10   2      D   192.168.39.254  Vlanif39
                    OSPF    10   2      D   192.168.37.254  Vlanif37
```

```
                        OSPF    10  2      D    10.0.0.10       Vlanif112
                        OSPF    10  2      D    192.168.40.254  Vlanif40
                        OSPF    10  2      D    192.168.38.254  Vlanif38
                        OSPF    10  2      D    192.168.36.254  Vlanif36
   192.168.17.253/32    Direct  0   0      D    127.0.0.1       Vlanif17
    192.168.18.0/24     Direct  0   0      D    192.168.18.253  Vlanif18
   192.168.18.250/32    OSPF    10  2      D    192.168.9.12    Vlanif91
                        OSPF    10  2      D    192.168.90.254  Vlanif90
                        OSPF    10  2      D    192.168.39.254  Vlanif39
                        OSPF    10  2      D    192.168.37.254  Vlanif37
                        OSPF    10  2      D    10.0.0.10       Vlanif112
                        OSPF    10  2      D    192.168.40.254  Vlanif40
                        OSPF    10  2      D    192.168.38.254  Vlanif38
                        OSPF    10  2      D    192.168.36.254  Vlanif36
   192.168.18.253/32    Direct  0   0      D    127.0.0.1       Vlanif18
    192.168.19.0/24     Direct  0   0      D    192.168.19.253  Vlanif19
   192.168.19.250/32    OSPF    10  2      D    192.168.9.12    Vlanif91
                        OSPF    10  2      D    192.168.90.254  Vlanif90
                        OSPF    10  2      D    192.168.39.254  Vlanif39
                        OSPF    10  2      D    192.168.37.254  Vlanif37
                        OSPF    10  2      D    10.0.0.10       Vlanif112
                        OSPF    10  2      D    192.168.40.254  Vlanif40
                        OSPF    10  2      D    192.168.38.254  Vlanif38
                        OSPF    10  2      D    192.168.36.254  Vlanif36
   192.168.19.253/32    Direct  0   0      D    127.0.0.1       Vlanif19
    192.168.20.0/24     Direct  0   0      D    192.168.20.253  Vlanif20
   192.168.20.250/32    OSPF    10  2      D    192.168.9.12    Vlanif91
                        OSPF    10  2      D    192.168.90.254  Vlanif90
                        OSPF    10  2      D    192.168.39.254  Vlanif39
                        OSPF    10  2      D    192.168.37.254  Vlanif37
                        OSPF    10  2      D    10.0.0.10       Vlanif112
                        OSPF    10  2      D    192.168.40.254  Vlanif40
                        OSPF    10  2      D    192.168.38.254  Vlanif38
                        OSPF    10  2      D    192.168.36.254  Vlanif36
   192.168.20.253/32    Direct  0   0      D    127.0.0.1       Vlanif20
     192.168.2.0/24     Direct  0   0      D    192.168.2.253   Vlanif21
    192.168.2.250/32    OSPF    10  2      D    192.168.9.12    Vlanif91
                        OSPF    10  2      D    192.168.90.254  Vlanif90
                        OSPF    10  2      D    192.168.39.254  Vlanif39
                        OSPF    10  2      D    192.168.37.254  Vlanif37
```

```
                    OSPF   10  2    D   10.0.0.10       Vlanif112
                    OSPF   10  2    D   192.168.40.254  Vlanif40
                    OSPF   10  2    D   192.168.38.254  Vlanif38
                    OSPF   10  2    D   192.168.36.254  Vlanif36
  192.168.2.253/32  Direct 0   0    D   127.0.0.1       Vlanif21
   192.168.22.0/24  Direct 0   0    D   192.168.22.253  Vlanif22
192.168.22.250/32   OSPF   10  2    D   192.168.9.12    Vlanif91
                    OSPF   10  2    D   192.168.90.254  Vlanif90
                    OSPF   10  2    D   192.168.39.254  Vlanif39
                    OSPF   10  2    D   192.168.37.254  Vlanif37
                    OSPF   10  2    D   10.0.0.10       Vlanif112
                    OSPF   10  2    D   192.168.40.254  Vlanif40
                    OSPF   10  2    D   192.168.38.254  Vlanif38
                    OSPF   10  2    D   192.168.36.254  Vlanif36
 192.168.22.253/32  Direct 0   0    D   127.0.0.1       Vlanif22
   192.168.23.0/24  Direct 0   0    D   192.168.23.253  Vlanif23
 192.168.23.250/32  OSPF   10  2    D   192.168.9.12    Vlanif91
                    OSPF   10  2    D   192.168.90.254  Vlanif90
                    OSPF   10  2    D   192.168.39.254  Vlanif39
                    OSPF   10  2    D   192.168.37.254  Vlanif37
                    OSPF   10  2    D   10.0.0.10       Vlanif112
                    OSPF   10  2    D   192.168.40.254  Vlanif40
                    OSPF   10  2    D   192.168.38.254  Vlanif38
                    OSPF   10  2    D   192.168.36.254  Vlanif36
 192.168.23.253/32  Direct 0   0    D   127.0.0.1       Vlanif23
   192.168.24.0/24  Direct 0   0    D   192.168.24.253  Vlanif24
 192.168.24.250/32  OSPF   10  2    D   192.168.9.12    Vlanif91
                    OSPF   10  2    D   192.168.90.254  Vlanif90
                    OSPF   10  2    D   192.168.39.254  Vlanif39
                    OSPF   10  2    D   192.168.37.254  Vlanif37
                    OSPF   10  2    D   10.0.0.10       Vlanif112
                    OSPF   10  2    D   192.168.40.254  Vlanif40
                    OSPF   10  2    D   192.168.38.254  Vlanif38
                    OSPF   10  2    D   192.168.36.254  Vlanif36
 192.168.24.253/32  Direct 0   0    D   127.0.0.1       Vlanif24
   192.168.25.0/24  Direct 0   0    D   192.168.25.253  Vlanif25
 192.168.25.250/32  OSPF   10  2    D   192.168.9.12    Vlanif91
                    OSPF   10  2    D   192.168.90.254  Vlanif90
                    OSPF   10  2    D   192.168.39.254  Vlanif39
                    OSPF   10  2    D   192.168.37.254  Vlanif37
```

```
                   OSPF    10  2      D   10.0.0.10       Vlanif112
                   OSPF    10  2      D   192.168.40.254 Vlanif40
                   OSPF    10  2      D   192.168.38.254 Vlanif38
                   OSPF    10  2      D   192.168.36.254 Vlanif36
192.168.25.253/32  Direct 0    0      D   127.0.0.1       Vlanif25
 192.168.26.0/24   Direct 0    0      D   192.168.26.253 Vlanif26
192.168.26.250/32  OSPF    10  2      D   192.168.9.12    Vlanif91
                   OSPF    10  2      D   192.168.90.254 Vlanif90
                   OSPF    10  2      D   192.168.39.254 Vlanif39
                   OSPF    10  2      D   192.168.37.254 Vlanif37
                   OSPF    10  2      D   10.0.0.10       Vlanif112
                   OSPF    10  2      D   192.168.40.254 Vlanif40
                   OSPF    10  2      D   192.168.38.254 Vlanif38
                   OSPF    10  2      D   192.168.36.254 Vlanif36
192.168.27.253/32  Direct 0    0      D   127.0.0.1       Vlanif27
 192.168.28.0/24   Direct 0    0      D   192.168.28.253 Vlanif28
192.168.28.250/32  OSPF    10  2      D   192.168.9.12    Vlanif91
                   OSPF    10  2      D   192.168.90.254 Vlanif90
                   OSPF    10  2      D   192.168.39.254 Vlanif39
                   OSPF    10  2      D   192.168.37.254 Vlanif37
                   OSPF    10  2      D   10.0.0.10       Vlanif112
                   OSPF    10  2      D   192.168.40.254 Vlanif40
                   OSPF    10  2      D   192.168.38.254 Vlanif38
                   OSPF    10  2      D   192.168.36.254 Vlanif36
192.168.28.253/32  Direct 0    0      D   127.0.0.1       Vlanif28
 192.168.29.0/24   Direct 0    0      D   192.168.29.253 Vlanif29
192.168.29.250/32  OSPF    10  2      D   192.168.9.12    Vlanif91
                   OSPF    10  2      D   192.168.90.254 Vlanif90
                   OSPF    10  2      D   192.168.39.254 Vlanif39
                   OSPF    10  2      D   192.168.37.254 Vlanif37
                   OSPF    10  2      D   10.0.0.10       Vlanif112
                   OSPF    10  2      D   192.168.40.254 Vlanif40
                   OSPF    10  2      D   192.168.38.254 Vlanif38
                   OSPF    10  2      D   192.168.36.254 Vlanif36
192.168.29.253/32  Direct 0    0      D   127.0.0.1       Vlanif29
 192.168.30.0/24   Direct 0    0      D   192.168.30.253 Vlanif30
192.168.30.250/32  OSPF    10  2      D   192.168.9.12    Vlanif91
                   OSPF    10  2      D   192.168.90.254 Vlanif90
                   OSPF    10  2      D   192.168.39.254 Vlanif39
                   OSPF    10  2      D   192.168.37.254 Vlanif37
```

```
                   OSPF   10   2     D    10.0.0.10       Vlanif112
                   OSPF   10   2     D    192.168.40.254  Vlanif40
                   OSPF   10   2     D    192.168.38.254  Vlanif38
                   OSPF   10   2     D    192.168.36.254  Vlanif36
 192.168.30.253/32 Direct 0    0     D    127.0.0.1       Vlanif30
    192.168.3.0/24 Direct 0    0     D    192.168.3.253   Vlanif31
  192.168.3.250/32 OSPF   10   2     D    192.168.9.12    Vlanif91
                   OSPF   10   2     D    192.168.90.254  Vlanif90
                   OSPF   10   2     D    192.168.39.254  Vlanif39
                   OSPF   10   2     D    192.168.37.254  Vlanif37
                   OSPF   10   2     D    10.0.0.10       Vlanif112
                   OSPF   10   2     D    192.168.40.254  Vlanif40
                   OSPF   10   2     D    192.168.38.254  Vlanif38
                   OSPF   10   2     D    192.168.36.254  Vlanif36
  192.168.3.253/32 Direct 0    0     D    127.0.0.1       Vlanif31
   192.168.32.0/24 Direct 0    0     D    192.168.32.253  Vlanif32
 192.168.32.250/32 OSPF   10   2     D    192.168.9.12    Vlanif91
                   OSPF   10   2     D    192.168.90.254  Vlanif90
                   OSPF   10   2     D    192.168.39.254  Vlanif39
                   OSPF   10   2     D    192.168.37.254  Vlanif37
                   OSPF   10   2     D    10.0.0.10       Vlanif112
                   OSPF   10   2     D    192.168.40.254  Vlanif40
                   OSPF   10   2     D    192.168.38.254  Vlanif38
                   OSPF   10   2     D    192.168.36.254  Vlanif36
 192.168.32.253/32 Direct 0    0     D    127.0.0.1       Vlanif32
   192.168.33.0/24 Direct 0    0     D    192.168.33.253  Vlanif33
 192.168.33.250/32 OSPF   10   2     D    192.168.9.12    Vlanif91
                   OSPF   10   2     D    192.168.90.254  Vlanif90
                   OSPF   10   2     D    192.168.39.254  Vlanif39
                   OSPF   10   2     D    192.168.37.254  Vlanif37
                   OSPF   10   2     D    10.0.0.10       Vlanif112
                   OSPF   10   2     D    192.168.40.254  Vlanif40
                   OSPF   10   2     D    192.168.38.254  Vlanif38
                   OSPF   10   2     D    192.168.36.254  Vlanif36
 192.168.33.253/32 Direct 0    0     D    127.0.0.1       Vlanif33
   192.168.34.0/24 Direct 0    0     D    192.168.34.253  Vlanif34
 192.168.34.250/32 OSPF   10   2     D    192.168.9.12    Vlanif91
                   OSPF   10   2     D    192.168.90.254  Vlanif90
                   OSPF   10   2     D    192.168.39.254  Vlanif39
                   OSPF   10   2     D    192.168.37.254  Vlanif37
```

```
                    OSPF   10  2    D  10.0.0.10      Vlanif112
                    OSPF   10  2    D  192.168.40.254 Vlanif40
                    OSPF   10  2    D  192.168.38.254 Vlanif38
                    OSPF   10  2    D  192.168.36.254 Vlanif36
 192.168.34.253/32  Direct 0   0    D  127.0.0.1      Vlanif34
  192.168.35.0/24   Direct 0   0    D  192.168.35.253 Vlanif35
 192.168.35.250/32  OSPF   10  2    D  192.168.9.12   Vlanif91
                    OSPF   10  2    D  192.168.90.254 Vlanif90
                    OSPF   10  2    D  192.168.39.254 Vlanif39
                    OSPF   10  2    D  192.168.37.254 Vlanif37
                    OSPF   10  2    D  10.0.0.10      Vlanif112
                    OSPF   10  2    D  192.168.40.254 Vlanif40
                    OSPF   10  2    D  192.168.38.254 Vlanif38
                    OSPF   10  2    D  192.168.36.254 Vlanif36
 192.168.35.253/32  Direct 0   0    D  127.0.0.1      Vlanif35
  192.168.36.0/24   Direct 0   0    D  192.168.36.253 Vlanif36
 192.168.36.250/32  OSPF   10  2    D  192.168.9.12   Vlanif91
                    OSPF   10  2    D  192.168.90.254 Vlanif90
                    OSPF   10  2    D  192.168.39.254 Vlanif39
                    OSPF   10  2    D  192.168.37.254 Vlanif37
                    OSPF   10  2    D  10.0.0.10      Vlanif112
                    OSPF   10  2    D  192.168.40.254 Vlanif40
                    OSPF   10  2    D  192.168.38.254 Vlanif38
                    OSPF   10  2    D  192.168.36.254 Vlanif36
 192.168.36.253/32  Direct 0   0    D  127.0.0.1      Vlanif36
  192.168.37.0/24   Direct 0   0    D  192.168.37.253 Vlanif37
 192.168.37.250/32  OSPF   10  2    D  192.168.9.12   Vlanif91
                    OSPF   10  2    D  192.168.90.254 Vlanif90
                    OSPF   10  2    D  192.168.39.254 Vlanif39
                    OSPF   10  2    D  192.168.37.254 Vlanif37
                    OSPF   10  2    D  10.0.0.10      Vlanif112
                    OSPF   10  2    D  192.168.40.254 Vlanif40
                    OSPF   10  2    D  192.168.38.254 Vlanif38
                    OSPF   10  2    D  192.168.36.254 Vlanif36
 192.168.37.253/32  Direct 0   0    D  127.0.0.1      Vlanif37
  192.168.38.0/24   Direct 0   0    D  192.168.38.253 Vlanif38
 192.168.38.250/32  OSPF   10  2    D  192.168.9.12   Vlanif91
                    OSPF   10  2    D  192.168.90.254 Vlanif90
                    OSPF   10  2    D  192.168.39.254 Vlanif39
                    OSPF   10  2    D  192.168.37.254 Vlanif37
                    OSPF   10  2    D  10.0.0.10      Vlanif112
```

```
                    OSPF   10   2     D   192.168.40.254 Vlanif40
                    OSPF   10   2     D   192.168.38.254 Vlanif38
                    OSPF   10   2     D   192.168.36.254 Vlanif36
  192.168.38.253/32 Direct 0    0     D   127.0.0.1      Vlanif38
   192.168.39.0/24  Direct 0    0     D   192.168.39.253 Vlanif39
  192.168.39.250/32 OSPF   10   2     D   192.168.9.12   Vlanif91
                    OSPF   10   2     D   192.168.90.254 Vlanif90
                    OSPF   10   2     D   192.168.39.254 Vlanif39
                    OSPF   10   2     D   192.168.37.254 Vlanif37
                    OSPF   10   2     D   10.0.0.10      Vlanif112
                    OSPF   10   2     D   192.168.40.254 Vlanif40
                    OSPF   10   2     D   192.168.38.254 Vlanif38
                    OSPF   10   2     D   192.168.36.254 Vlanif36
  192.168.39.253/32 Direct 0    0     D   127.0.0.1      Vlanif39
   192.168.40.0/24  Direct 0    0     D   192.168.40.253 Vlanif40
  192.168.40.250/32 OSPF   10   2     D   192.168.9.12   Vlanif91
                    OSPF   10   2     D   192.168.90.254 Vlanif90
                    OSPF   10   2     D   192.168.39.254 Vlanif39
                    OSPF   10   2     D   192.168.37.254 Vlanif37
                    OSPF   10   2     D   10.0.0.10      Vlanif112
                    OSPF   10   2     D   192.168.40.254 Vlanif40
                    OSPF   10   2     D   192.168.38.254 Vlanif38
                    OSPF   10   2     D   192.168.36.254 Vlanif36
  192.168.40.253/32 Direct 0    0     D   127.0.0.1      Vlanif40
   192.168.90.0/24  Direct 0    0     D   192.168.90.253 Vlanif90
  192.168.90.250/32 OSPF   10   2     D   192.168.9.12   Vlanif91
                    OSPF   10   2     D   192.168.90.254 Vlanif90
                    OSPF   10   2     D   192.168.39.254 Vlanif39
                    OSPF   10   2     D   192.168.37.254 Vlanif37
                    OSPF   10   2     D   10.0.0.10      Vlanif112
                    OSPF   10   2     D   192.168.40.254 Vlanif40
                    OSPF   10   2     D   192.168.38.254 Vlanif38
                    OSPF   10   2     D   192.168.36.254 Vlanif36
  192.168.90.253/32 Direct 0    0     D   127.0.0.1      Vlanif90
     192.168.9.0/24 Direct 0    0     D   192.168.9.11   Vlanif91
    192.168.9.11/32 Direct 0    0     D   127.0.0.1      Vlanif91
   192.168.9.250/32 OSPF   10   2     D   192.168.9.12   Vlanif91
                    OSPF   10   2     D   192.168.90.254 Vlanif90
                    OSPF   10   2     D   192.168.39.254 Vlanif39
                    OSPF   10   2     D   192.168.37.254 Vlanif37
```

```
OSPF   10  2     D    10.0.0.10      Vlanif112
OSPF   10  2     D    192.168.40.254 Vlanif40
OSPF   10  2     D    192.168.38.254 Vlanif38
OSPF   10  2     D    192.168.36.254 Vlanif36
```

(2) 显示核心 2 的路由表。

核心 2 的路由表与核心 1 基本一致，此处略。

(3) 财务客户机到服务器之间的连通性测试。

```
PC>ping 192.168.90.2

Ping 192.168.90.2: 32 data bytes, Press Ctrl_C to break
From 192.168.90.2: bytes=32 seq=1 ttl=254 time=172 ms
From 192.168.90.2: bytes=32 seq=2 ttl=254 time=125 ms
From 192.168.90.2: bytes=32 seq=3 ttl=254 time=109 ms
From 192.168.90.2: bytes=32 seq=4 ttl=254 time=125 ms
From 192.168.90.2: bytes=32 seq=5 ttl=254 time=109 ms

 --- 192.168.90.2 ping statistics ---
   5 packet(s) transmitted
   5 packet(s) received
   0.00% packet loss
   round-trip min/avg/max = 109/128/172 ms
```

财务部客户机到 WWW 服务器通信正常。

(4) 财务客户机到路由器之间的连通性测试。

```
PC>ping 10.0.0.6

Ping 10.0.0.6: 32 data bytes, Press Ctrl_C to break
From 10.0.0.6: bytes=32 seq=1 ttl=254 time=94 ms
From 10.0.0.6: bytes=32 seq=2 ttl=254 time=156 ms
From 10.0.0.6: bytes=32 seq=3 ttl=254 time=94 ms
From 10.0.0.6: bytes=32 seq=4 ttl=254 time=125 ms
From 10.0.0.6: bytes=32 seq=5 ttl=254 time=93 ms

 --- 10.0.0.6 ping statistics ---
   5 packet(s) transmitted
   5 packet(s) received
   0.00% packet loss
   round-trip min/avg/max = 93/112/156 ms
```

财务部客户机到路由器通信正常。

4. vrrp 测试

首先在客户机上跟踪到服务器之间的路径。

```
traceroute to 192.168.90.2, 8 hops max
(ICMP), press Ctrl +C to stop
1  192.168.9.253   63 ms      62 ms     62 ms
2  192.168.90.2   125 ms     109 ms    141 ms
```

从路径上可以看出，首先到 192.168.9.253 网关，然后到达 192.168.90.2 主机，说明路径是先到核心 1，由核心 1 进行转发。

然后关掉核心 1 的 g0/0/24 端口。

```
[X01-01-S6800-02-GigabitEthernet0/0/24] shutdown
Jan 24 2019 22:26:11-08:00 X01-01-S6800-02 %%01PHY/1/PHY (1) [178]: GigabitEthe
rnet0/0/24: change status to down
```

再一次进行跟踪到服务器之间的路径。

```
PC>tracert 192.168.90.2
traceroute to 192.168.90.2, 8 hops max
(ICMP), press Ctrl +C to stop
1  192.168.9.254   94 ms     93 ms     78 ms
2  192.168.90.2   156 ms    156 ms    109 ms
```

从跟踪路径上可以看出，首先到达 192.168.9.254 网关，然后到达 192.168.90.2 主机，说明路径是先到核心 2，由核心 2 进行转发。

同样可以阻断核心 2 的 g0/0/24 端口进行测试。

5. nat 地址转换测试

为模拟互联网，在路由器上连接一台服务器，地址为 200.200.200.10，进行测试。

（1）用财务部客户机 ping 200.200.200.10 主机。

```
PC>ping 200.200.200.10

Ping 200.200.200.10: 32 data bytes, Press Ctrl_C to break
From 200.200.200.10: bytes=32 seq=1 ttl=253 time=94 ms
From 200.200.200.10: bytes=32 seq=2 ttl=253 time=94 ms
From 200.200.200.10: bytes=32 seq=3 ttl=253 time=94 ms
From 200.200.200.10: bytes=32 seq=4 ttl=253 time=141 ms
From 200.200.200.10: bytes=32 seq=5 ttl=253 time=94 ms

 --- 200.200.200.10 ping statistics ---
    5 packet (s) transmitted
    5 packet (s) received
    0.00% packet loss
    round-trip min/avg/max = 94/103/141 ms
```

（2）在路由器上查看地址转换信息。

```
<router>disp nat session all
```

```
NAT Session Table Information:

    Protocol                 : ICMP (1)
    SrcAddr Vpn              : 192.168.9.252
    DestAddr Vpn             : 200.200.200.10
    Type Code IcmpId         : 0    8    53434
    NAT - Info
      New SrcAddr            : 200.200.200.200
      New DestAddr           : ----
      New IcmpId             : 10250

    Protocol                 : ICMP (1)
    SrcAddr Vpn              : 192.168.9.252
    DestAddr Vpn             : 200.200.200.10
    Type Code IcmpId         : 0    8    53433
    NAT - Info
      New SrcAddr            : 200.200.200.200
      New DestAddr           : ----
      New IcmpId             : 10249

    Protocol                 : ICMP (1)
    SrcAddr Vpn              : 192.168.9.252
    DestAddr Vpn             : 200.200.200.10
    Type Code IcmpId         : 0    8    53432
    NAT - Info
      New SrcAddr            : 200.200.200.200
      New DestAddr           : ----
      New IcmpId             : 10248

    Protocol                 : ICMP (1)
    SrcAddr Vpn              : 192.168.9.252
    DestAddr Vpn             : 200.200.200.10
    Type Code IcmpId         : 0    8    53431
    NAT - Info
      New SrcAddr            : 200.200.200.200
      New DestAddr           : ----
      New IcmpId             : 10247

    Protocol                 : ICMP (1)
    SrcAddr Vpn              : 192.168.9.252
```

```
    DestAddr Vpn                : 200.200.200.10
    Type Code IcmpId            : 0    8    53430
    NAT - Info
      New SrcAddr               : 200.200.200.200
      New DestAddr              : - - - -
      New IcmpId                : 10246
Total : 5
```

可以看到地址转换信息，协议是 ping 用的 ICMP 协议，共 5 个转换包。

知识链接

一、设备的管理模式

设备的管理模式即通过何种方式接入设备进行配置。一般有以下三种管理模式：

1. 超级终端管理模式

将 PC 的 Com 口用配置线与交换机或路由器的 Console 口相连。启动 PC 超级终端程序，打开超级终端对话框，并输入连接的名称。对 PC 的 Com 口进行配置（波特率、数据位、奇偶校验、停止位、流量控制等，一般在设备的铭牌或说明书上有具体参数说明），即可连上设备进行配置与管理，这种方式比较适用于还没有配置 IP 地址的网络设备。

2. Telnet 管理模式

直接运行 Telnet 命令连上设备。如“telnet 192.168.110.1”，其中 192.168.110.1 为设备的 IP 地址。这种方式比较适用于已配置管理 IP 地址且只支持命令行配置方式的网络设备。

3. Web 管理模式

这种管理模式是利用网页的形式来配制和管理交换机。所以只需要打开 IE 浏览器，在地址栏输入设备的管理 IP 即可。菜单式的交换机可以直接利用 Web 管理交换机，同样需要有管理 IP 地址才可以使用这种方式。

二、DHCP 服务

DHCP（dynamic host configuration protocol，动态主机配置协议）通常被应用在大型的局域网络环境中，主要作用是集中地管理、分配 IP 地址，使网络环境中的主机动态地获得 IP 地址、Gateway 地址、DNS 服务器地址等信息，并能够提升地址的使用率。

DHCP 协议采用客户端/服务器模型，主机地址的动态分配任务由网络主机驱动。当 DHCP 服务器接收到来自网络主机申请地址的信息时，才会向网络主机发送相关的地址配置等信息，以实现网络主机地址信息的动态配置。DHCP 具有以下功能：

（1）保证任何 IP 地址在同一时刻只能由一台 DHCP 客户机所使用。

（2）DHCP 应当可以给用户分配永久固定的 IP 地址。

（3）DHCP 应当可以同用其他方法获得 IP 地址的主机共存（如手工配置 IP 地址的主机）。

（4）DHCP 服务器应当向现有的 BOOTP 客户端提供服务，为用户分配永久固定的 IP 地址。

DHCP 协议采用 UDP 作为传输协议，主机发送请求消息到 DHCP 服务器的 67 号端口，DHCP 服务器回应应答消息给主机的 68 号端口。详细的交互过程如图 4－9所示。

图 4－9　DHCP 交互过程

（1）DHCP Client 以广播的方式发出 DHCP Discover 报文。

（2）所有的 DHCP Server 都能够接收到 DHCP Client 发送的 DHCP Discover 报文，所有的 DHCP Server 都会给出响应，向 DHCP Client 发送一个 DHCP Offer 报文。

（3）DHCP Offer 报文中“Your（Client）IP Address”字段就是 DHCP Server 能够提供给 DHCP Client 使用的 IP 地址，且 DHCP Server 会将自己的 IP 地址放在“option”字段中，以便 DHCP Client 区分不同的 DHCP Server。DHCP Server 在发出此报文后会存在一个已分配 IP 地址的记录。

（4）DHCP Client 只能处理其中的一个 DHCP Offer 报文，一般的原则是 DHCP Client 处理最先收到的 DHCP Offer 报文。DHCP Client 会发出一个广播的 DHCP Request 报文，在选项字段中会加入选中的 DHCP Server 的 IP 地址和需要的 IP 地址。

（5）DHCP Server 收到 DHCP Request 报文后，判断选项字段中的 IP 地址是否与自己的地址相同。如果不相同，DHCP Server 不做任何处理，只清除相应 IP 地址分配记录；如果相同，DHCP Server 就会向 DHCP Client 响应一个 DHCP ACK 报文，并在选项字段中增加 IP 地址的使用租期信息。

（6）DHCP Client 接收到 DHCP ACK 报文后，检查 DHCP Server 分配的 IP 地址是否能够使用。如果可以使用，则 DHCP Client 成功获得 IP 地址并根据 IP 地址使用租期自动启动续延过程；如果 DHCP Client 发现分配的 IP 地址已经被使用，则 DHCP Client 向 DHCP Server 发出 DHCP Decline 报文，通知 DHCP Server 禁用这个 IP 地址，然后 DHCP Client 开始新的地址申请过程。

（7）DHCP Client 在成功获取 IP 地址后，随时可以通过发送 DHCP Release 报文释放自己的 IP 地址，DHCP Server 收到 DHCP Release 报文后，会回收相应的 IP 地址并重新分配。

（8）在使用租期超过 50% 时刻处，DHCP Client 会以单播形式向 DHCP Server 发送 DHCP Request 报文来续租 IP 地址。如果 DHCP Client 成功收到 DHCP Server 发送的 DHCP ACK 报文，则按相应时间延长 IP 地址租期；如果没有收到 DHCP Server 发送的 DHCP ACK 报文，则 DHCP Client 继续使用这个 IP 地址。在使用租期超过 87.5% 时刻处，DHCP Client 会以广播形式向 DHCP Server 发送 DHCP Request报文来续租 IP 地址。如果 DHCP Client 成功收到 DHCP Server 发送的 DHCP ACK 报文，则按相应时间延长 IP 地址租期；如果没有收到 DHCP Server 发送的 DHCP ACK 报文，则 DHCP Client 继续使用这个 IP 地址，直到 IP 地址使用租期到期时，DHCP Client 才会向 DHCP Server 发送 DHCP Release 报文来释放这个 IP 地址，并开始新的 IP 地址申请过程。

需要说明的是：DHCP 客户端可以接收到多个 DHCP 服务器的 DHCP OFFER 数据包，然后可能接收任何一个 DHCP OFFER 数据包，但客户端通常只接受收到的第一个 DHCP OFFER 数据包。另外，DHCP 服务器 DHCP OFFER 中指定的地址不一定为最终分配的地址，通常情况下，DHCP 服务器会保留该地址直到客户端发出正式请求。

正式请求 DHCP 服务器分配地址 DHCP REQUEST 采用广播包，是为了让其他所有发送 DHCP OFFER 数据包的 DHCP 服务器也能够接收到该数据包，然后释放已经 OFFER（预分配）给客户端的 IP 地址。

如果发送给 DHCP 客户端的地址已经被其他 DHCP 客户端使用，客户端会向服务器发送 DHCP DECLINE 信息包拒绝接收已经分配的地址信息。

在协商过程中，如果 DHCP 客户端发送的 REQUEST 消息中的地址信息不正确，如客户端已经迁移到新的子网或者租约已经过期，DHCP 服务器会发送 DHCP NAK 消息给 DHCP 客户端，让客户端重新发起地址请求过程。

三、链路聚合与负载均衡

链路聚合（link aggregation），是指将多个物理端口捆绑在一起，成为一个逻辑端口，以实现出/入流量在各成员端口中的负荷分担，交换机根据用户配置的端口负荷分担策略决定报文从哪一个成员端口发送到对端的交换机。当交换机检测到其中一个成员端口的链路发生故障时，就停止在此端口上发送报文，并根据负荷分担策略在剩下链路中重新计算报文发送的端口，故障端口恢复后再次重新计算报文发送端口。链路聚合在增加链路带宽、实现链路传输弹性和冗余等方面是一项很重要的技术。

如果聚合的每个链路都遵循不同的物理路径，则聚合链路也提供冗余和容错。通过聚合调制解调器链路或者数字线路，链路聚合可用于改善对公共网络的访问。链路聚合也可用于企业网络，以便在吉比特以太网交换机之间构建多吉比特的主干链路。

链路聚合有如下优点：

（1）增加网络带宽。链路聚合可以将多个链路捆绑成为一个逻辑链路，捆绑后的链路带宽是每个独立链路的带宽总和。

（2）提高网络连接的可靠性。链路聚合中的多个链路互为备份，当有一条链路断开，流量会自动在剩下链路间重新分配。

链路聚合的方式主要有以下两种：

（1）静态 Trunk。静态 Trunk 将多个物理链路直接加入 Trunk 组，形成一条逻辑链路。

（2）动态 LACP。LACP（link aggregation control protocol，链路聚合控制协议）是一种实现链路动态汇聚的协议。LACP 协议通过 LACPDU（link aggregation control protocol data unit，链路聚合控制协议数据单元）与对端交互信息。

激活某端口的 LACP 协议后，该端口将通过发送 LACPDU 向对端通告自己的系统优先级、系统 MAC 地址、端口优先级和端口号。对端接收到这些信息后，将这些信息与自己的属性比较，选择能够聚合的端口，从而双方可以对端口加入或退出某个动态聚合组达成一致。

链路聚合往往用在两个重要结点或繁忙结点之间，既能增加互联带宽，又提供了连接的可靠性。

四、访问控制列表

1. ACL 简介

访问控制列表（Access Control List，ACL）是由一系列规则组成的集合，ACL 通过这些规则对报文进行分类，从而使设备可以对不同类报文进行不同的处理。

网络中的设备相互通信时，需要保障网络传输的安全可靠和性能稳定。例如：

（1）防止对网络的攻击，例如 IP（Internet Protocol）报文、TCP（Transmission Control Protocol）报文、ICMP（Internet Control Message Protocol）报文的攻击。

（2）对网络访问行为进行控制，例如企业网中内、外网的通信，用户访问特定网络资源的控制，特定时间段内允许对网络的访问。

（3）限制网络流量和提高网络性能，例如限定网络上行、下行流量的带宽，对用户申请的带宽进行收费，保证高带宽网络资源的充分利用。

ACL 有效地解决了上述问题，切实保障了网络传输的稳定性和可靠性。

2. ACL 原理

ACL 负责管理用户配置的所有规则，并提供报文匹配规则的算法。

1）ACL 的规则管理

每个 ACL 作为一个规则组，可以包含多个规则。

规则通过规则 ID（rule－id）来标识，规则 ID 可以由用户进行配置，也可以由系统自动根据步长生成。

一个 ACL 中所有规则均按照规则 ID 从小到大排序。

规则 ID 之间会留下一定的间隔。如果不指定规则 ID 时，具体间隔大小由“ACL 的步长”来设定。

例如步长设定为5，ACL规则ID分配是按照5、10、15……来分配的。如果步长值是2，自动生成的规则ID从2开始。用户可以根据规则ID方便地把新规则插入到规则组的某一位置。

2）ACL的规则匹配

报文到达设备时，设备从报文中提取信息，并将该信息与ACL中的规则进行匹配，只要有一条规则和报文匹配，就停止查找，称为命中规则。查找完所有规则，如果没有符合条件的规则，称为未命中规则。

ACL的规则分为“permit”（允许）规则和“deny”（拒绝）规则。

综上所述，ACL可以将报文分成三类：

- 命中“permit”规则的报文。
- 命中“deny”规则的报文。
- 未命中规则的报文。

3）ACL的实现方式

目前设备支持的ACL有以下两种实现方式。

- 软件ACL：针对与本机交互的报文（必须上送CPU处理的报文），由软件实现来匹配报文的ACL，比如FTP、TFTP、Telnet、SNMP、HTTP、路由协议、组播协议中引用的ACL。
- 硬件ACL：针对所有报文（一般是针对转发的数据报文），通过下发硬件ACL资源来匹配报文的ACL，比如流策略、基于ACL的简化流策略、自反ACL、用户组以及为接口收到的报文添加外层Tag功能中引用的ACL。

软件ACL和硬件ACL的主要区别在于处理不同的报文类型。软件ACL由软件实现，硬件ACL由硬件实现。通过软件ACL匹配报文时，会消耗CPU资源，通过硬件ACL匹配报文时则会占用硬件资源。硬件ACL匹配报文的速度更快。

4）ACL的分类

ACL的类型根据不同的划分规则可以有不同的分类。例如：按照创建ACL时的命名方式分为数字型ACL和命名型ACL。创建ACL时指定一个编号，称为数字型ACL。编号为ACL功能的标示。例如2000~2999为基本ACL，3000~3999为高级ACL，4000~4999为二层ACL等。创建ACL时指定一个名称，称为命名型ACL。

5）ACL的匹配顺序

一个ACL可以由多条“deny | permit”语句组成，每一条语句描述一条规则，这些规则可能存在重复或矛盾的地方（一条规则可以包含另一条规则，但两条规则不可能完全相同）。

华为设备支持两种匹配顺序，即配置顺序（config）和自动排序（auto）。当将一个数据包和访问控制列表的规则进行匹配的时候，由规则的匹配顺序决定规则的优先级，ACL通过设置规则的优先级来处理规则之间重复或矛盾的情形。

配置顺序（默认顺序）：配置顺序按ACL规则ID（rule-id）从小到大的顺序进行匹配。

自动排序：自动排序（auto）使用“深度优先”的原则进行匹配。

“深度优先”即根据规则的精确度排序，匹配条件（如协议类型、源和目的IP地址范围等）限制越严格越精确。例如可以比较地址的通配符，通配符越小，则指定的主机的范围就越小，限制就越严格。

若“深度优先”的顺序相同，则匹配该规则时按rule-id从小到大排列。

通配符掩码与反向掩码类似，以点分十进制表示，并用二进制的“0”表示“匹配”，“1”表示“不关心”，这恰好与子网掩码的表示方法相反，另外，通配符1或者0可以不连续，掩码与反掩码必须连续。

五、网络地址转换

NAT（网络地址转换或网络地址翻译），是指将网络地址从一个地址空间转换为另一个地址空间的行为。

NAT将网络划分为内部网络和外部网络两部分。局域网主机利用NAT访问网络时，是将局域网内部的本地地址转换为了全局地址（互联网合法IP地址）后转发数据包。NAT地址转换表中有四种地址：内部局部地址、内部全局地址、外部局部地址和外部全局地址。这四种类型涵盖了整个IP通信网络中源端网络和目的端网络的地址。前两种反映了源端网络的IP地址的映射关系，后两种反映了目标端网络的IP地址的映射关系。

- 内部局部地址（inside local address）：配给内部网络计算机的内部IP地址，通常为私有地址。
- 内部全局地址（inside global address）：是内部网络对外的合法地址，即内部私有地址要转换的目标地址。
- 外部局部地址（outside local address）：是目标网络内部的私有IP地址。
- 外部全局地址（outside global address）：是目标网络内部对外的合法的IP地址。

NAT设备至少要有一个内部端口（inside）和一个外部端口（outside）。前者连接内部网络，后者连接外部网络或Internet。在配置NAT路由器时需要指定NAT设备端口，具体如下：

- 指定内部端口：在端口状态下输入ip nat inside。
- 指定外部端口：在端口状态下输入ip nat outside。

NAT类型可以分为三类：

（1）静态地址转换（static NAT）。其特点是：IP地址具有一对一的固定对应关系，对外提供特定服务的服务器，如FTP、Web、DNS、邮件服务器等可以采用此类。格式如下：

ip nat inside source static <内部局部地址> <内部全局地址>

指定内部端口和外部端口：

int <端口>

ip nat inside | outside

（2）动态地址转换（pooled NAT）。其特点是：增加了一个内部地址池，在地址池中动态选择一个未使用的IP地址与内部局部地址进行转换，当地址池中内部全局IP地址使用完毕，后续的NAT申请将失败。动态地址转换适用于申请得到较多合法地址的场合。格式如下：

```
access-list <标号> permit <源地址> <通配符>
ip nat pool <地址池名称> <起始IP> <终止IP> <子网掩码>
ip nat inside source list <访问列表标号> pool <地址池名称>
```

指定内部端口和外部端口：

```
int <端口>
ip nat inside | outside
```

（3）网络端口地址转换（NAPT）。其特点是：将多个内部局部地址映射为一个内部全局地址，以不同的协议端口号与不同的内部地址相对应。也就是<内部地址+内部端口>与<外部地址+外部端口>之间的转换。NAPT普遍用于接入设备中，它可以将中小型的网络隐藏在一个合法的IP地址后面。NAPT也被称为“多对一”的NAT，或者叫PAT（port address translations，端口地址转换）、地址超载（address overloading）。格式如下：

```
ip nat inside source static tcp <内部局部地址> <端口号> <内部全局地址> <端口号>
```

指定内部端口和外部端口：

```
int <端口>
ip nat inside | outside
```

练习

（1）完成本任务中的设备配置；进一步思考如何配置才能进一步加强安全性和网络的健壮性。

（2）根据“案例说明”第3点（本课程运用到的扩展作业企业网依据）中的企业描述，针对汇源服饰厂的情况进行设备配置。

任务六　利用华为 eSight 网管平台管理网络

任务描述

网络建设完成后需要对网络进行管理和维护，网络设备管理支持将网络设备（交换机、路由器、防火墙、WLAN设备等）接入华为eSight网管平台。eSight对已接入的设备提供告警、拓扑、性能等基本管理功能，并通过大屏、报表对设备进行可视化监控。网络设备管理实现对网络资源进行统一管理，使运维人员掌握网络设备的信息监控，掌握设备的运行状态、健康状况，提前发现网络问题。本任务通过华为网管平台eSight实现网络管理工作，并根据管理需求的安全要求，采用SNMP v3协议实现管理通信工作。

任务目标

（1）能在教师的指导下完成网络管理：

①配置网络管理平台模拟环境。

②网络设备的基本配置：网络设备端 SNMP 参数配置、用户参数配置。

③网络管理 eSight 平台端协议模板配置。

④网络管理 eSight 平台端链路管理、系统管理、设备管理、性能管理、故障管理。

（2）培养学生责任意识、安全意识和严谨细致的工作精神。

任务实施

一、配置网络管理平台模拟环境

本任务网络环境采用华为的 Ensp 模拟器，网络管理平台采用 eSight 实现。在 VMware workstation 中创建 Windows Server 2019 虚拟机作为安装 eSight 网管平台的虚拟机，并通过 vmnet1 进行桥接与 Ensp 模拟器设备连通，实现对网络环境进行管理。

1. eSight 网管平台网络配置

在 VMware workstation 中安装 Windows Server 2019 虚拟机，设置该虚拟机的网卡为“仅主机模式”，如图 4－10 所示。

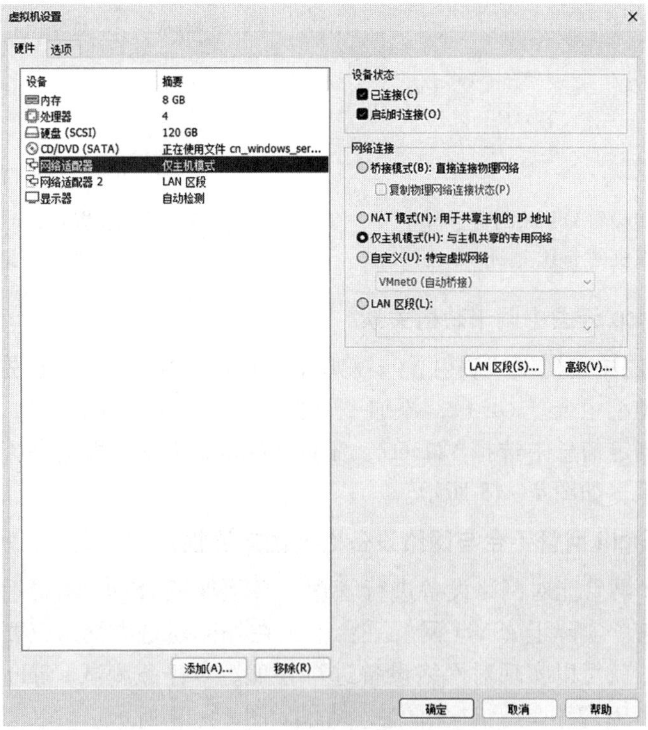

图 4－10　设置 eSight 网管平台虚拟机网卡

2. 配置 Windows Server 2019 虚拟机网卡地址

在 VMware workstation 中安装好 Windows Server 2019 虚拟机后对网卡的 IP 地址进行设置。根据逻辑规划设计，网管的计算机 IP 地址为 192.168.90.126，将该网卡的地址设置为 192.168.90.126，掩码设置为 255.255.255.0，网关设置为 192.168.90.254，设置的结果如图 4-11 所示。

3. 设置 VMware 的 vmnet1 网卡地址

设置 vmnet1 网卡地址，该地址设置为与网管同一个网段，本任务设置该地址为 192.168.90.127，掩码设置为 255.255.255.0，网关设置为 192.168.90.254。设置的结果如图 4-12 所示。

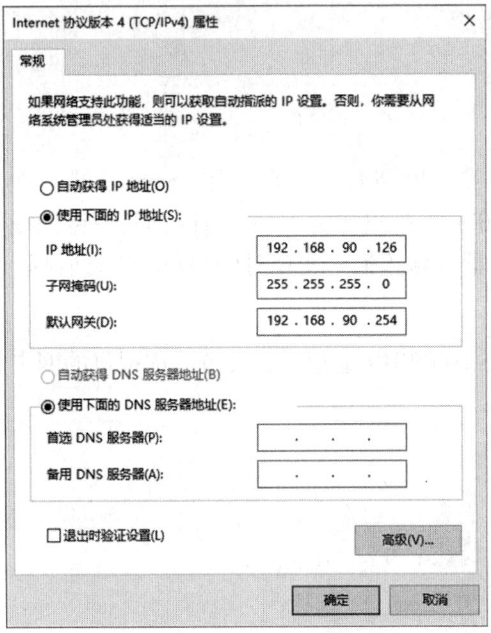

图 4-11　设置 eSight 网管平台虚拟机网卡 IP 地址

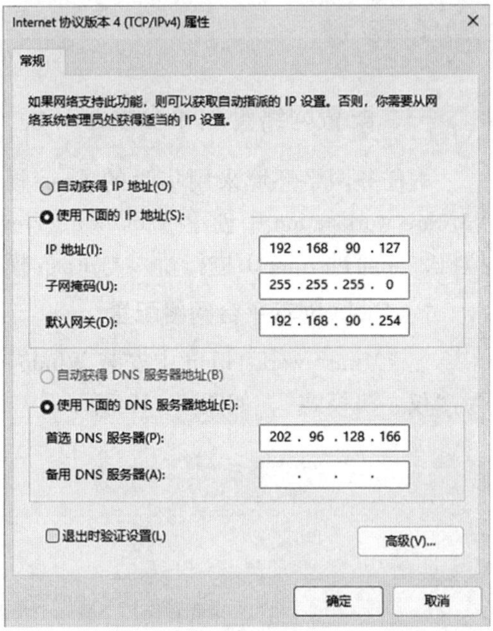

图 4-12　设置 eSight 网管平台虚拟机网卡 IP 地址

4. 设置 Ensp 云图中网卡映射关系

在 Ensp 云图中创建端口映射，与 VMware vmnet1 网卡绑定。首先添加一个 UDP 端口，在端口类型中选择 GE 口，添加一个绑定信息为 UDP 的端口，然后添加 VMnet1 端口，在绑定信息中选择 VMnet1，添加 VMnet1 端口。添加完端口后对 2 个端口建立映射关系，如图 4-13 所示。

5. 测试 eSight 网管平台与网络设备之间的连通性

要想 eSight 网管能对网络设备进行管理，必须保证 eSight 网管平台与网络中的设备能正常通信。实际上 eSight 网管平台不论在外网还是内网，只要能与被管理的设备正常通信，就可以实现对网络设备进行管理。本任务测试 eSight 网管平台到网络设备 192.168.91.250 地址的连通性，结果如图 4-14 所示。

图 4－13　创建 VMnet1 端口映射

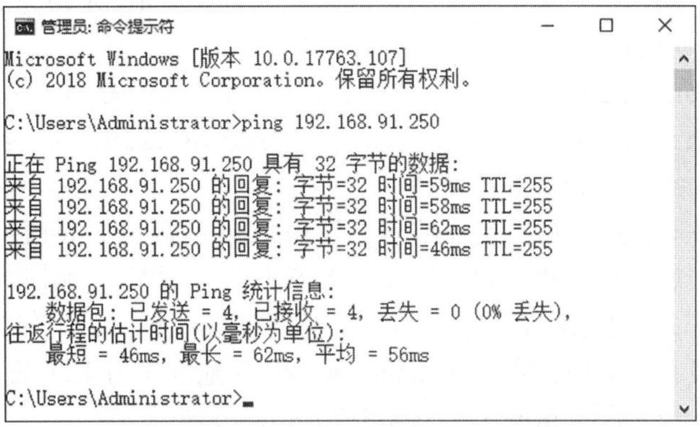

图 4－14　eSight 网管平台与网络设备之间的连通性测试

二、配置网络设备端 SNMP 参数

为实现网络管理平台能对网络设备进行管理，需要在网络设备上配置 SNMP 协议相关参数，例如启用的 SNMP 协议版本配置 MIB 视图，设置用户及用户组，设置用户组的安全级别、写视图和通知视图名称，设置用户的认证和加密秘钥，设置 SNMP 协议源接口以及置接收 Trap 消息的目的地址信息等。华为的不同网络设备及不同版本 SNMP 协议配置命令稍有差别，配置时可以使用问号（?）协助进行配置，下面以路由器、交换机、无线控制器（AC）为例说明 SNMP 协议配置。

1. 配置路由器的 SNMP 协议参数

（1）进入系统视图配置 SNMP 协议版本。

SNMP v3 版本具有丰富的安全特性，eSight 默认支持 SNMP v3 版本，本任务采用 SNMP v3 版本配置。

```
snmp - agent
snmp - agent sys - info version v3
```

（2）配置 MIB 视图名称并包含 iso。

为了保证能正常管理设备，例如通过 LLDP 协议发现设备链路，MIB 视图需要包含 iso 节点。此命令配置 MIB 视图名称为 View_ ALL，并包含 iso 节点。

```
snmp - agent mib - view View_ ALL include iso
```

（3）配置用户组读写视图和通知视图。

配置 SNMPv3group 用户组，并设置安全级别为 privacy。snmpv3group 为设置的用户组，指定写视图名和通知视图名为 View_ ALL。写视图默认具有读权限，因此不需要设置 read - view，通知视图用于限制设备向 eSight 发送告警的 MIB 节点。

```
snmp - agent group v3 SNMPv3group privacy write - view View_
ALL notify - view View_ ALL
```

（4）配置用户认证密码和加密秘钥。

snmpv3user 为设置的用户名，与 eSight 上配置的 SNMP 参数用户名保持一致。用户的安全级别不能低于所在用户组的安全级别，否则无法正常通信。例如设置用户组 snmpv3group 安全级别为 privacy，则所属用户 snmpv3user 的安全级别必须为认证且加密。该命令配置 SNMPv3user 用户的认证方式为 sha，秘钥为 Peizer_ 123，加密方式为 aes128，秘钥为 Peizer123。

```
snmp - agent usm - user v3 SNMPv3user SNMPv3group authentica-
tion - mode sha Peizer_ 123 privacy - mode aes128 Peizer123
```

（5）配置设备发送 Trap 的源接口。

指定发送 Trap 的源接口类型和编号，发送 Trap 的源接口必须是已经配置了 IP 地址的接口，系统将指定该接口的 IP 地址为 Trap 报文的源 IP 地址。配置的 Trap 报文的源接口和 eSight 配置的发送报文的接口需要保持一致，否则 eSight 无法接收设备发送的 Trap 报文。例如，将 gigabitethernet 1/0/0 地址作为 Trap 报文的源地址。

```
snmp - agent trap source gigabitethernet 1/0/0
```

（6）配置 trap 目标主机。

配置 trap 主机的主机名称、IP 地址、端口号及用户参数。

```
snmp - agent target - host trap - hostname WIN - 9T556JAFNIJ ad-
dress 10.0.10.110 udp - port 162 trap - paramsname SNMPv3user
snmp - agent target - host trap - paramsname SNMPv3ser v3 secu-
rityname SNMPv3user privacy
```

（7）配置主机允许 trap 和通知。

打开网络设备的 SNMP trap 和通知，命令运行后，在界面提示信息中输入 “Y”。

```
snmp - agent trap enable
```

2. 配置交换机的 SNMP 协议参数

配置交换机的 SNMP 协议参数与路由器的配置方法一样，但是不同的交换机支持的加密方式不同，配置时要注意，可以在输入命令时用问号查看。例如下面命令中用的是 des56 加密方式。

```
snmp-agent
snmp-agent sys-info version v3
snmp-agent mib-view included View_ALL iso
snmp-agent group v3 SNMPv3group privacy read-view View_ALL write-view View_ALL notify-view View_ALL
snmp-agent target-host trap address udp-domain 10.0.10.110 params securityname SNMPv3user v3 privacy
snmp-agent usm-user v3 SNMPv3user SNMPv3group authentication-mode sha Peizer_123 privacy-mode des56 Peizer123
snmp-agent trap enable
```

3. 配置 AC 的 SNMP 协议参数

配置 AC 的 SNMP 协议参数与路由器的配置方法一样，但是配置用户认证密码和加密秘钥不同，例如：

```
snmp-agent
snmp-agent sys-info version v3
snmp-agent mib-view included View_ALL iso
snmp-agent group v3 SNMPv3group privacy read-view View_ALL write-view View_ALL notify-view View_ALL
snmp-agent usm-user v3 SNMPv3user authentication-mode sha
```

第一次输入密码：Peizer_ 123。

第二次输入密码：Peizer_ 123。

```
snmp-agent usm-user v3 SNMPv3user privacy-mode aes128
```

第一次输入密码：Peizer123

第二次输入密码：Peizer123

```
snmp-agent trap enable
```

三、将网络设备加入到 eSight 网管平台

在保证 eSight 网管平台与网络设备连通性的基础上，配置完网络设备侧的 SNMP 协议参数后，就可以将网络设备加入到 eSight 网管平台，实现 eSight 网管平台对网络设备的管理。网络设备加入到 eSight 网管平台可以通过单个添加设备、批量导入设备和自动发现设备三种方式。

下面采用手动填写 SNMP 参数、利用 SNMP 协议模板方式添加单个设备、利用 SNMP 协议模板自动发现设备方式添加设备。

1. 采用手动填写 SNMP 参数添加网络单个设备

打开浏览器，输入 eSight 网管平台的 IP 地址和端口号（本任务地址是 192.168.90.126：8080）进入 eSight 网管平台，单击“资源”→“单个添加”，进入添加单个设备界面。在 IP 地址栏中输入网络设备的地址（本任务以 192.168.91.22 地址为例）；在 SNMP 协议处选择“手动编辑 SNMP 参数”，在参数

列表中“安全名”处填入 SNMPv3user；“鉴权协议”默认 HMAC_ SHA，对应认证密码输入 Peizer_ 123；“私有协议”选择 CBC_ DES，对应加密密码输入 Peizer123，然后在该页面的左下角单击“确定”按钮，出现添加成功提示框，如图 4 – 15 所示。

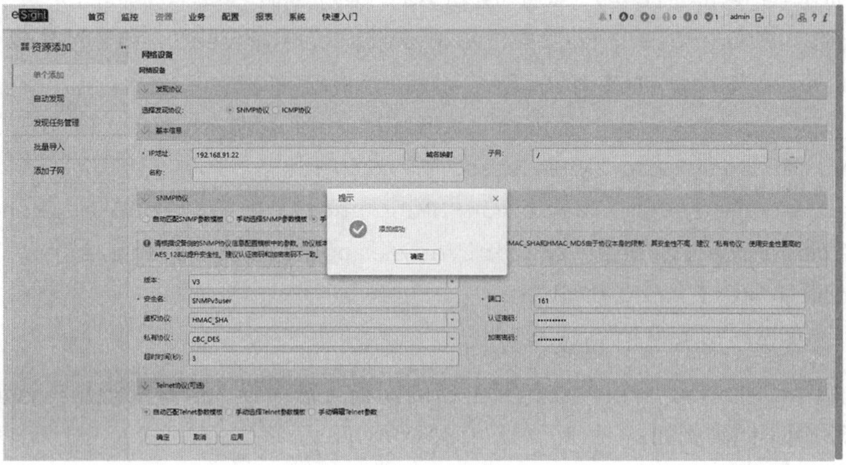

图 4 – 15　手动输入 SNMP 参数添加单个设备

2. 采用 SNMP 协议模板添加网络单个设备

采用 SNMP 协议模板添加网络设备，需要先创建 SNMP 协议模板，然后添加设备。

（1）创建 SNMP 协议模板。

单击“资源”→“资源管理”→“协议模板”，在左侧导航栏中选择“SNMP 协议模板”，单击“创建”按钮，弹出创建窗口，输入模板名称、参数类型、鉴权协议、认证密码、私有协议、加密密码、用户名，如图 4 – 16 所示，最后单击“确定”按钮。

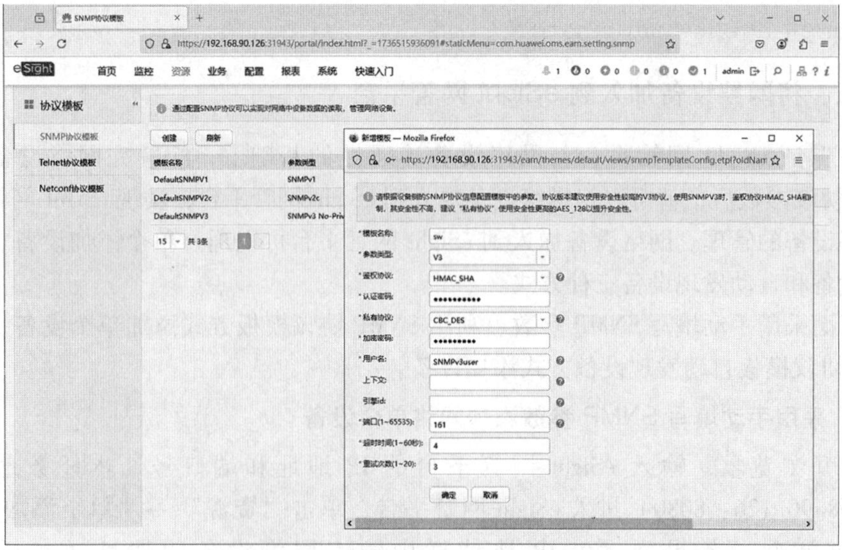

图 4 – 16　创建 SNMP 协议模板

（2）添加设备。

单击“资源”→“单个添加”进入添加单个设备界面。在 IP 地址栏中输入网络设备的地址（本任务以 192. 168. 91. 23 地址为例）；在 SNMP 协议处选择“手动选择 SNMP 参数模板”，然后选择 sw 协议模板，单击“确定”按钮，添加设备成功，如图 4－17 所示。

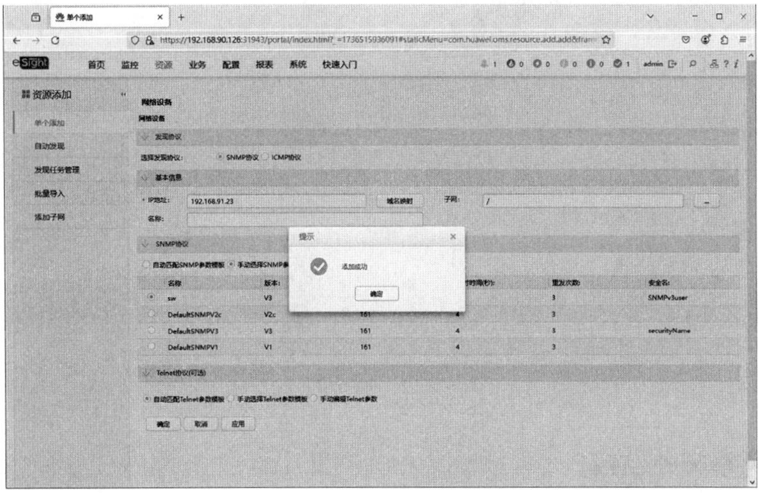

图 4－17　利用 SNMP 协议模板添加单个设备

3. 采用自动发现方式添加设备

单击“资源”→“自动发现”进入添加设备界面。在 IP 地址栏中输入网络设备的地址（本任务以 192. 168. 91. 221 ~ 192. 168. 91. 253 地址为例）；在 SNMP 协议处选择“sw”协议模板，然后单击页面左下角的“自动发现”按钮，如图 4－18 所示。经过一段时间后，会将搜索到的设备添加到网管中，如图 4－19 所示。运用以上方法可以将所有的网络设备添加到网管中。

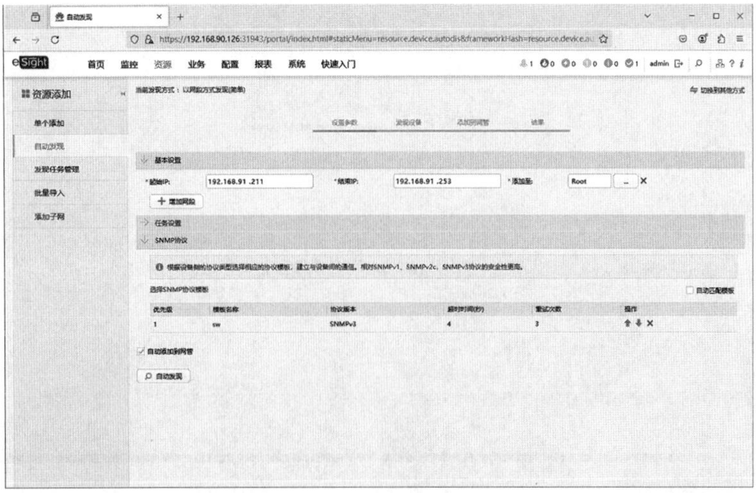

图 4－18　自动发现设备

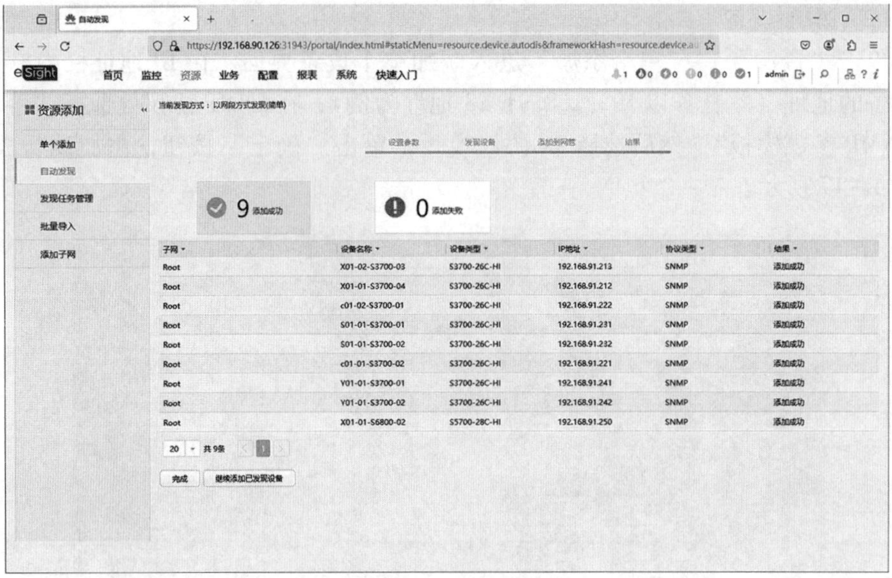

图 4－19　设备列表

四、网络拓扑监控

网络设备加入到 eSight 网管平台后，设备侧执行链路发现命令（lldp enable），可以通过"监控"→"拓扑管理"查看网络拓扑情况和管理拓扑，可以根据自己的喜好展示拓扑图。例如图 4－20 所示，是采用树状错开的拓扑排序方式全屏显示的网络拓扑结构。还可以通过"监控"→"IP 拓扑管理"查看网络拓扑情况和管理拓扑，例如图 4－21 所示，是采用对称的拓扑排序方式全屏显示的网络拓扑结构。

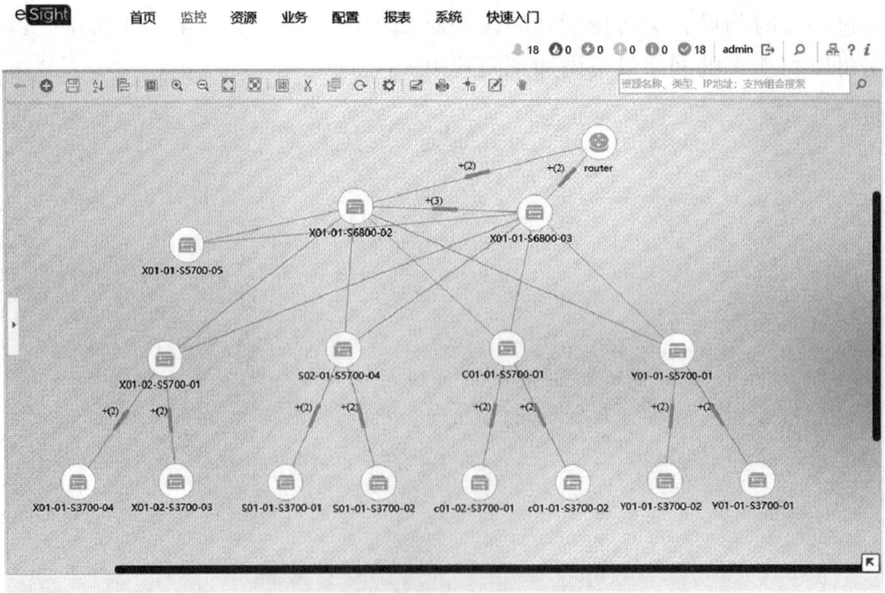

图 4－20　树状错开的拓扑排序方式显示网络拓扑

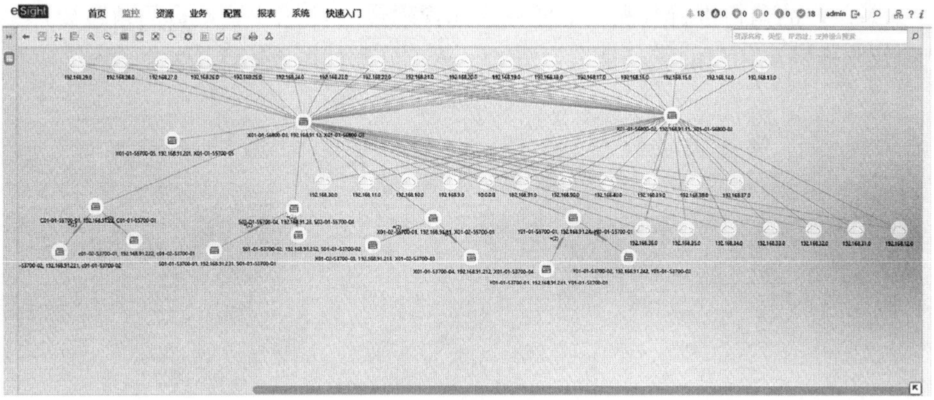

图 4 – 21　对称的拓扑排序方式全屏显示的网络拓扑

五、网络系统管理

eSight 网管平台网络系统管理可以实现安全管理、日志管理、消息管理、配置项管理、证书管理、南北向接口管理等工作，本任务以用户安全管理、日志管理、消息管理为例说明系统管理。

1. 用户安全管理

安全管理包括用户管理和用户策略等功能。通过安全管理的相关功能，可以有效避免非法用户对系统的入侵，保证系统的数据安全性。安全管理功能支持管理用户的权限、认证方式、会话、用户策略等，以保障用户在自己的权限内使用系统和管理对象。eSight 网管平台提供用户、角色、账号策略、密码策略、登录 IP 地址控制、登录时间控制、查看在线用户等设置。

（1）创建用户。用户是使用者在系统中的标识，包括用户名、密码和权限等属性。

①进入 eSight 网管平台，单击“系统”→“用户管理”，进入用户管理页面，在左侧的导航条中可以进入创建用户的页面，本任务创建“peizer_ user”用户，如图 4 – 22 所示，输入用户名、密码、手机、邮箱等信息，单击“下一步”按钮。

图 4 – 22　创建用户

②对用户的角色进行分配，本任务选择管理员（注意，管理员的角色要谨慎使用），权限能满足用户的需求是最合适的。角色分配如图 4－23 所示。

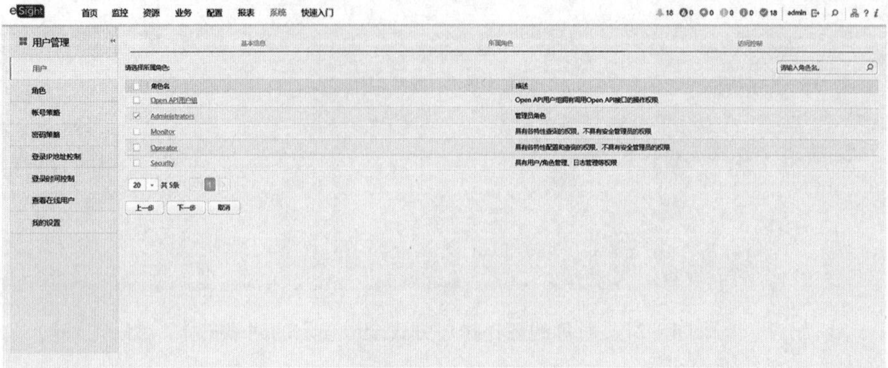

图 4－23　角色分配

③用户的角色分配完成后对用户的访问控制策略进行设置，如图 4－24 所示，最后单击“完成”按钮。

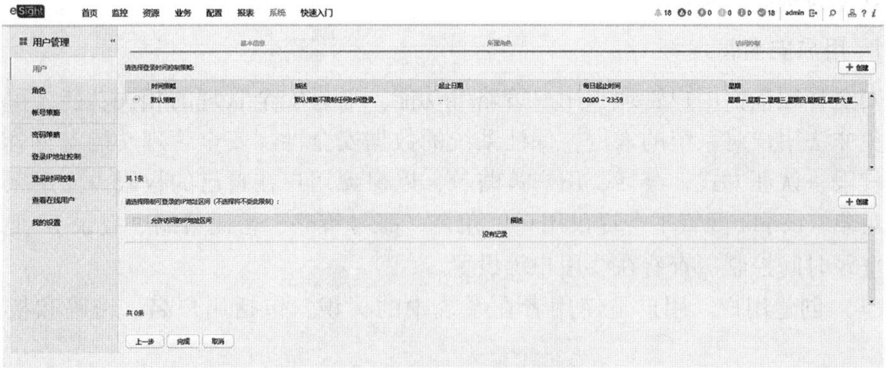

图 4－24　访问策略设置

（2）创建用户角色。角色是操作权限和管理对象的集合。角色中所包含的用户具有该角色的所有操作权限。通过将用户加入到角色中为用户实现快速授权，使权限管理更加合理和方便。

①进入 eSight 网管平台，单击“系统”→“用户管理”进入用户管理页面，在左侧的导航条中可以进入创建用户角色的页面，本任务创建“peizer”角色，实现对网络设备配置和性能管理工作。图 4－25 所示为输入角色的名称及说明信息。

②单击“下一步”按钮后，单击“增加”按钮，弹出“选择管理对象”对话框，根据需要选择需要管理的设备，如图 4－26 所示。

③单击“下一步”按钮后，选择操作，单击“增加”按钮，弹出“选择操作”对话框，根据需要选择需要管理设备的具体业务，如图 4－27 所示。

④单击“下一步”按钮后，出现完成界面，如图 4－28 所示。

⑤单击“完成”按钮后，在角色的列表中可以看到所创建的 peizer 角色，如图 4－29所示。

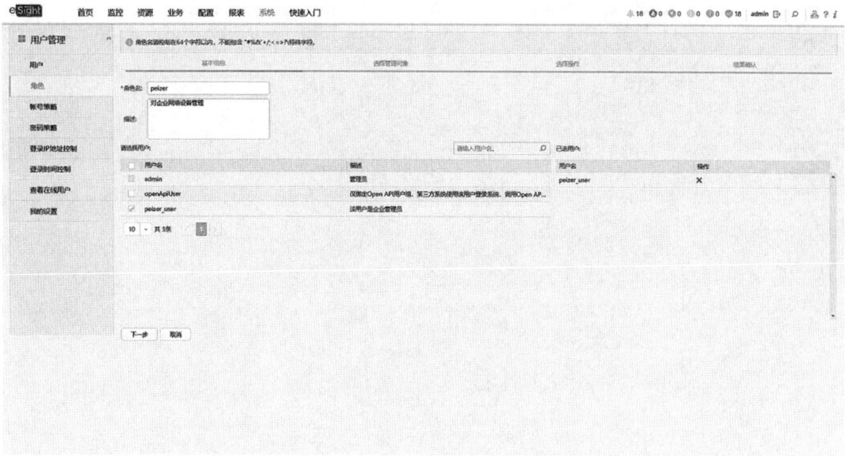

图 4－25　填写创建用户角色名称和说明

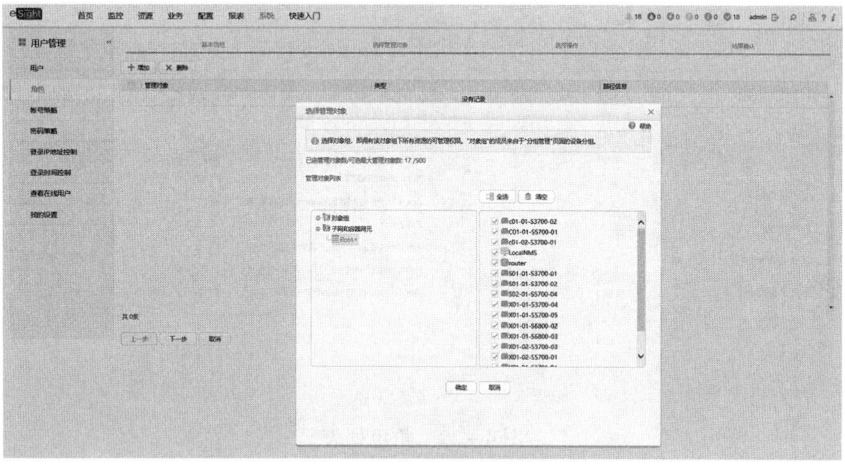

图 4－26　选择管理对象

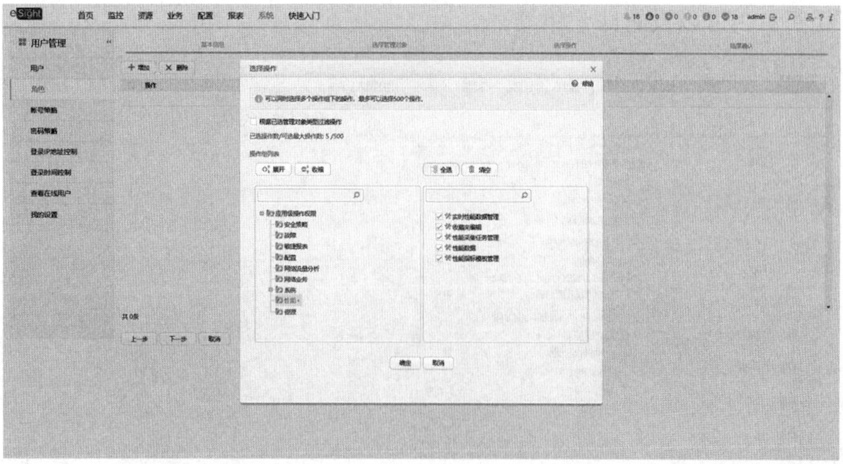

图 4－27　选择操作

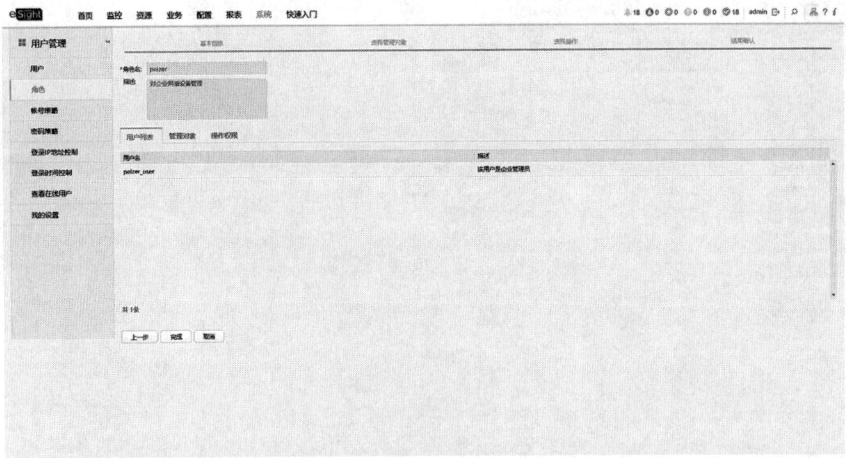

图 4-28　创建角色完成

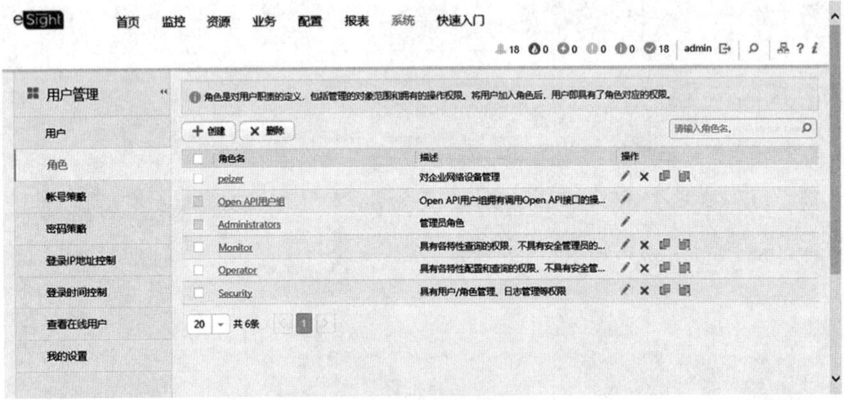

图 4-29　角色列表

（3）创建账户策略和密码策略。进入 eSight 网管平台，单击“系统”→“用户管理”，进入用户管理页面，在左侧的导航条中可以进入创建账户策略的页面，如图 4-30 所示，可以设置账户策略。

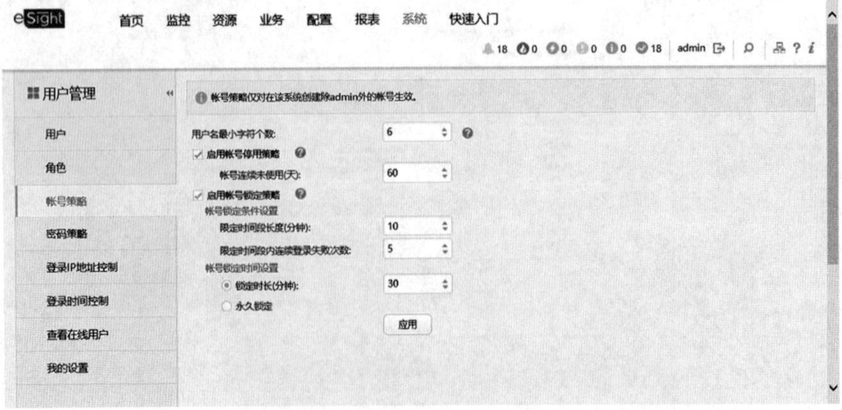

图 4-30　设置账户策略

在左侧的导航条中单击密码策略进入创建密码策略的页面，如图 4－31 所示，可以设置密码策略。

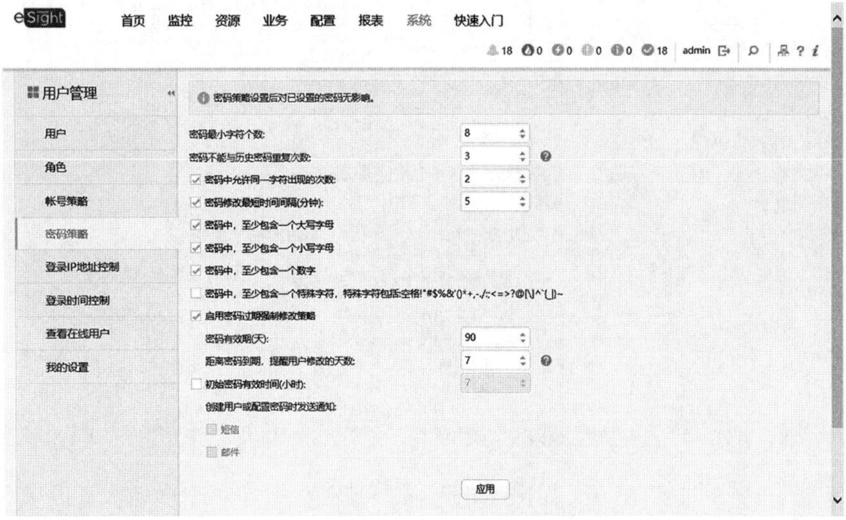

图 4－31　设置密码策略

另外，在该导航页面中可以设置登录 IP 地址控制、登录时间控制、查看在线用户等策略。

2. 日志管理

日志管理用于存储和管理安全日志、系统日志和操作日志三种类型的日志。日志可以存储在数据库中或转储在服务器的硬盘中。用户通过查看并分析日志可以发现安全风险、排除故障和了解用户在系统上执行的操作并保证操作的可追溯性。

（1）查询日志。查看“安全日志”，单击“系统”→“日志管理”，在导航条中单击“安全日志”，可以查看安全日志，如图 4－32 所示。

图 4－32　安全日志

单击“系统日志”，可以查看系统日志，如图4－33所示。

图4－33　系统日志

单击“操作日志”，可以查看操作日志，如图4－34所示。

图4－34　操作日志

（2）转储和导出日志。对安全日志、系统日志和操作日志均可以转储和导出，图4－35是操作日志转储和导出界面。

3. 远程通知消息管理

远程通知是一种可以远程发送消息的功能。通过远程通知，运维人员可以设置短信网关、企业微信、短信猫或邮箱服务器的通信参数，使系统具备自动和手动发送短消息、微信和邮件的能力。运维人员还可以设置短消息、微信或邮件所要发送的目标用户、内容模板等，也可以查看和导出远程通知日志。

（1）通知用户设置。设置远程通知，单击“系统”→“通知用户设置”，进入通知用户设置，可以设置用户和用户组通知，图4－36和图4－37分别是通知用户设置和通知用户组设置。

图 4－35　操作日志转储和导出

图 4－36　通知用户设置

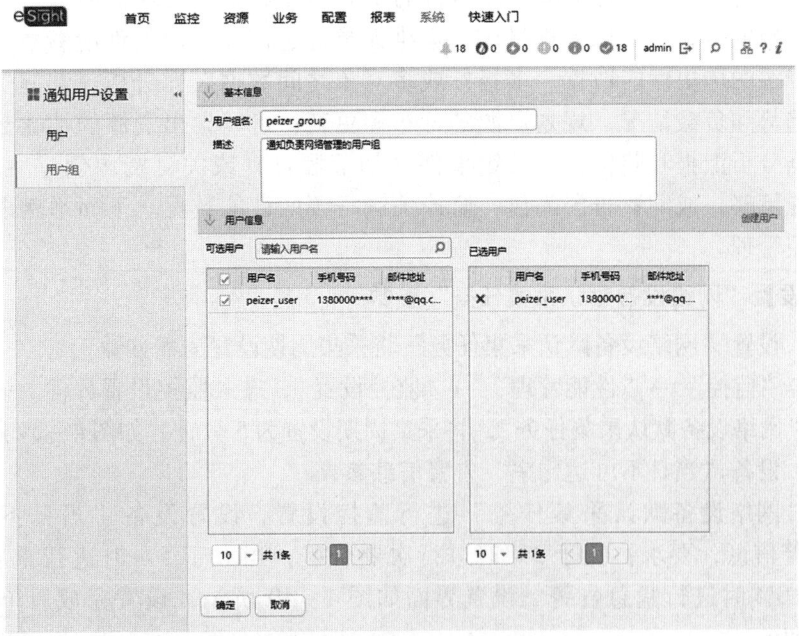

图 4－37　通知用户组设置

（2）通知服务器设置。设置远程通知，单击“系统”→“通知服务器设置”，进入通知服务器设置，可以根据需要设置短信网关、企业微信、短信猫或邮箱服务器的通信参数，图 4－38 所示为通知服务器设置。

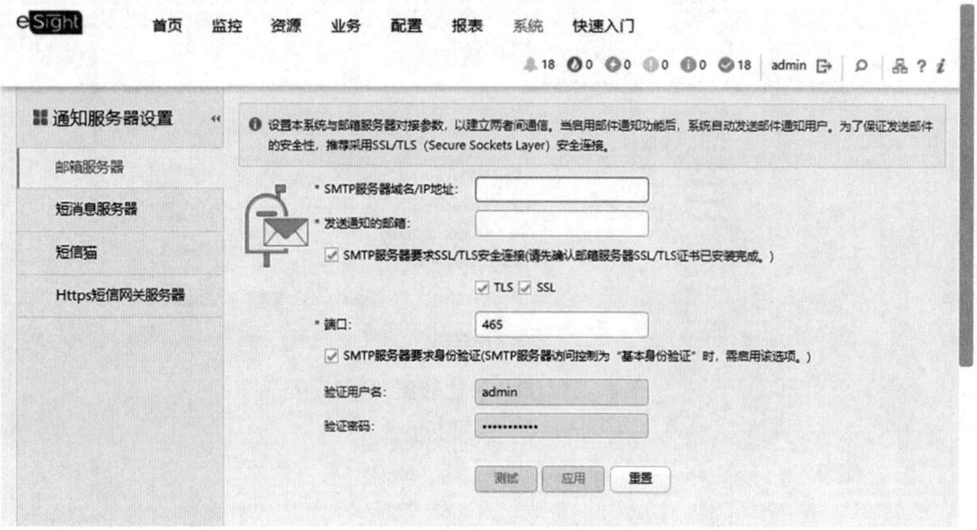

图 4－38　通知服务器设置

六、网络性能监控管理

性能监控通过采集资源的性能数据并对性能数据进行汇聚分析，帮助管理员了解资源运行的健康状态和性能变化趋势。性能监控采集资源（如服务器、网络设备、存储设备、微波设备等）的性能数据（如 CPU 占用率、内存使用率等），运维人员通过 eSight 查看全网资源运行的实时性能数据，发现性能数据异常或性能阈值告警的设备，采取处理措施。运维人员通过监控资源的性能参数，可以定期查看资源的历史性能数据，多指标或多对象之间数据对比分析，掌握资源的性能变化趋势和负载情况，规划资源的分布和更新；可以导出资源的性能数据进行业务数据分析汇报和归档；为关键事件（如节假日）或关键资源创建性能分组、配置性能策略，或配置告警阈值，监控关键资源的性能数据。下面举例说明网络性能监控管理。

1. 设置“网络设备默认采集任务”参数

（1）设置“网络设备默认采集任务”将采集周期设置为 5 分钟。

单击“监控”→“性能管理”→“监控设置”，进入监控设置界面，设置任务名称为“网络设备默认采集任务”，将采集周期设置为 5 分钟，如图 4－39 所示。

（2）设备“当日不可达比率”告警信息参数。

对“网络设备默认采集任务”进行监控设置，设置设备“当日不可达比率”告警信息，要求：大于 3% 时进行次要告警；当大于 5% 时进行重要告警；当大于 10% 时进行紧急告警。设置界面如图 4－40 所示，设置完成后单击“确定”按钮。

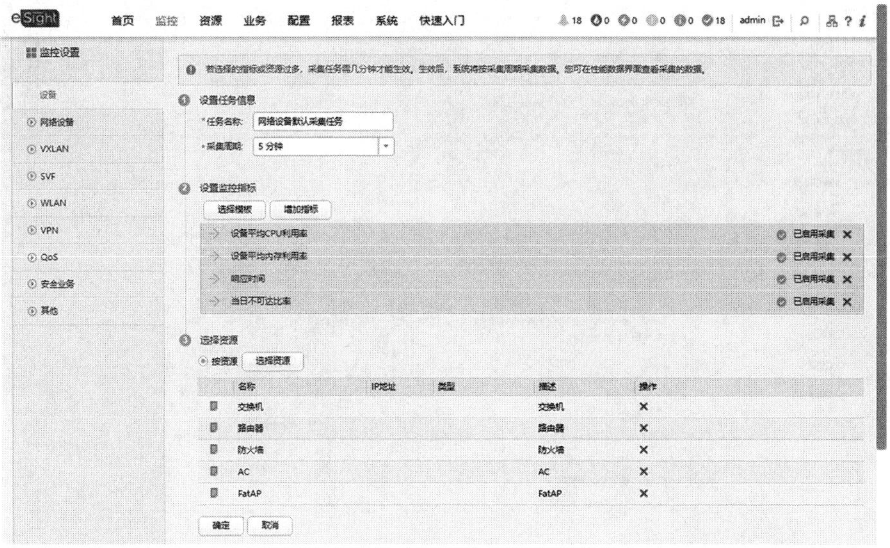

图 4－39　修改“网络设备默认采集任务”采集周期参数

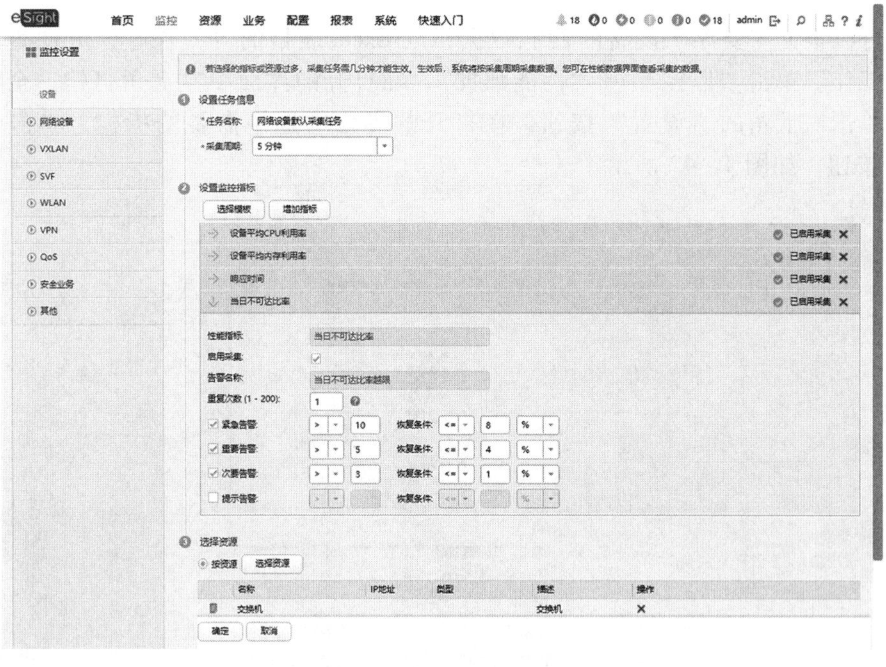

图 4－40　设置设备“当日不可达比率”告警信息参数

2. 查看交换机当日不可达信息

查看 X01－01－S6800－03 交换机当日不可达信息。单击“资源”→“网络设备”，在设备列表中单击 X01－01－S6800－03 交换机，在左侧导航条中选择“性能状态”，单击“当日不可达比率”，可以看到 X01－01－S6800－03 交换机“当日不可达比率”性能信息，具体如图 4－41 所示。同样方法可以查看网络中其他设备需要查看的性能参数，例如设备的 CPU 利用率、IP 转发率等。

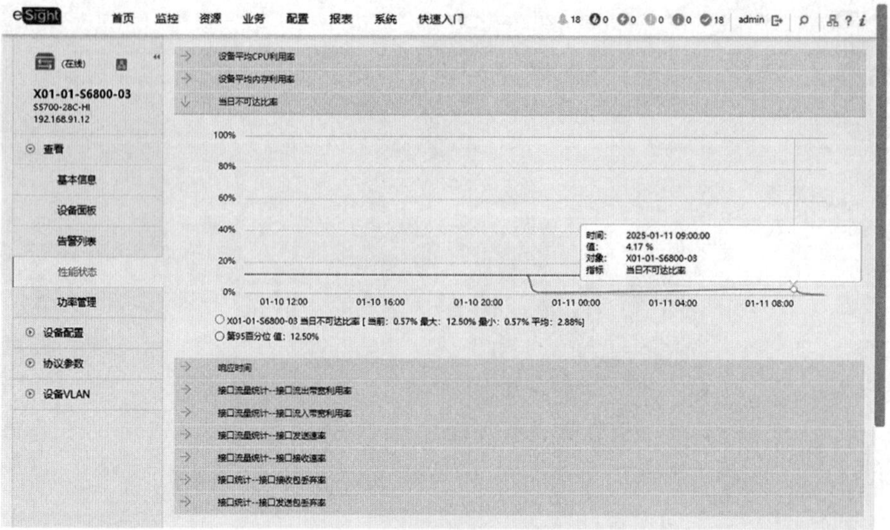

图 4－41　查看设备当日不可达比率信息

3. 导出性能数据

可以根据需要导出设备的性能数据，以 Excel 表格的方式保存，方便查看和汇报工作。单击“监控”→“性能数据”，在打开的界面中左上角打钩，全部选中，单击右上角的“设置”按钮，在打开的界面中选中需要的指标，单击“导出”按钮，如图 4－42 所示。

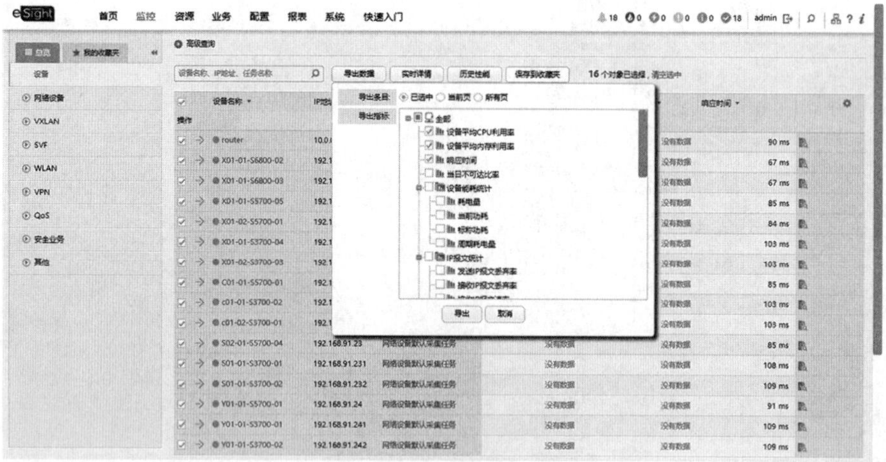

图 4－42　导出性能数据

七、网络故障告警管理

运维人员通过告警管理对系统自身或管理对象上报的告警或事件进行监控和管理。告警管理提供了丰富的监控和处理规则，还可以将故障通知给运维人员，帮助高效监控、快速定位和处理网络故障，从而保证业务正常运行。下面以典型的告警事件说明告警管理。

1. 过滤告警事件

下面通过停止 X01－01－S6800－02 交换机工作的方式模拟设备故障，等待几分钟后，单击“监控”→“当前告警”→“定制过滤条件”，单击“告警源类型”，在弹出的窗口中选择交换机 X01－01－S6800－02 后单击“过滤”，则出现图 4－43 所示界面。发现 X01－01－S6800－02 设备通信异常的重要告警、链路断开的紧急告警等信息。

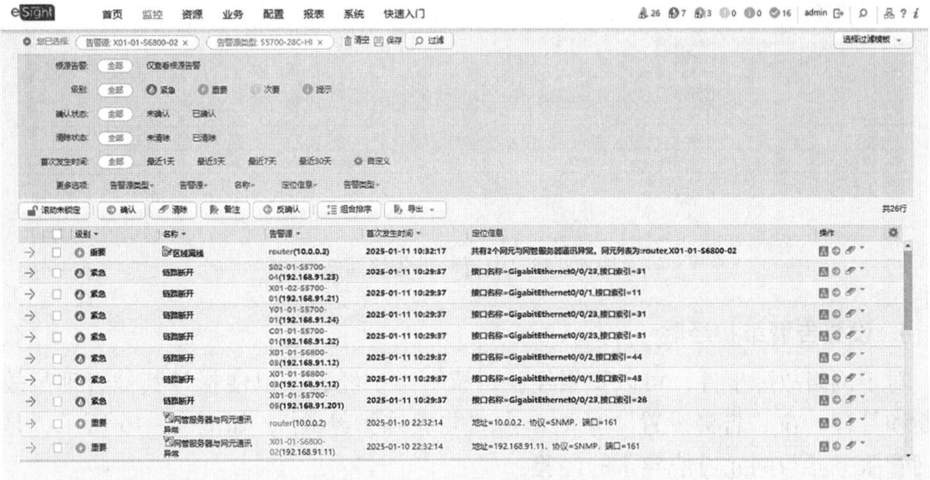

图 4－43　过滤告警事件

2. 设置告警信息自动确认

为减少告警信息量，可以对“提示”级别的告警信息进行自动确认配置。单击“监控”→“告警设置”→“自动确认规则”，在“提示”级别的右边“操作”处单击“停止”图标，完成后界面如图 4－44 所示。

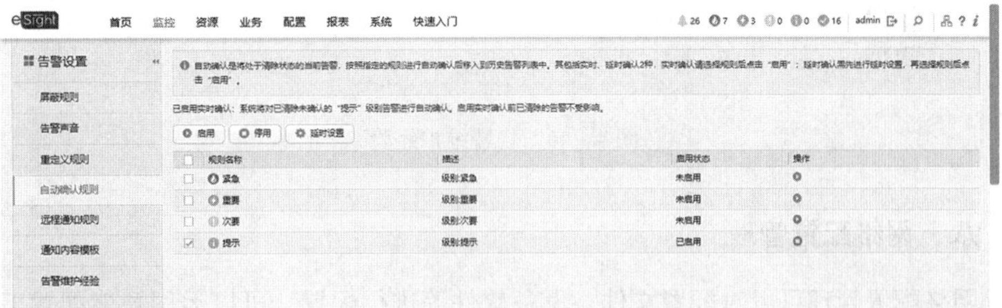

图 4－44　设置告警信息自动确认

3. 设置邮件告警通知

为了让网管及时发现网络故障和故障定位，可以设置告警通知，在告警设置页面单击“通知内容模板”，如图 4－45 所示，可以设置标题和内容，具体的内容可以通过单击右侧的笔形图标进行编辑。

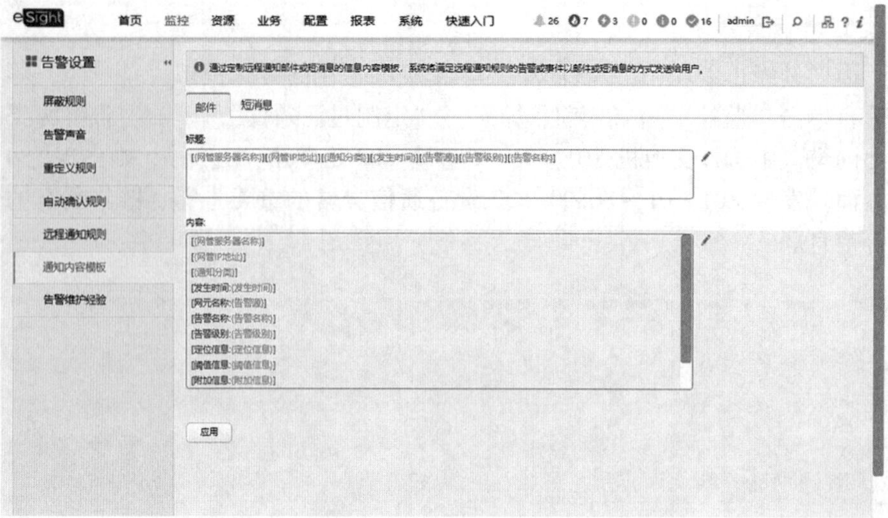

图 4－45　设置邮件告警通知

4. 设置告警维护经验

对于网络故障事件，可以积累经验，撰写维护经验，以便指导其他管理员故障诊断和管理。在“告警设置”页面单击“告警维护经验”，如图 4－46 所示，是设置网管服务器与网元通信异常的经验。

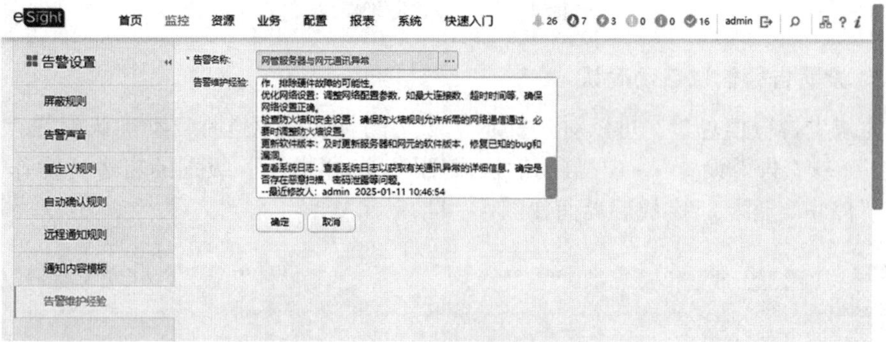

图 4－46　告警维护经验

八、网络配置管理

网络配置管理可以对配置文件、设备软件等进行配置，可以运用智能配置工具采用模板下发或者规划表下发方式对网络设备进行配置。下面以典型 VLAN 配置例子学习网络配置管理。

1. 测试 eSight 网管平台 telnet 网络设备

要通过 eSight 网管平台对网络设备进行配置，需要 eSight 网管平台通过 Telnet 或者 stelnet、sftp、ssh 等方式登录到网络设备。

（1）设备侧配置 telnet 参数。本任务以配置 S02－01－S5700－04 交换机 telnet 参数为例，说明设备侧配置。依次在 S02－01－S5700－04 交换机上输入如下命令：

```
user - interface maximum - vty 15
user - interface vty 0 14
protocol inbound telnet
authentication - mode aaa
quit
aaa
local - user admin password cipher peizer123
local - user admin service - type telnet
local - user admin privilege level 15
quit
telnet server enable
```

（2）设置 eSight 网管平台协议参数。在“资源”菜单“协议模板”的导航条中选择 Tennet 协议模板，单击“创建”按钮，在弹出的对话框中输入用户名和密码信息（与设备端配置参数要一致），如图 4－47 所示。

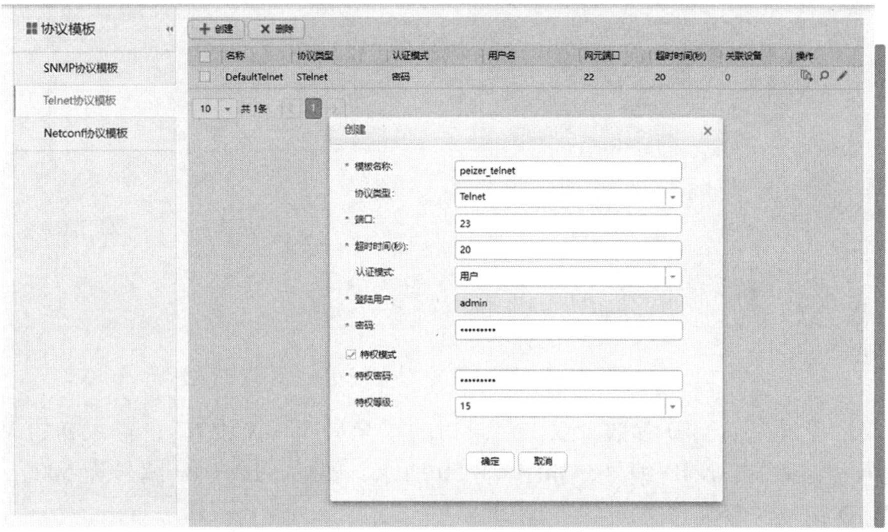

图 4－47　设置 telnet 协议模板参数

（3）测试 eSight 网管平台 Telnet 网络设备。在“资源”菜单的网络设备列表中选择 S02－01－S5700－04 交换机设备，选择左侧导航条中的协议参数中的 Telnet 参数，选择“从已有的 Telnet 参数模板中选取”，选中刚创建的协议模板“peizer_ telnet”，单击下面的“测试”按钮，成功界面如图 4－48 所示，如果失败，请检查设备侧的 Telnet 配置和 Tennet 协议模板参数配置是否有错。

2. 测试通过 eSight 网管平台下发模板

通过 eSight 网管平台的智能配置工具下发模板实现对网络设备进行配置，下面以配置设备 VLAN 为例说明该功能。

（1）通过智能配置工具进入模板下发。单击“配置”→“智能配置工具”，进入智能配置工具界面，在左侧导航条中选择“模板下发”，单击“VLAN 配置”，如

图 4 – 49 所示。

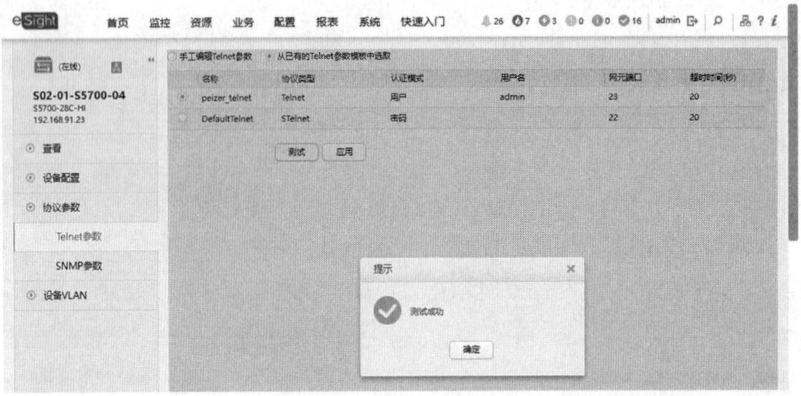

图 4 – 48　测试 eSight 网管平台 Telnet 网络设备

图 4 – 49　全局 VLAN 设置

（2）设置 VLAN ID 参数。双击目录树的“全局 VLAN 设置”，输入初始 VLAN ID 编号和结束 VLAN ID 编号，如图 4 – 50 所示，初始 VLAN ID 编号为 500，结束 VLAN ID 编号为 550。

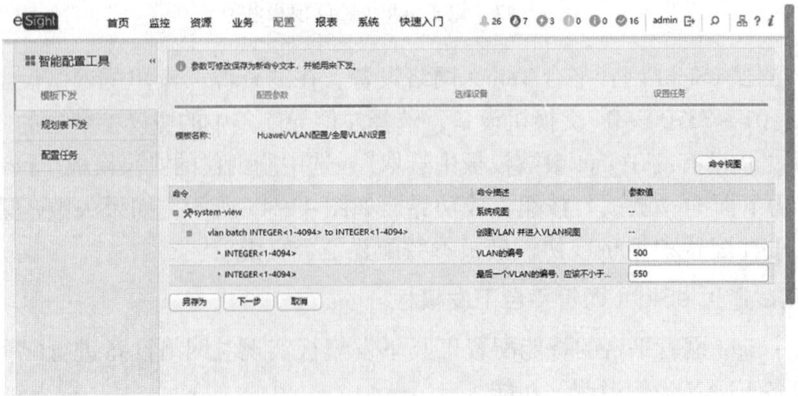

图 4 – 50　设置 VLAN ID

（3）选择设备。单击“下一步”按钮后，在弹出的“选择设备”对话框中选择 S02－01－S5700－04 交换机，如图 4－51 所示，完成后单击“确定”按钮。

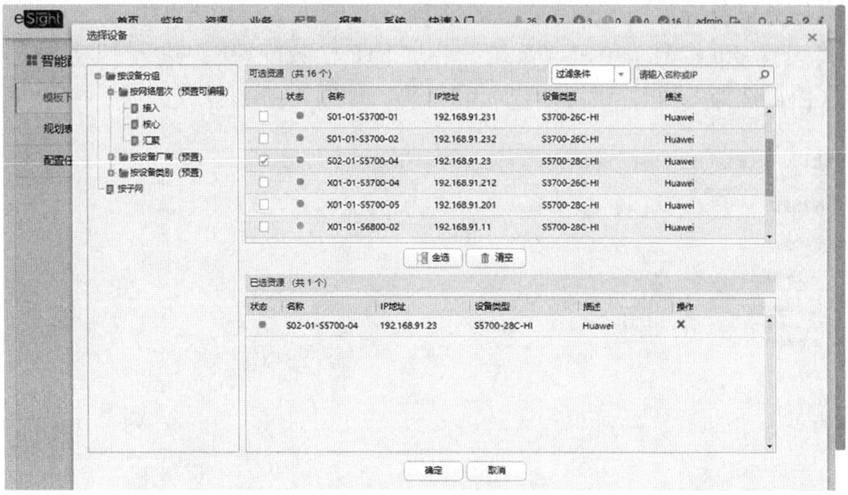

图 4－51　选择设备

（4）模板下发部署。单击“下一步”按钮后，进入部署界面，如图 4－52 所示，设置完成后如图 4－53 所示，完成模板下发配置。

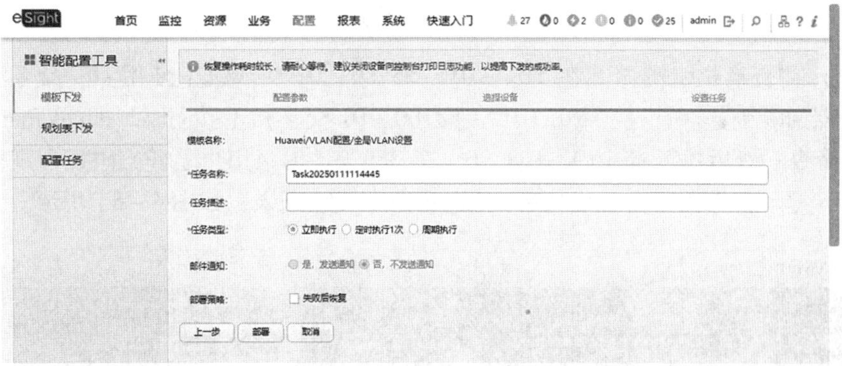

图 4－52　模板下发部署

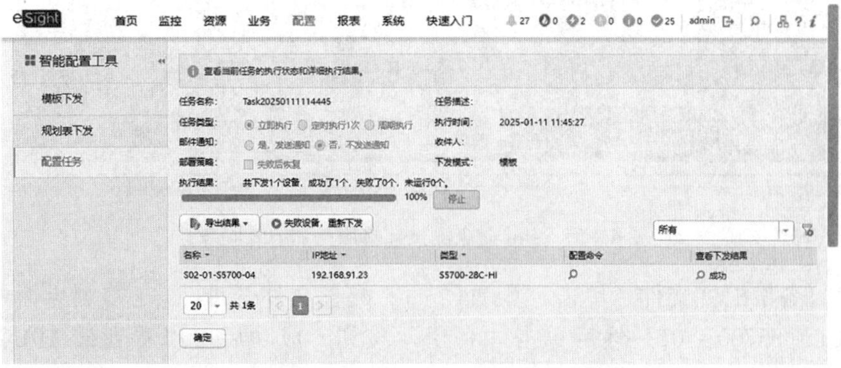

图 4－53　模板下发部署成功界面

3. 配置文件管理

可以利用 eSight 网管平台对配置文件进行备份、恢复成基线、基线化、比较等工作，本任务以备份为例说明配置文件管理。

（1）设置 sftp 参数。单击“系统”→“FTP 参数配置”，进入 FTP 参数配置设置界面，协议选择 SFTP，设置用户名和密码，如图 4－54 所示。

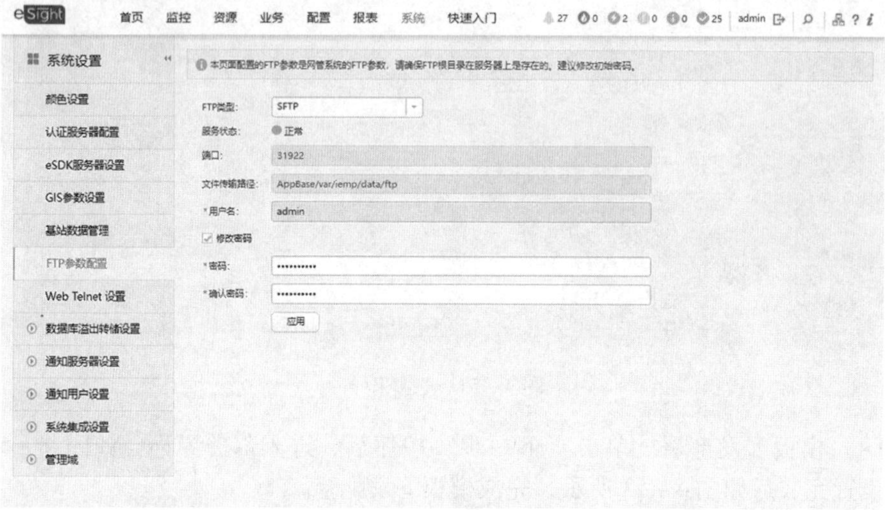

图 4－54　FTP 参数设置

（2）在交换机上测试。在 Y01－01－S5700－01 交换机上使用 sftp 命令测试连接服务器 sftp 服务。首先在 Y01－01－S5700－01 交换机上执行 ssh client first－time enable 命令，然后执行 sftp 192.168.90.126 31922，输入用户名和密码后出现登录成功的 sftp 提示符界面，登录成功后使用 dir 命令查看结果，如图 4－55 所示。

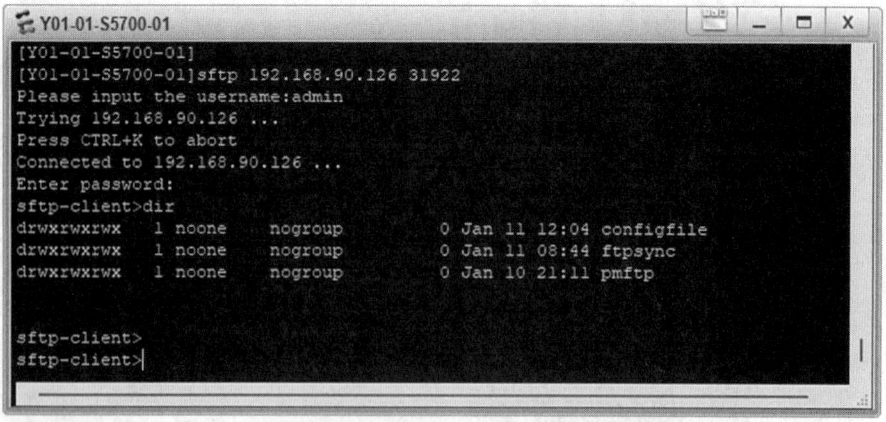

图 4－55　sftp 命令测试连接服务器 sftp 服务

（3）备份配置文件。单击“配置”→“配置文件管理”，在右侧界面中选择 Y01－01－S5700－01，然后单击“备份”按钮，成功后可以看到该 Y01－01－S5700－01 设备备份的时间和备份文件，如图 4－56 所示。

图 4－56　配置文件备份

在该页面中还有恢复成基线、基线化、比较等功能。当设备系统遇到故障时，可通过将配置文件恢复上传到设备上，快速恢复设备配置数据；设备的运行配置文件备份到网管上后，对配置文件进行基线化标识，以方便基线化文件恢复操作；通过比较设备配置文件，可以了解不同配置文件之间的差异；当设备配置文件发生变更时，通过 eSight 可以查看每次变更的详细信息。

知识链接

SNMP 简介

简单网络管理协议（simple network management protocol，SNMP）是广泛应用于 TCP/IP 网络的网络管理标准协议。SNMP 提供了一种通过运行网络管理软件的中心计算机（即网络管理工作站）来管理设备的方法。SNMP 的特点如下：

- 简单：SNMP 采用轮询机制，提供最基本的功能集，适合小型、快速、低价格的环境使用，而且 SNMP 以 UDP 报文为承载，因而受到绝大多数设备的支持。
- 强大：SNMP 的目标是保证管理信息在任意两点传送，以便于管理员在网络上的任何节点检索信息，进行故障排查。

1. SNMP 版本演进

1990 年 5 月，RFC 1157 定义了 SNMP 的第一个版本 SNMPv1。RFC 1157 提供了一种监控和管理计算机网络的系统方法。SNMPv1 基于团体名认证，安全性较差，且返回报文的错误码也较少。

1996 年，IETF 颁布了 RFC 1901，定义了 SNMP 的第二个版本 SNMPv2c。SNMPv2c 中引入了 GetBulk 和 Inform 操作，支持更多的标准错误码信息，支持更多的数据类型（Counter64、Counter32）。

鉴于 SNMPv2c 在安全性方面没有得到改善，IETF 又颁布了 SNMPv3 的版本，提供了基于 USM（user security module）的认证加密和基于 VACM（view－based accesscontrol model）的访问控制。

2. SNMP 管理模型

SNMP 系统包括网络管理系统（network management system，NMS）、代理进程（Agent）、被管对象（management object）和管理信息库（management information base，MIB）四部分。

NMS 作为整个网络的网管中心，对设备进行管理。

每个被管理设备中都包含驻留在设备上的 Agent 进程、MIB 和多个被管对象。NMS 通过与运行在被管理设备上的 Agent 交互，由 Agent 通过对设备端的 MIB 的操作，完成 NMS 的指令。

网络管理模型如图 4－57 所示。

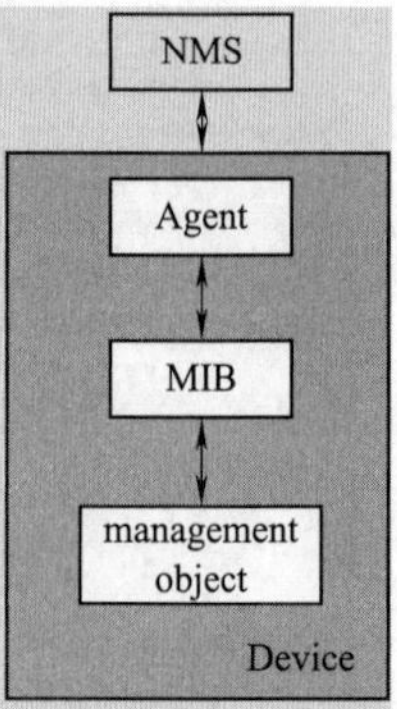

图 4－57　NMP 管理模型

下面介绍网络管理系统中各主要元素：

（1）NMS。NMS 在网络中扮演管理者角色，是一个采用 SNMP 协议对网络设备进行管理/监视的系统，运行在 NMS 服务器上。NMS 可以向设备上的 Agent 发出请求，查询或修改一个或多个具体的参数值。NMS 可以接收设备上的 Agent 主动发送的 Trap 信息，以获知被管理设备当前的状态。

（2）Agent。Agent 是被管理设备中的一个代理进程，用于维护被管理设备的信息数据并响应来自 NMS 的请求，把管理数据汇报给发送请求的 NMS。

Agent 接收到 NMS 的请求信息后，通过 MIB 表完成相应指令后，并把操作结果响应给 NMS。当设备发生故障或者其他事件时，设备会通过 Agent 主动发送信息给 NMS，向 NMS 报告设备当前的状态变化。

（3）Management object。Management object 指被管理对象。每一个设备可能包含多个被管理对象，被管理对象可以是设备中的某个硬件，也可以是在硬件、软件（如路由选择协议）上配置的参数集合。

（4）MIB。MIB 是一个数据库，指明了被管理设备所维护的变量（即能够被 Agent 查询和设置的信息）。MIB 在数据库中定义了被管理设备的一系列属性：对象的名称、对象的状态、对象的访问权限和对象的数据类型等。通过 MIB，Agent 可以查询 MIB，获知设备当前的状态信息、修改 MIB、设置设备的状态参数。

SNMP 的管理信息库采用和域名系统 DNS 相似的树状结构，它的根在最上面，根没有名字。图 4－58 所示的是管理信息库的一部分，它又称为对象命名树。每个 OID（object identifier，对象标识符）对应于树中的一个管理对象，如 system 的 OID 为 1.3.6.1.2.1.1，interfaces 的 OID 为 1.3.6.1.2.1.2。

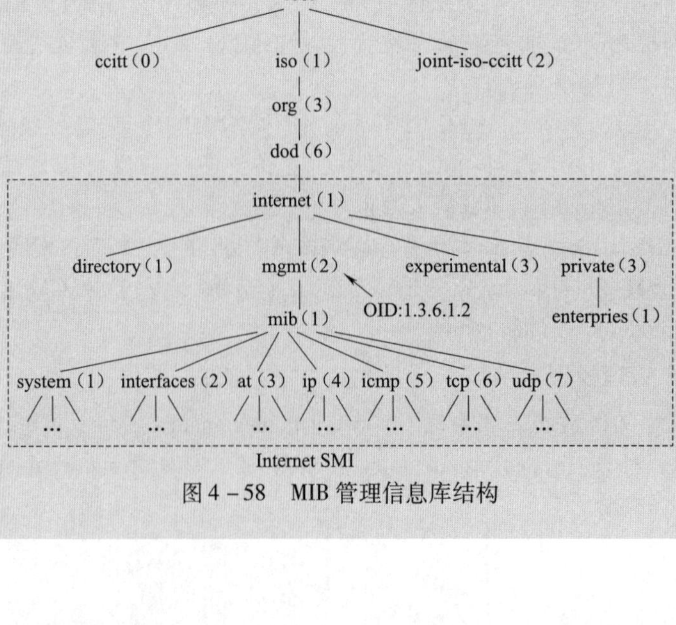

图 4－58　MIB 管理信息库结构

3. SNMPv1/SNMPv2c 协议

（1）SNMPv1/SNMPv2c 报文结构。如图 4－59 所示，SNMPv1/SNMPv2c 报文主要由版本、团体名、SNMP PDU 三部分构成。

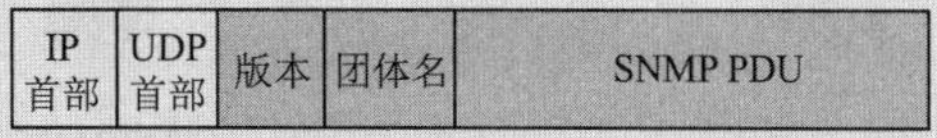

图 4－59　SNMPv1/SNMPv2c 报文结构

报文中的主要字段定义如下：

● 版本：表示 SNMP 的版本，如果是 SNMPv1 报文则对应字段值为 0，SNMPv2c 则为 1。

● 团体名：用于在 Agent 与 NMS 之间完成认证，字符串形式，用户可自行定义。团体名包括“可读”和“可写”两种，执行 GetRequest、GetNextRequest 操作时，采用“可读团体名”进行认证；执行 Set 操作时，则采用“可写团体名”认证。

● SNMPv1/SNMPv2c PDU：包含 PDU 类型、请求标识符、变量绑定列表等信息。其中 SNMPv1 PDU 包括 GetRequest PDU、GetNextRequest PDU、SetRequestPDU、Response PDU 和 Trap PDU 几种类型，SNMPv2c PDU 在 SNMPv1 的基础上新增了 GetBulkRequest PDU 和 InformRequest PDU 两种类型。

（2）SNMPv1/SNMPv2c 工作原理。SNMPv1 和 SNMPv2c 的工作原理基本一致。SNMPv1/SNMPv2c 的工作原理如图 4－60 所示。

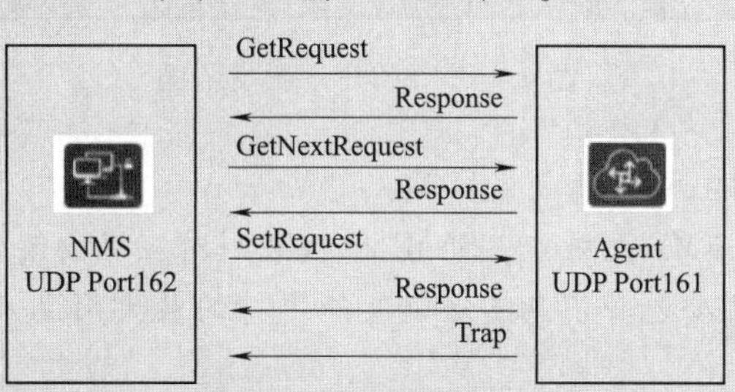

图 4－60　工作原理

● Get 操作：NMS 向 Agent 发送 Get 请求报文，Agen 首先对报文中携带版本号和团体名进行认证，认证成功后，Agent 根据请求查询 MIB，将得到结果封装到 Response 报文中的 PDU，向 NMS 发送响应；如果查询不成功，Agent 会向 NMS 发送出错响应。

● GetNext 操作：查询被管理设备 MIB 节点的下一个节点值。

● Set 操作：NMS 向 Agent 发送 Set 请求报文，Agent 首先对报文中携带版本号和团体名进行认证，认证成功后，Agent 根据请求设置管理变量在管理信息库 MIB 中对应的节点，设置成功后向 NMS 发送响应；如果设置不成功，Agent 会向 NMS 发送出错响应。

● Trap 操作：当被管理设备达到告警的触发条件时，会通过 Agent 向 NMS 发送 Trap 消息，告知设备侧出现的异常情况，便于网络管理人员及时处理。

SNMPv2c 新增了 GetBulk 操作，原理图如图 4－61 所示。

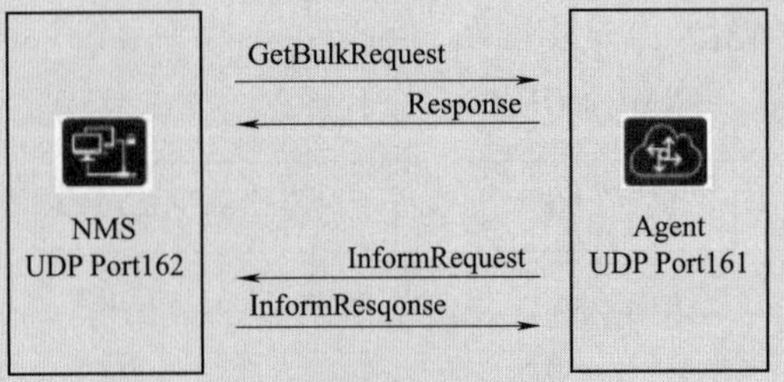

图 4－61　SNMPv2c 的 GetBulk 操作

● GetBulk 操作：基于 GetNext 实现，相当于连续执行多次 GetNext 操作。

● Inform 操作：Inform 操作也是被管理设备向 NMS 主动发送告警。与 trap 告警不同的是，被管理设备发送 Inform 告警后，需要 NMS 进行接收确认。如果被管设备没有收到确认信息则将告警暂时保存在 Inform 缓存中，重复发送该告警，直到 NMS 确认收到该告警或者发送次数达到最大重传次数，被管设备上会生成相应的告警日志。

4. SNMPv3 协议

（1）SNMPv3 报文结构。SNMPv3 定义了新的报文格式，其报文结构如图 4－62 所示。

IP 首部	UDP 首部	版本	报头数据	安全参数	Context EngineID	Context Name	SNMP PDU

图 4－62　SNMPv3 报文结构

SNMP 报文中的主要字段定义如下：

● 版本：表示 SNMP 的版本，SNMPv3 报文则对应字段值为 3。

● 报头数据：主要包含消息发送者所能支持的最大消息尺寸、消息采用的安全模式等描述内容。

● 安全参数：包含 SNMP 实体引擎的相关信息、用户名、认证参数、加密参数等安全信息。

● Context EngineID：SNMP 唯一标识符，和 PDU 类型一起决定应该发往哪个应用程序。

● Context Name：用于确定 Context EngineID 对被管理设备的 MIB 视图。

● SNMP PDU：包含 PDU 类型、请求标识符、变量绑定列表等信息。其中 SNMPv3、PDU 包括 GetRequest PDU、GetNextRequest PDU、SetRequest PDU、Response PDU、Trap PDU、GetBulkRequest PDU 和 InformRequest PDU。

（2）SNMPv3 工作原理。SNMPv3 的实现原理和 SNMPv1/SNMPv2c 基本一致，唯一的区别是 SNMPv3 增加了身份验证和加密处理。下面以 Get 操作获取被管理设备 MIB 节点 sysContact 的值，使用认证加密方式为例，介绍 SNMPv3 的工作原理，如图 4－63 所示。

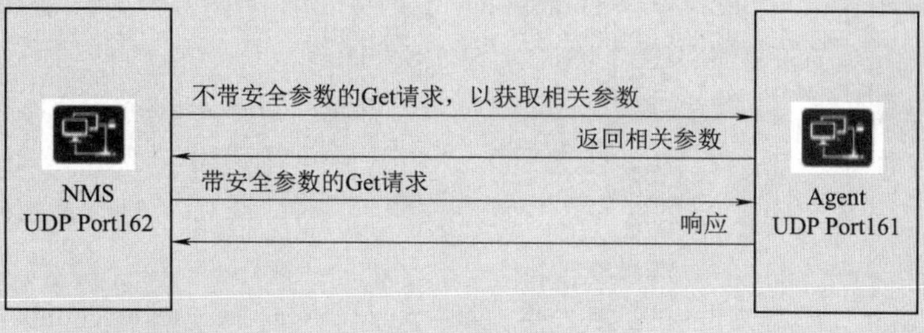

图 4-63 SNMPv3 的 Get 操作

①NMS：向 Agent 发送不带安全参数的 Get 请求报文，向 Agent 获 sysContact EgineID、Context Name 和安全参数（SNMP 实体引擎的相关信息）。

②Agent：响应 NMS 的请求，并向 NMS 反馈请求的参数。

③NMS：再次向 Agent 发送 Get 请求报文，报文中各字段的设置如下：

• 版本：SNMPv3 版本。

• 报头数据：指明采用认证、加密方式。

• 安全参数：NMS 通过配置的算法计算出认证参数和加密参数。将这些参数和获取的安全参数填入相应字段。

• PDU：将获取的 Context EgineID 和 Context Name 填入相应字段，PDU 类型设置为 Get，绑定变量填入 MIB 节点名 sysContact，并使用已配置的加密算法对 PDU 进行加密。

④Agent：首先对消息进行认证，认证通过后对 PDU 进行解密。解密成功后，Agent 根据请求查询 MIB 中的 sysContact 节点，得到 sysContact 的值并将其封装到 Response 报文中的 PDU，并对 PDU 进行加密，向 NMS 发送响应。如果查询不成功或认证、解密失败，Agent 会向 NMS 发送出错响应。

（3）配置设备使用 SNMPv3 与网管通信（USM 用户）。在配置设备使用 SNMPv3 与网管通信任务之中，配置 SNMPv3 的基本功能是必选步骤，其余可选步骤间无严格配置顺序。

配置完成基本功能后，网管就可以和被管理设备之间进行正常的基本通信。

①配置 SNMPv3 的基本功能。

步骤 1：执行命令 system - view，进入系统视图。

步骤 2（可选）：执行命令 snmp - agent，使能 SNMP Agent 服务。默认情况下，没有使能 SNMP Agent 服务。执行任意 snmp - agent 的配置命令（无论是否含参数）都可以触发 SNMP Agent 服务使能。

步骤 3（可选）：执行命令 snmp - agent udp - port port - num，修改 SNMP Agent 与网管连接所使用的端口号。默认情况下，SNMP Agent 与网管连接所使用的端口号为 161。为了提升设备的安全性，请执行 snmp - agent udp - port 命令修改 SNMP Agent 的端口号。修改 SNMP Agent 与网管连接所使用的端口号以后，通过网管管理设备时，网管端指定的端口号必须与该端口号保持一致，否则无法连接设备。

步骤 4（可选）：执行命令 snmp - agent sys - info version v3，配置 SNMP 的协议版本。默认情况下，SNMP 的协议版本为 SNMPv3。

步骤 5（可选）：执行命令 snmp - agent local - engineid engineid，配置本地 SNMP 实体的引擎 ID。默认情况下，设备采用内部算法自动生成一个设备引擎 ID，包含公司的“企业号 + 设备信息”。若改变本地引擎 ID，则已存在的 SNMPv3 用户将被删除。

说明：为了提高系统安全性，建议执行 snmp - agent packet contextengineid - check enable 命令对网管侧的 contextEngineID 和本地的引擎 ID 进行一致性检查。

步骤 6（可选）：执行命令 snmp - agent password min - length min - length，配置 SNMP 密码的最小长度。默认情况下，SNMP 密码的最小长度为 8。配置了该命令后，用户配置 SNMPv3 用户认证密码或加密密码时，密码长度必须大于或等于配置的 SNMP 密码的最小长度。

步骤 7：执行命令 snmp - agent group v3 group - name { authentication | privacy | noauthentication }，配置 SNMPv3 用户组。当网管和设备处在不安全的网络环境中时，比如容易遭受攻击等，建议用户配置参数 authentication 或 privacy，使能数据的认证或加密功能。

步骤 8：配置 SNMPv3 用户有以下两种完全相同的方式，请选择其中的一种配置。

- 第一种方式：

执行命令 snmp - agent [remote - engineid engineid] usm - userv3 user - namegroup - name [authentication - mode { md5 | sha | sha2_ 224 | sha2_ 256 | sha2_ 384 | sha2_ 512 } password [privacy - mode { 3des168 | aes128 | aes192 | aes256 | des56 } password]] [acl { acl - number | acl - name }]，配置 SNMPv3 用户信息。默认情况下，没有配置 SNMPv3 用户。

- 第二种方式：

a. 执行命令 snmp - agent [remote - engineid engineid] usm - user v3 username [group group - name | acl { acl - number | acl - name }] *，配置 SNMPv3 用户。

b. 执行命令 snmp - agent [remote - engineid engineid] usm - user v3 username authentication - mode { md5 | sha | sha2_ 224 | sha2_ 256 | sha2_ 384 | sha2_ 512 } [[localized - configuration] cipher password]，配置 SNMPv3 用户认证密码。

c. 执行命令 snmp - agent [remote - engineid engineid] usm - user v3 username privacy - mode { 3des168 | aes128 | aes192 | aes256 | des56 } [[localized - configuration] cipher password]，配置 SNMPv3 用户加密密码。

默认情况下，对 SNMPv3 用户的认证密码和加密密码进行复杂度检查，若检查不通过，则配置不成功。为了保证 SNMPv3 用户的安全性，不建议使用 snmp - agent usmuser password complexity - check disable 关闭 SNMPv3 用户认证密码和加密密码的复杂度检查功能。

设备对 SNMPv3 用户认证密码和加密密码的复杂度的要求如下：

- 最小长度为 8 个字符。

• 密码不能与用户名及其用户名反向字符串相同。

• 至少包含2种字符，包括：大写字母、小写字母、数字、特殊字符（不包括问号和空格）。当输入的字符串两端使用双引号时，可在字符串中输入空格。

说明：

当网管和设备处在不安全的网络环境中时，比如容易遭受攻击等。建议用户配置认证和加密功能，且配置不同的认证密码和加密密码来提高安全性。默认情况下，创建的 SNMPv3 用户为不认证不加密。

用户组和用户配置完成后，使用该用户名的网管拥有 Viewdefault 视图（即1.3.6.1）的权限。若改变本地引擎 ID，则已存在的 SNMPv3 用户将被删除。

为了保证更好的安全性，建议不要使用 MD5 算法作为 SNMPv3 的认证算法，不要使用 DES56 或 3DES168 算法作为 SNMPv3 的加密算法。

当配置设备发送 Inform 方式告警时，需要告警主机回应确认消息，因此需要设备侧指定网管侧的 Engine ID 参数。此时必须配置 remote - engineid engineid 为告警主机的 Engine ID。

步骤9：根据网络需要选择下面的命令配置设备发送告警和错误码的目的 IP 地址。

说明：配置设备发送告警前，需要先确认信息中心已经使能。如未使能，需要执行 info - center enable 命令。

• 如果是 IPv4 网络，请根据需要选择配置 Trap 方式告警或 Inform 方式告警：

a. 配置设备发送 Trap 告警和错误码的目的 IP 地址，请执行命令：

snmp - agent target - host [host - name host - name] trap address udpdomain ip - address [[udp - port port - number | [alarm - udp - portalarmport - number | event - udp - port event - port - number] *] | source interfacetype interface - number | { vpn - instance vpn - instance - name | publicnet }] * params securityname security - name [v3 [authentication | privacy] | private - netmanager | ext - vb | notify - filter - profile profilename | heartbeat enable] *

b. 配置设备发送 Inform 告警和错误码的目的 IP 地址，执行命令：

snmp - agent target - host [host - name host - name] inform address udpdomain ip - address [[udp - port port - number | [alarm - udp - port alarmport - number | event - udp - port event - port - number]] | source interfacetype interface - number | { vpn - instance vpn - instance - name | publicnet }] * params securityname security - name v3 [authentication | privacy] [private - netmanager | ext - vb | notify - filter - profile profilename | heartbeat enable] *

• 如果是 IPv6 网络，请执行以下命令配置设备发送告警和错误码的目的主机：

snmp - agent target - host [host - name host - name] trap ipv6 address udpdomain ipv6 - address [[udp - port port - number | [alarm - udp - port alarmport - number | event - udp - port event - port - number] *] | [vpn - instance vpninstance - name | public - net]] * params securityname security - name [v3 [authentication | privacy] | private - netmanager | ext - vb | notify - filterprofile profile - name] *

说明：IPv6 网络只支持 Trap 方式告警，不支持 Inform 方式告警。

请参考下面的说明对参数进行选取：

• 目的 UDP 端口号默认是 162，如果有特殊需求（比如避免知名端口号被攻击），可以配置 udp - port 将 UDP 端口号更改为非知名端口号，保证网管和被管理设备的正常通信。

• securityname 用来在网管上标识和区别发送告警的源设备，方便用户识别告警的发送方。

步骤 10：配置 SNMP 接收和响应网管请求报文的源接口或源 IPv6 地址，用户可以根据需要选择执行如下命令：

• 执行命令 snmp - agent protocol source - interface interface - type interfacenumber，指定 SNMP 接收和响应网管请求报文的源接口配置。

• 执行命令 snmp - agent protocol source - status all - interface，开启 SNMP 协议使用所有接口接收和响应网管的请求功能。

• 执行命令 snmp - agent protocol ipv6 source - ip ip - address，指定 SNMP 协议接收和响应网管请求报文的 IPv6 类型源地址配置。

• 执行命令 snmp - agent protocol source - status ipv6 all - interface，开启 SNMP 协议使用所有 IPv6 接口接收和响应网管的请求功能。

步骤 11（可选）：执行命令 snmp - agent protocol [ipv6] { vpn - instance vpn - instancename | public - net }，配置 SNMP 从 VPN 或者公网接收和响应网管请求报文。

默认情况下，SNMP 从全局 VPN 和公网接收和响应网管请求报文。

步骤 12（可选）：执行命令 snmp - agent protocol server [ipv4 | ipv6] disable，关闭 SNMPIPv4 或 IPv6 的侦听端口。

默认情况下，SNMP IPv4 或 IPv6 的侦听端口处于关闭状态。

执行该命令关闭 SNMP IPv4 或 IPv6 的侦听端口后，SNMP 将不再处理对应的 SNMP 报文，因此请慎重操作。

步骤 13（可选）：执行命令 snmp - agent protocol get - bulk timeout time，配置网管 getbulk 操作超时返回的时间阈值。

默认情况下，网管 get - bulk 超时返回的时间是 2 秒。

建议不要修改网管 get - bulk 超时返回的时间，使用默认 2 秒即可。如果需要重新配置，配置的阈值时间必须小于网管的超时时间。

步骤 14（可选）：执行命令 snmp - agent sys - info { contact contact | location location }，配置设备管理员的联系方式和位置。

默认情况下，系统维护联系信息为“R&D Beijing, Huawei Technologies co., Ltd.”，物理位置信息为“Beijing China”。

当网管管理多个设备时，为了方便网管管理员记录设备管理员的联系方式和位置，在设备异常时快速联系设备管理员进行故障排除和定位，可配置该命令。

步骤 15（可选）：配置 SNMP 代理协议接收和响应报文的源端口或源地址。

• IPv4 网络：

a. 执行命令 snmp - agent proxy protocol source - interface { protocolinterface - type protocol - interface - number | protocol - interface - name }，指定 SNMP 代理协议接收和响应 CCU 报文的源接口配置。

b. 执行命令 snmp - agent proxy protocol source - status all - interface，开启 SNMP 代理协议接收和响应任意 CCU IPv4 报文功能。

● IPv6 网络：

a. 执行命令 snmp - agent proxy protocol ipv6 source - ip ip - address [vpninstance vpn - instance - name]，指定 SNMP 代理协议接收和响应 CCU 报文的 IPv6 源地址。

b. 执行命令 snmp - agent proxy protocol source - status ipv6 all - interface，开启 SNMP 代理协议接收和响应任意 CCU IPv6 报文功能。

步骤 16：执行命令 commit，提交配置。

练习

（1）完成本任务中的 eSight 网管平台部署；进一步思考如何配置实现对网络服务器、网络终端等设备管理工作。

（2）根据“案例说明”第 3 点（本书运用到的扩展作业企业网依据）中的企业描述，针对汇源服饰厂的情况进行 eSight 网管平台部署，实现通过 eSight 网管平台对企业网络进行管理。

项目五

企业网络测试验收试运行

项目综述

经过前期网络的施工，本项目进入网络测试阶段，主要工作是编写企业网络测试计划、企业网络测试和编写网络工程验收报告。

学习目标

（1）能够编写企业网络测试计划。
（2）能够按照企业网络测试计划实施测试。
（3）能整理网络工程验收材料，编写网络工程验收报告。
（4）具备初级与人合作、沟通能力。

项目流程

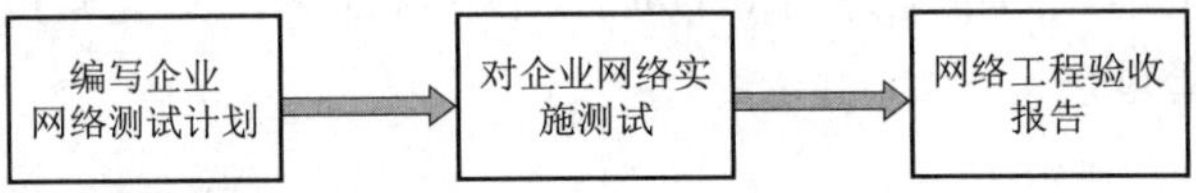

任务一　编写企业网络测试计划

任务描述

根据企业网络的施工情况、企业网络需求说明书，测试该网络是否满足企业需求、是否达到设计要求，本任务是编写企业网络的测试计划。

任务目标

（1）能在教师的指导下完成企业网络的测试计划编写。
（2）掌握网络测试内容和网络测试计划的编写方法。
（3）培养学生与人沟通、组织、协调、文字处理能力。

任务实施

一、召开项目组全体会，议讨论企业网络的测试所涉及的内容

实施方法：

（1）项目组负责人召集项目组成员召开全体会议。

（2）根据企业网络施工的状况讨论企业测试计划涉及的内容。

①测试前准备工作。

②测试步骤和方法。

③工程检验和验收标准。

（3）大家讨论、总结、记录，最后形成企业测试所涉及的内容记录。

二、召开项目组全体会议，讨论和编写企业网络的测试计划

实施方法：

（1）项目组负责人召集项目组成员召开全体会议。

（2）针对企业测试所涉及的内容讨论测试计划。

①讨论测试前准备工作。待全部设备安装完成后，检查线路敷设全部符合设计图纸要求。各设备按系统检查，单机运行正常；与各系统的联动、信息传输和线路敷设满足设计要求。

②讨论测试运用到的设备仪表。

- 接线电阻测量仪——ZC－29，用于土壤电阻率、接地电阻测量。
- 万用表，有数字式和指针式多种型号，可测电阻、电压、电流，灵敏度高、频率范围广，用于线路测量、系统调试。
- 摇表，额定电压 500 V，用来测量和检查线路设备或线路的绝缘电阻。
- 直流电桥，用来测量精密直流电阻值。
- 全频电视信号发生器——PD5388A，用于线测量和作为系统调试的信号源。
- 场强仪。用于测量电磁场强度。
- 数字毫伏表。用于测量低频、高频小电压。
- 示波器。用于系统调试中测量信号快速变化的波形。
- 逻辑笔。用于系统调试中测量数字电路或系统中某点的逻辑状态。
- 计算机（线号＋标签），两用打字机 TM－35E，用于打印线路编号。
- 数字式查线仪——DKX－24，用于线路查线，查断线、查短路、查绝缘等。
- 选频电频表，用于测量传输衰减、串音衰减、放大器的增益、滤波器的频率衰减特性等。
- 光纤测量设备，HP 背向反射仪（直观检测光纤切面），光源 850 nm，电功率计 1 300 dbm，发射光缆和带 ST 连接器（光纤衰减测量）。
- 网络电缆测试仪，Fluke4000 测试自动与标准进行比较，并且显示通过（Pass）或错误（Fail）信息，同时有声音提示，用 RS－232 打印出报告。
- 简易综合布线测量仪，用于测量 UTP 双绞线连通性。

③讨论测试步骤。系统测试在测试小组开展，在测试环境中实施，由测试经理

统一负责。分为系统测试预备、系统测试实施。测试遵循测试规程进行。

测试计划步骤见表5－1。

表5－1　测试计划步骤

步　骤	项　目	主要内容	需要时间
1	应用软件测试预备	测试经理测试编制系统计划（包括系统测试的目的、测试环境、测试范围、测试人员和测试进度安排）和测试用例	1天
2	检查测试环境	确认测试环境（包括硬件、网络、操作系统、数据库系统软件、数据库服务器、客户机等）	2小时
3	原系统典型业务办理	先将系统进行备份，然后在原系统办理若干典型业务，打印处理结果，备份系统数据；恢复系统到正常状态	4小时
4	测试实施	新系统测试预备好后，测试经理组织测试人员按照测试计划和测试规程实施。使用典型业务用例，完成后与原系统的处理结果进行对比。假如完全相同，则测试通过	2小时
5	测试问题解决	当测试中发现问题时，测试经理提交《测试问题报告》。组织有关人员分析后，进行处理。处理完成后，提交处理结果说明。测试经理组织测试人员对处理结果进行检查，同时进行回归测试，确认所有问题得到解决。回归测试中发现的问题时，将提交新的测试问题报告。回归测试采用同样的测试用例	1小时
6	测试结束	当系统测试或回归测试问题降低到一定程度时，结束测试，测试经理提交《测试分析报告》，软件、文档纳入版本管理系统	1天

④工程检验与验收标准

参照下列“标准”的有关规范进行评估。

- 《数据中心设计规范》（GB 50174—2017）
- 《数据中心基础设施施工及验收规范》（GB 50462—2015）
- 《综合布线系统工程设计规范》（GB 50311—2016）
- 《综合布线系统工程验收规范》（GB/T 50312—2016）
- 《建筑工程施工质量验收统一标准》（GB 50300—2013）

（3）大家讨论总结，记录，最后形成文档，编写出企业网络测试计划。

三、工作材料归档和评审

每个项目组将材料归档并交老师进行综合评审，项目组之间进行评审，指出存在的问题并进行更正，做好记录。

四、编写网络测试计划

根据项目组的讨论，总结和记录，编写企业网测试计划（下面是测试计划）。

企业网络测试计划

第×项目小组

修订表

编号	生成版本	修订人	修订章节与内容	修订日期
1				
2				
3				
4				
5				

审批记录

版　本	审批人	审批意见	审批日期
1.0.0			

企业网络测试计划

1　引言

经过项目组成员的努力，完成了小组的网络建设工作，实现了企业网络的基本功能。接下来，项目组根据企业网络的特征进行测试。测试的目的不仅仅是发现网络中所存在的问题，更重要的是测试企业网络实现的功能以及性能。本次测试的主要内容包括功能测试、健壮性测试、性能测试等。

1.1　目的

(1) 描述测试准备工作及测试工作的具体内容。

(2) 制定测试进度。

(3) 明确测试使用工具及测试所涉及的相关软硬件条件。

(4) 界定测试通过与不通过的准则。

1.2　范围

简单介绍该网络的历史及现状、主要用途、各种重要功能以及测试的侧重点；明确该测试计划所涵盖的测试内容，如整体功能测试、性能测试、链路测试、系统测试等。

1.3　参考资料

资料名称［标识符］	出版单位	作　者	日　期

1.4　术语与缩略语

术语、缩略语	解　释

2　测试方法

- 链路测试，选取抽样率，采用验证测试和认证测试。
- 功能测试，根据用户的功能需求形成功能需求测试点，验证测试。

3　测试内容

3.1　网络结点测试

3.1.1　加电测试

测试目的	上电后，检测设备自检状态
场地	
设备名	
主机名	
步骤	1. 加电前，根据安装步骤检查各部件是否符合加电要求 2. 将开关置 OFF，连接电缆 3. 开关置 ON
标准	• 指示灯显示正常，参见设备安装手册 • 各模块指示灯是否正常 • 风扇运转是否正常 • 电源板开关是否正常
结果：（pass/fail）	
时间	

企方：______________　　　　项目实施组：______________

3.1.2　电源冗余测试

测试目的	断掉一个电源，检测设备是否工作
场地	
设备名	
主机名	
步骤	1. 断掉一个电源，然后恢复 2. 断掉另一个电源，然后恢复
标准	设备工作正常，参见设备安装手册
结果（pass/fail）	
时间	

企方：______________　　　　项目实施组：______________

3.1.3 系统测试

测试目的	测试板级冗余部件状态（如配有冗余）
场地	
设备名	
主机名	
步骤	1. 拔出一块冗余板，然后恢复 2. 拔出另一块冗余板，然后恢复 3. 使用 display interfance 命令，检查端口状态 4. 使用 display diag 命令，检测部件状态 5. 使用 display log buffer 命令，显示日志
标准	设备工作正常，参见设备安装手册
结果（pass/fail）	
时间	

企方：________　　　　项目实施组：________

3.1.4 系统配置及版本检测

测试目的	检测系统版本及配置
场地	
设备名	
主机名	
步骤	1. 使用 display ver 命令，确认系统版本 2. 使用 display current – configuration 命令，确认系统配置
标准	• 系统版本及配置确定 • 显示设备的基本信息：CPU 型号、Memory 信息、Flash 信息、所有识别模块信息等
结果（pass/fail）	
时间	

企方：________　　　　项目实施组：________

3.1.5 测试汇总表

场　地	主机名	测试内容	结果（fail/pass）

企方：________　　　　项目实施组：________

3.2 网络测试

3.2.1 全网互通测试（路由器）

测试目的	测试每台路由器与全网其他路由器的连通性
场地	
设备名	
主机名	
步骤	使用 PING 命令，PING 全网其他路由器
标准	PING 通全网其他路由器，PING 1 000 次以上成功率 98% 以上为正常
结果（pass/fail）	
时间	________年________月________日

企方：________________　　　　　　　　项目实施组：________________

3.2.2 全网互通测试（交换机）

测试目的	测试每台交换机与全网其他交换机的连通性
场地	
设备名	
主机名	
步骤	使用 PING 命令，PING 全网其他交换机，PING 1 000 次以上成功率 98% 以上为正常
标准	PING 通全网其他交换机
结果（pass/fail）	
时间	________年________月________日

企方：________________　　　　　　　　项目实施组：________________

3.2.3 迂回路由测试

测试目的	断掉一条电路，检测交换机能否选择其他路径到达目的交换机（如果存在多条路径）
场地	
设备名	
主机名	
步骤	1. 断掉一条至目的交换机电路 2. 使用 PING 命令，PING 目的交换机
标准	PING 通目的交换机
结果（pass/fail）	
时间	________年________月________日

企方：________________　　　　　　　　项目实施组：________________

3.2.4 检测全网路由

测试目的	检查每台交换机/路由器的路由表是否正确
场地	
设备名	
主机名	
步骤	使用 display ip route 命令，检查路由器路由表
标准	路由表正确
结果（pass/fail）	
时间	______年______月______日

企方：______________　　　　项目实施组：______________

3.3 网络功能测试

3.3.1 大数据流量测试

测试地点：A－＞B。

测试目的：测试网络传输性能。

测试方法：FTP 从 A 向 B 传一个 1 000 MB 的文件。

传输结果：______________________________。

签字：

企方：______________　　　　项目实施组：______________

3.3.2 业务网络测试

测试地点：______________________________。

测试目的：______________________________。

测试过程：______________________________。

测试结果：______________________________。

签字：

企方：______________　　　　项目实施组：______________

3.4 网管测试

3.4.1 拓扑一致性测试

测试目的	网管拓扑图是否与网络拓扑一致
场地	
设备名	
主机名	
步骤	1. 启动网管 2. 检验网管拓扑图是否与网络拓扑一致
标准	网管拓扑图与网络拓扑一致
结果（pass/fail）	
时间	

企方：______________　　　　项目实施组：______________

3.4.2 拓扑结点状态测试

测试目的	拓扑图中每一图标能否正确表示路由器的结构和状态
场地	
设备名	
主机名	
步骤	1. 单击图标 2. 观察路由器的结构和状态 3. 配置、修改和管理路由器
标准	可进行正常操作和维护
结果（pass/fail）	
时间	

企方：______________　　　　项目实施组：______________

3.4.3 网络告警及事件测试

测试目的	测试网管能否报告事件及告警信息（当网络产生事件和告警时）
场地	
设备名	
主机名	
步骤	1. 断掉中继 2. 设备关电 3. 插拔部件
标准	能否报告事件及告警信息
结果（pass/fail）	
时间	

企方：______________　　　　项目实施组：______________

4 测试完成准则

- 功能性测试用例通过率达到 100%。
- 非功能性测试用例通过率达到 95%。

5 人员与任务表

人　员	角　色	职责、任务	时　间

练习

（1）网上收集网络测试计划，并将材料汇集成文档。

（2）根据你所在学校的网络情况，制订一份测试计划，要求可实施性强。

（3）查找当前网络工程验收的国家、行业标准。

任务二 实施企业网络的测试

任务描述

根据制订的企业网络的测试计划，对企业网络实施测试。

任务目标

（1）能在教师的指导下完成企业网络的测试。

（2）掌握测试设备的使用、数据导入方法、测试数据分析方法。

（3）培养学生与人沟通、组织、协调、文字处理能力。

任务实施

一、测试目的

通过测试网络的连通性、吞吐量、往返延时、丢包率，判断网络系统的基准性能是否符合测试标准。

二、术语解释

（1）连通性：连通性反映被测试链路之间是否能够正常通信。

（2）吞吐量：吞吐量是指测试设备或被测试系统在不丢包的情况下，能够达到的最大包传输速率。

（3）响应时间：响应时间即往返延迟，是指发出请求的时刻到用户的请求的相应结果返回用户的时间间隔。

（4）丢包率：丢包率是指在吞吐量范围内测试所丢失数据包数量占所发送数据包的比率。

三、测试依据

本次测试依据 YD/T 1096—2023《路由器设备技术要求——边缘路由器》、YD/T 1156—2001《路由器测试规范——高端路由器》、YD/T 1045—2000《网络接入服务器（NAS）技术规范》、YD/T 1075—2000《网络接入服务器（NAS）测试方法》。

四、线缆测试实施方法

（1）根据网络测试计划进行网络测试：

①工作间到设备间的连通状况。

②主干线连通状况。

③跳线测试。

④信息传输速率、衰减、距离、接线图、近端串扰等。

（2）测试标准、要求和步骤。所有的高速网络都定义了支持 5 类以上双绞线，对网络电缆和不同标准所要求的测试参数见表5－2。

表5－2 测试参数

电缆类型	网络类型	标　　准
UTP	令牌环4 bit/s	IEEE 802.5 for 4 bit/s
UTP	令牌环16 bit/s	IEEE 802.5 for 16 bit/s
UTP	以太网	IEEE 802.3 for 10 Base－T
RG58/RG58Foam	以太网	IEEE 802.3 for 10 Base2
RG58	以太网	IEEE 802.3 for 10 Base5
UTP	快速以太网	IEEE 802.12
UTP	快速以太网	IEEE 802.3 for 10 Base－T
UTP	快速以太网	IEEE 802.3 for 100 Base－T4
URP	3，4，5类电缆现场认证	TIA 568，TSB－67

电缆测试一般可分为两个部分：电缆的验证测试和电缆的认证测试。

①电缆的验证测试。电缆的验证测试是测试电缆的基本安装情况。例如电缆有无开路或短路、UTP电缆两端是否按照有关规定正确连接、同轴电缆的终端匹配电阻是否连接良好、电缆的走向如何等。这里要特别指出的一个特殊错误是串绕。所谓串绕就是将原来的两对线分别拆开而又重新组成新的绕对。因为这种故障的端与端连通性是好的，所以用万用表是查不出来的。只有用专线的电缆测试仪（如Fluke的620/DSP100）才能检查出来。串绕故障不易发现是因为当网络低速度运行或流量很低时其表现不明显，而当网络繁忙或高速运行时其影响极大。这是因为串绕会引起很大的近端串扰（NEXT）。电缆的验证测试要求测试仪器使用方便、快速。例如Fluke620，它在不需要远端单元时就可完成多种测试，所以它为用户提供了极大的方便。

②电缆的认证测试。电缆的认证测试是指电缆除了正确地连接以外，还要满足有关的标准，即安装好的电缆的电气参数（例如衰减、NEXT等）是否达到有关规定所要求的指标。这类标准有TIA、IEC等。关于UTP5类线的现场测试指标已于1995年10月正式公布，这就是TIA 568A TSB－67标准。

该标准对UTP5类线的现场连接和具体指标都作了规定，同时对现场使用的测试器也作了相应的规定。对于网络用户和网络安装公司或电缆安装公司都应对安装的电缆进行测试，并出具可供认证的测试报告。

（3）网络听证与故障诊断。网络只要使用就会有故障，除了电缆、网卡、集线器、服务器、路由器以及其他网络设备可能出现故障以外，网络还要经常调整和变更，例如增减站点、增加设备、网络重新布局直至增加网段等。网络管理人员应对网络有清楚的了解，有各种备案的数据，一旦出现故障能立即定位排除。

①网络听证。网络听证就是对健康运行的网络进行测试和记录，建立一个基准，以便当网络发生异常时可以进行参数比较，知道什么是正常或异常。这样做既可以防止某些重大故障的发生，又可以帮助迅速定位故障。网络听证包括对健康网络的备案和统计，例如，网络有多少站点、每个站点的物理地址（MAC）是什么、IP地址是什么、站点的连接情况等。对于大型网络，还包括网段的很多信息，如路由器

和服务器的有关信息。这些资料都应有文件记录以供查询。网络的统计信息有网络使用率、碰撞的分布等。这些信息是对网络健康状况的基本了解。以上这些信息总是在变化之中。

②故障诊断。根据统计，大约 70% 的网络故障发生在 OSI 七层协议的下三层。据有关资料统计，网络发生故障具体分布为：应用层 3%；表示层 7%；会话层 8%；传输层 10%；网络层 12%；数据链路层 25%；物理层 35%。

引起故障的原因包括电缆问题、网卡问题、交换机问题、服务器以及路由器等。另外，3% 左右的故障发生在应用层，应用层的故障主要是设置问题。网络故障造成的损失是相当大的，有些用户，例如银行、证券、交通管理、民航等，对网络健康运行的要求相当严格，当面对网络故障时，用户要求尽快找出问题所在。一些用户希望使用网管软件或网络协议分析仪解决故障，但事与愿违。这是因为，这些工具需要使用人员对网络协议有较深入的了解，仪器的使用难度大，需要设置协议过滤和进行解码分析等。此外，这些工具使用一般网卡，对某些故障不能做出反应。Fluke 公司的网络测试仪采用专门设计的网卡，具有很多专用测试步骤，不需编程解码，一般技术人员可迅速利用该仪器解决网络问题，并且仪器由电池供电，用户可以携带到任何地方使用。网络测试仪还有电缆测试的选件，网络的常见故障都可用该仪器迅速诊断。

Fluke 公司提供从电缆到网络的一系列测试仪器，不论是网络安装公司还是网络最终用户，都可以使用这些仪器建立并维护一个健康的网络。

（4）局域网电缆测试及有关要求。以前的局域网主要使用同轴电缆或 UTP3 类线。而现在的用户都大量采用 UTP5 类线，超 5 类线，6 类线，这主要是为了将来升级到高速网络。那么根据什么标准才能认证用户安装的 5 类线、超 5 类线、6 类线可以达到指标，可以支持未来的高速网络呢？国家标准 GB 50312—2016《综合布线系统工程验收规范》，为统一建筑与建筑群综合布线系统工程施工质量检查、随工检验和竣工验收等工作的提供了技术要求。

TSB－67 标准首先对大量的水平连接进行了定义。它将电缆的连接分为基本链路（BasicLink）和信道（Channel）。BasicLink 是指建筑物中固定电缆部分，不包含插座至网络设备末端的连接电缆。而 Channel 是指网络设备至网络设备的整个连接。上述两种连接所适用的范围不同，具体的指标也不同。BasicLink 适用于电缆安装公司，其目的是对所安装的电缆进行认证测试。而对 Channel 感兴趣的是网络安装公司的网络最终用户。因为他们要对整个网络负责，所以应对网络设备之间的整个电缆部分（即 Channel）进行认证测试。此外还有几点要特别注意。第一，无论是 BasicLink 还是 Channel，TSB－67 都规定了在测试中必须对仪器和电缆的连接部分（接头和插座）进行补偿，将它们的影响排除。也就是说，在指标中不包含两末端的接头和插座。第二，TSB－67 标准不仅规定了测试标准和现场的测试仪器的具体指标，并把仪器所能达到的精度分成两类，即一级精度和二级精度，只有二级精度的仪器才能达到最高的测试认证。第三，TSB－67 还规定了近端串扰的测试必须从两个方向进行，也就是双向测试。只有这样才能保证 UTP5 类电缆的质量。

因此，基本链路和信道便成了两种测试方法。目前，北美地区主张基本链路测试的用户达 95%，而欧洲主张信道测试的用户也达到 95%，我国网络工程界倾向于北美的观点，基本上采用基本链路的测试方法。

（5）光缆测试。测试光纤的目的，是要知道光纤信号在光纤路径上的传输损耗。光信号是由光纤路径一端的LED光源所产生的（对于LGBC多模光缆或室外单模光缆，是由激光光源产生的），这个光信号在它从光纤路径的一端传输到另一端时，要经历一定量的损耗。这个损耗来自光纤本身的长度和传导性能，来自连接器的数目和接续的多少。当光纤损耗超过某个限度值后，表明此条光纤路径是有缺陷的。对光纤路径进行测试有助于找出问题。下面给出如何用938系列光纤测试仪光纤路径进行测试的步骤。

①测试光纤路径所需的硬件。

• 两个938A光纤损耗测试仪（OLTS），用来测试光纤传输损耗。

• 为了使在两个地点进行测试的操作员之间进行通话，需要有无线对讲机（至少要有电话）。

• 4条光纤跳线，用来建立938A测试仪与光纤路之间的连接。

• 红外线显示器，用来确定光能量是否存在。

• 测试人员必须戴上墨镜。

②光纤路径损耗的测试注意事项。当执行下列过程时，测试人员决不能去观看一个光源的输出（在一条光纤的末端，或在连接到OLTS-938A的一条光纤路径的末端，或到一个光源），以免损伤视力。为了确定光能量是否存在，应使用能量/功率计或红外线显示器。

• 设置测试设备。按938A光纤损耗测试仪的指令来设置。

• OLTS（938A）调零。调零用来消除能级偏移量。

（6）工程的结尾工作。工程结束时应做的工作：

• 清理现场，保持现场清洁、美观。

• 对墙洞、竖井等交换处要进行修补。

• 汇总各种剩余材料，并把剩余材料集中放置一处，登记其可使用的数量。

• 写总结报告，主要内容如下：

➢ 开工报告。

➢ 网络文档。

➢ 使用报告。

➢ 验收报告。

（7）网络文档的组成。网络文档目前在国际上还没有一个标准可言，国内各大网络公司提供的文档内容也不一样。但网络文档是绝对重要的，它可为未来的网络维护、扩展和故障处理节省大量的时间。下面编者根据十多年从事网络工程的实际经验介绍一下网络文档的组成。网络文档由3种文档组成，即网络结构文档、网络布线文档和网络系统文档。

①网络结构文档由下列内容组成：

• 网络逻辑拓扑结构图。

• 网段关联图。

• 网络设备配置图。

• IP地址分配表。

②网络布线文档由下列内容组成：

- 网络布线逻辑图。
- 网络布线工程图（物理图）。
- 测试报告（提供每一结点的接线图、长度、衰减、近端串扰和光纤测试数据）。
- 配线架与信息插座对照表。
- 配线架与集线器接口对照表。
- 集线器与设备间的连接表。
- 光纤配线表。

③网络系统文档的主要内容有：

- 服务器文档。包括服务器硬件文档和服务器软件文档。
- 网络设备文档。网络设备是指工作站、服务器、中继器、集线器、路由器、交换器、网桥、网卡等。在做文档时，必须有设备名称、购买公司、制造公司、购买时间、使用用户、维护期、技术支持电话等。
- 网络应用软件文档。
- 用户使用权限表。

五、测试工具表

设备/软件名称	型号/版本	数　量	用　途	备　注
DELL 笔记本电脑	14 Plus	2 台	作为终端接入网络环境	测试机
FLUKE 测试仪	DSX－5000	1 台	用于线缆测试	测试仪
Chariot Endpoint	5.4		产生特定的数据流量 吞吐量、往返延迟测试	测试软件

六、测试结果

1. 网络连通性测试

源地址	目的地址	连通性描述
		连通
		连通
		连通
		连通
		连通
		连通

2. 网络吞吐量测试

测试链路	链路属性	测试帧长	开放端口	平均吞吐量	是否合格
	100 M	512 B		93.407 M	合格
	100 M	512 B		94.256 M	合格

续表

测试链路	链路属性	测试帧长	开放端口	平均吞吐量	是否合格
	100 M	512 B		9.150 M	合格
	100 M	512 B		95.505 M	合格

3. 往返延迟测试

测试链路	链路属性	测试帧长	响应时间（单位：秒）			是否合格
			平均	最小	最大	
	100 M	64 B	0.006	0.001	0.042	合格
	100 M	64 B	0.007	0.001	0.045	合格
	100 M	64 B	0.007	0.001	0.059	合格
	100 M	64 B	0.002	0.001	0.030	合格

4. 丢包率测试

测试链路	发包数	收包数	包长/B	丢包率	是否合格
	171 469	171 469	512	0.0%	合格
	171 469	171 469	512	0.0%	合格
	171 469	171 469	512	0.0%	合格
	174 835	174 835	512	0.0%	合格

注：以上测试只在当前的网络配置和测试环境下有效。

七、网络设备测试结论

测试设备	测试结果	备　　注
	硬件安装、链路调试均通过	
	硬件安装、链路调试均通过	
	硬件安装、链路调试均通过	
	硬件安装、链路调试均通过	
	硬件安装、链路调试均通过	
	硬件安装、链路调试均通过	
	硬件安装、链路调试均通过	
	硬件安装、链路调试均通过	
	硬件安装、链路调试均通过	
	硬件安装、链路调试均通过	
测试人员签字（双方）： 用户方：________________　建设方：________________		

知识链接

一、FLUKE DSX－5000 测试仪

福禄克 FLuke DSX－5000 CableAnalyzer 可提高铜缆认证的速度，Cat 6A 和 FA 级测试速度无可比拟，且符合最严苛的 IEC 草案 V 级精度标准。ProjX 管理系统有助于确保在第一次操作时就正确完成作业，并且有助于跟踪从设置到系统验收过程的进度。Versiv 平台支持光纤测试模块（OLTS 和 OTDR），以及 Wi－Fi 分析和以太网故障排除。该平台易于升级以支持未来标准。使用 Taptive 用户界面更快速地进行故障排除，该界面可以图形方式显示故障源，包括串扰、回波损耗和屏蔽故障，FLUKE DSX－5000 测试仪分析测试结果并使用 LinkWare 管理软件创建专业的测试报告。

1. 产品特性

自动测试速度：5e 或 6 类/Class D 或 E 的全双向自动测试，9 s。完整的双向 6A 类/EA 级自动测试：10 s。

2. 支持测试参数

支持测试参数包括：接线图、长度、传播延迟、延迟偏差、直流回路电阻、插入损耗（衰减）、回波损耗（RL）、NEXT、衰减串扰比（ACR－N）、ACR－F（ELFEXT）、PS ACR－F（ELFEXT）

3. 其他参数

- 箱包：由减震材料包覆成型的耐冲击性塑料箱。
- 典型的电池寿命：8 h。
- 充电时间：测试仪关闭状态下，电量从 10% 充到 90% 需 4 h。
- 所支持的语言：英语、法语、德语、西班牙语、葡萄牙语、意大利语、日语和简体中文。
- 校验：维修中心校验周期为一年。

二、Wire Scope 350 测试仪

Wire Scope 350 全面支持所有当前的和新兴的局域网电缆认证标准。它采用全模块化设计，实现了软件和硬件升级能力，保证最大限度地支持超过六类/E 级的未来局域网和布线标准。Wire Scope 350 具备卓越的测试性能、简便易用性和报表功能，为局域网和布线专业人员提供了最优秀的工具。

1. 产品特点

- 确保已安装的 LAN 线缆符合建议的 TIA 6 类及 ISO E 类标准。
- 软硬件升级超出 6 类/ E 类标准。
- 测试精度超过 TIA III 级标准并可跟踪实验室标准。
- 真彩色触摸屏、中文界面，降低了培训要求。
- 可扩充的存储方式将测试结果存至 Compact Flash 卡中。
- 附带的“Scope Data Pro”软件可生成专业质量的图形测试报告。

- 可通过光纤测试模块附件测试已安装的光缆。
- 对讲系统方便了测试人员的联络。

2. 功能特点

（1）Wire Scope 350 具有 350 MHz 测试频率范围及超出了 TIA III 级标准的测试精度，完全超出了建议的 6 类/E 类线缆标准的需求，网络分析向导（VNA）设计提供了先进的标定和诊断分析能力。Wire Scope 350 唯一提供了惠普实验室分析系统工业标准相关的测试精度。

（2）真彩色触摸屏、中文界面，方便地浏览菜单，使测试结果数据更易于理解，从而使操作更加迅速并减少了培训时间。测试设置向导功能帮助操作者配置测试选项，从而减少了错误测试的可能。所有的测试设置都可与 PC 进行相互传输，从而加快了同一测试任务中配置多台 Wire Scope 350 的效率。

（3）对 6 类线缆的测试，要求测试适配器及跳线与所安装的硬件连接相符，测试适配器及跳线的老化也同样会影响测试精度。为方便测试并提高测试精度，Wire Scope 350 提供了通用的测试适配器及跳线，并通过 ETL 实验室认证，用户不必再去另行购买专用适配器和跳线。仪器的计数器功能可记录所完成的测试数量，从而在超出设定的测试数量极限后对用户发出警告。

（4）通过可选的光缆 Smart Probes 适配器，Wire Scope 350 可测试多模及单模光缆，测试结果与铜缆测试结果存储在相同的数据库中，并可集成到同一份测试报告中。

（5）随着新的标准、门限及线缆系统保障程序规则的发布，认证测试变得越来越复杂，最大的挑战来自于测试开始前对门限及测试选项的正确设置，Wire Scope 350 用户界面通过对所有必需选项的设置分步指导从而解决了该问题。

（6）为提高设置速度，用户可使用预置文件定义所有门限，以及线缆和测试设置的测试模板。测试模板可以用 Scope Data Pro 生成，也可以用公共保障程序模板生成。

（7）清晰的故障图例简化了工作区的故障线缆的诊断，故障点定位功能标出了故障的起源。

（8）Wire Scope 350 可将图像数据存储于可拆卸的便携式 Flash Memory 卡中，该项设计允许了几乎无限大存储容量扩展及数据转储，已面市的便携式 Flash Memory 卡阅读器及适配器允许将数据下载至任何笔记本式计算机或 PC 中。

（9）随着线缆测试标准的增长，如何清晰明了地提供测试结果已成为很大的问题：Scope Data Pro 软件用专业的报告设计解决了这一问题。报告包含了测试数据曲线、任意一点的线缆质量和极限之间的余量分析，测试报告还可方便地在每页中加入承包商或客户标志，形成非常专业的图形测试报告。

3. 具体参数及配件

支持频率范围：1 ~ 350 MHz。

精度：超过建议的 TIA Ⅲ级精度。

1）支持测试的类型

近端串扰（NEXT）、PowerSum、Pair to Pair、衰减（attenuation）、等效远端串

扰（ELFEXT）(powersum、pair to pair)、回波损耗（return loss)、背景噪声（ambient noise)、峰值噪声（impulse noise），以及接线图（wire map）开路、短路、错对、反接及串对，测试屏蔽连通性、电缆长度（cable length)，测量每对线缆长度及至出错点距离、时延（propagation delay)，报告总体时延及线对间时延偏差、环路电阻（loop resistance)。

2）测试标准

- TIA Cat 6 Draft7 和 ISO Class E。
- TIA Cat 5E（TIA－568－A－5)。
- TIA TSB－95。
- TIA TSB－67 Cat 3，4，和 5。
- ISO－IEC 11801 PDAM3 和 EN50173 Class C 和 Class D。
- Aus/MZ Class C 和 Class D。
- UTP、STP、SCTP、Coaxial 和 twinax cabling。
- IEEE：所有 Ethernet 802. 3 UTP 和 Fiber PMD 接口，包括 1000BASE－T。
- 其他 802. X PMD 接口，包括 token ring 和 demand priority。
- ATM：所有 UTP 和 fiber PMD 接口。
- ANSI：FDDI 和 CDDI 接口。

3）其他参数

- 内存：便携式 Flash memory 卡提供了灵活的测试记录存储，仪器可在检测到 Compact Flash 后将其与 Intermemory 自动合并。
- 电源：可装卸/可充电式大容量镍氢电池，充电后可持续工作 8 h。
- 远程器：Wire Scope 350 产品包已包括支持所有测试所需的远端仪器。
- 界面：2. 38"　×6. 25"（6 cm×16 cm）触摸式彩色 LCD 显示屏。
- 规格：尺寸：9"　×4. 5"　×2. 6"（22. 8 m×1. 4 m×6. 6 m)。
- 重量：2. 6 lbs（1. 2 kg)。
- 接口：智能测试接口。
- 支持 UTP、STP、FTP、Coaxial & Fiber Probe 与 PC、打印机互传。
- 数据串口 USB。
- 对讲耳麦插口：3. 5 mm 立体声插孔。

三、双绞线测试错误的解决方法

对双绞线缆进行测试时，可能产生的问题有：近端串扰未通过、衰减未通过、接线图未通过、长度未通过，现分别介绍如下：

1. 近端串扰未通过

原因可能有：

（1）近端连接点有问题。

（2）远端连接点短路。

（3）串对。

（4）外部噪声。

（5）链路线缆和接插件性能有问题或不是同一类产品。

（6）线缆的端接质量有问题。

2. 衰减未通过

原因可能有：

（1）长度过长。

（2）温度过高。

（3）连接点有问题。

（4）链路线缆和接插件性能有问题或不是同一类产品。

（5）线缆的端接质量有问题。

3. 接线图未通过

原因可能有：

（1）两端的接头有断路、短路、交叉、破裂开路。

（2）跨接错误（某些网络需要发送端和接收端跨接，当为这些网络构筑测试链路时，由于设备线路的跨接，测试接线图会出现交叉）。

4. 长度未通过

原因可能有：

（1）NVP 设置不正确，可用已知的好线确定并重新校准 NVP。

（2）实际长度过长。

（3）开路或短路。

（4）设备连线及跨接线的总长度过长。

5. 测试仪问题

（1）测试仪不启动，可更换电池或充电。

（2）测试仪不能工作或不能进行远端校准，应确保两台测试仪都能启动，并有足够的电池或更换测试线。

（3）测试仪设置为不正确的电缆类型，应重新设置测试仪的参数、类别、阻抗及标称的传输速度。

（4）测试仪设置为不正确的链路结构，按要求重新设置为基本链路或通路链路。

（5）测试仪不能存储自动测试结果，确认所选的测试结果名字是唯一，或检查可用内存的容量。

（6）测试仪不能打印储存的自动测试结果，应确定打印机和测试仪的接口参数，应设置成一样，或确认测试结果已被选为打印输出。

四、光缆测试技术

1. 光纤测试技术综述

在光纤的应用中，光纤本身的种类很多，但光纤及其系统的基本测试方法，大体上都是一样的，所使用的设备也基本相同。对光纤或光纤系统，其基本的测试内容有：测试连续性和衰减/损耗，测量光纤输入功率和输出功率，分析光纤的衰减/损耗，确定光纤连续性和发生光损耗的部位等。

进行光纤的各种参数测量之前，必须做好光纤与测试仪器之间的连接。目前，有各种各样的接头可用，但如果选用的接头不合适，就会造成损耗，或者造成光学反射。例如，在接头处光纤不能太长，即使长出接头端面 1 m，也会因压缩接头而使之损坏。反过来，若光纤太短，则又会产生气隙，影响光纤之间的耦合。因此，应该在进行光纤连接之前，仔细地平整及清洁端面，并使之适配。

目前，绝大多数的光纤系统都采用标准类型的光纤、发射器和接收器。如纤芯为 62.5 μm 的多模光纤和标准发光二极管 LED 光源，工作在 850 nm 的光波上。这样就可以大大减少测量中的不确定性。而且，即使是用不同厂家的设备，也可以很容易地将光纤与仪器进行连接，可靠性和重复性也很好。

2. 测试仪器精确度

光纤测试仪由两个装置组成：一个是光源，它接到光纤的一端发送测试信号；另一个是光功率计，它接到光纤的另一端，测量发来的测试信号。测试仪器的动态范围是指仪器能够检测的最大和最小信号之间的差值，通常为 60 dB。高性能仪器的动态范围可达 100 dB 甚至更高。在这一动态范围内功率测量的精确度通常被称为动态精确度或线性精度。功率测量设备有一些共同的缺陷：高功率电平时，光检测器呈现饱和状态，因而增加输入功率并不能改变所显示的功率值；低功率电平时，只有在信号达到最小阈值电平时，光检测器才能检测到信号。在高功率和低功率之间，功率计内的放大电路会产生三个问题。常见的问题是偏移误差，它使仪器恒定地读出一个稍高或稍低的功率值。大多数情况下，最值得注意的问题是量程的不连续，当放大器切换增益量程时，它使功率显示值发生跳变。无论是手动状态，还是经常遇到的自动（自动量程）状态下，典型的切换增量为 10 dB。一个较少见的误差是斜率误差，它导致仪器在某种输入电平上读数值偏高，而在另一些点上却偏低。

3. 测量仪器校准

为了使测量的结果更准确，首先应该对功率计进行校准。但是，即使是经过了校准的功率计也有大约 ±5%（0.2 dB）的不确定性。这就是说，用两台同样的功率计去测量系统中同一点的功率，也可能会相差 10%。

其次，为确保光纤中的光有效地耦合到功率计中去，最好是在测试中采用发射电缆和接收电缆。但必须使每一种电缆的损耗低于 0.5 dB，这时，还必须使全部光都照射到检测器的接收面上，又不使检测器过载。光纤表面应充分地平整清洁，使散射和吸收降到最低。值得注意的，如果进行功率测量时所使用的光源与校准时所用的光谱不相同，也会产生测量误差。

4. 光纤的连续性

光纤的连续性是对光纤的基本要求，因此对光纤的连续性进行测试是基本的测量之一。进行连续性测量时，通常是把红色激光、发光二极管（LED）或者其他可见光注入光纤，并在光纤的末端监视光的输出。如果在光纤中有断裂或其他的不连续点，在光纤输出端的光功率就会下降或者根本没有光输出。

通常在购买电缆时，人们用四节电池的电筒从光纤一端照射，从光纤的另一端查看是否有光源，如有，则说明这光纤是连续的，中间没有断裂，如光线弱时，则要用测试仪来测试。光通过光纤传输后，功率的衰减大小也能表示出光纤的传导性能。如果光纤的衰减太大，则系统也不能正常工作。光功率计和光源是进行光纤传输特性测量的一般设备。

5. 光纤布线系统测试

光纤布线系统的测试是工程验收的必要步骤，也是工程承包者向房地产业主兑现合同的最后工序，只有通过了系统测试，才能表示布线系统的完成。布线系统测试可以从多个方面考虑，设备的连通性是最基本的要求，跳线系统是否有效可以很方便地测试出来，通信线路的指标数据测试相对比较困难，一般都借助专业工具进行，1995 年 9 月通过的 TSB－76 中对双绞线的测试作了明确的规定，布线系统测试应参照此标准进行。

6. 光纤测试仪的组成

目前，测试综合布线系统中光纤传输系统的性能常用 AT&T 公司生产的 938 系列光纤测试仪。938A 光纤测试仪由下列部分组成：

（1）主机。它包含一个检波器、光源模块（OSM）接口、发送和接收电路及供电电源。主机可独立地作为功率计使用，不要求光源模块。

（2）光源模块。它包含有发光二极管（LED），在 660、7 800、820、850、870、1 300、1 550 nm 波长上作为测量光衰减或损耗的光源，每个模块在其相应的波长上发出能量。

（3）光连接器的适配器。它允许连接一个 Biconic、ST、SC 或其他光缆连接器至 938 主机，对每一个端口（输入和输出）要求一个适配器，安装连接器的适配器时不需要工具。

（4）AC 电源适配器。当由 AC 电源给主机供电时，AC 适配器不对主机中的可充电电池进行充电。如果使用的是可充电电池，则必须由外部 AC 电源对充电电池进行充电。

练习

（1）编写本企业的网络文档。

（2）根据本任务的项目背景，写出超 5 类双绞线的测试过程。

任务三　网络工程验收报告

任务描述

根据企业网络的测试计划，对企业网络实施测试，将测试数据进行整理、分析，编写网络工程验收报告。

任务目标

（1）能在教师的指导下完成企业网络工程验收报告。
（2）培养学生与人沟通、组织、协调、文字处理能力。

任务实施

对网络工程进行验收是施工方向用户方移交的正式手续，也是用户对工程的认可。尽管许多单位把验收与鉴定结合在一起进行，但验收与鉴定还是有区别的，主要表现如下：

验收是用户对网络工程施工工作的认可，检查工程施工是否符合设计要求和符合有关施工规范。用户要确认：工程是否达到了原来的设计目标？质量是否符合要求？有没有不符合原设计的有关施工规范的地方？

鉴定是对工程施工的水平程度做评价。鉴定评价来自专家、教授组成的鉴定小组，用户只能向鉴定小组客观地反映使用情况，鉴定小组组织人员对新系统进行全面的考察。鉴定组写出鉴定书提交上级主管部门备案。

验收是分两部分进行的：第一部分是物理验收；第二部分是文档验收。

鉴定是由专家组和甲方、乙方共同进行的。现分别叙述如下：

一、现场（物理）验收

甲方、乙方共同组成一个验收小组，对已竣工的工程进行验收。作为网络综合布线系统，在物理上主要验收的点是：

（1）工作区子系统验收。对于众多的工作区不可能逐一验收，而是由甲方抽样挑选工作间。

验收的重点：

①线槽走向和布线是否美观大方、符合规范。

②信息座是否按规范进行安装。

③信息座安装是否做到一样高、平、牢固。

④信息面板是否都固定牢靠。

（2）水平干线子系统验收，主要验收点有：

①槽安装是否符合规范。

②槽与槽，槽与槽盖是否接合良好。

③托架、吊杆是否安装牢靠。

④水平干线与垂直干线、工作区交接处是否出现裸线，有没有按规范去做。

⑤水平干线槽内的线缆有没有固定。

（3）垂直干线子系统验收。垂直干线子系统的验收除了类似于水平干线子系统的验收内容外，要检查楼层与楼层之间的洞口是否封闭，以防火灾出现时成为一个隐患点。要检查线缆是否按间隔要求固定、拐弯线缆是否留有弧度。

（4）管理间、设备间子系统验收，主要检查设备安装是否规范整洁。

验收不一定要等工程结束时才进行，往往有的内容是随时验收的，编者把网络布线系统的物理验收归纳如下：

1. 施工过程中甲方需要检查的事项

1）环境要求

（1）地面、墙面、天花板内、电源插座、信息模块座、接地装置等要素的设计与要求。

（2）设备间、管理间的设计。

（3）竖井、线槽、打洞位置的要求。

（4）施工队伍以及施工设备。

（5）活动地板的敷设。

2）施工材料的检查

（1）双绞线、光缆是否按方案规定的要求购买。

（2）塑料槽管、金属槽是否按方案规定的要求购买。

（3）机房设备如机柜、集线器、接线面板是否按方案规定的要求购买。

（4）信息模块、座、盖是否按方案规定的要求购买。

3）安全、防火要求

（1）器材是否靠近火源。

（2）器材堆放是否安全防盗。

（3）发生火情时能否及时提供消防设施。

2. 检查设备安装

1）机柜与配线面板的安装

（1）在机柜安装时要检查机柜安装的位置是否正确，以及规定、型号、外观是否符合要求。

（2）跳线制作是否规范，配线面板的接线是否美观整洁。

2）信息模块的安装

（1）信息插座安装的位置是否规范。

（2）信息插座、盖安装是否平、直、正。

（3）信息插座、盖是否用螺钉拧紧。

（4）标志是否齐全。

3. 双绞线电缆和光缆安装

1）桥架和线槽安装

（1）位置是否正确。

（2）安装是否符合要求。

（3）接地是否正确。

2）线缆布放

（1）线缆规格、路由是否正确。

（2）对线缆的标号是否正确。

（3）线缆拐弯处是否符合规范。

（4）竖井的线槽、线固定是否牢靠。

(5) 是否存在裸线。

(6) 竖井层与楼层之间是否采取了防火措施。

4. 室外光缆的布线

1) 架空布线

(1) 架设竖杆位置是否正确。

(2) 吊线规格、垂度、高度是否符合要求。

(3) 卡挂钩的间隔是否符合要求。

2) 管道布线

(1) 管孔位置是否合适。

(2) 线缆规格。

(3) 线缆走向路由。

(4) 防护设施。

3) 挖沟布线(直埋)

(1) 光缆规格。

(2) 敷设位置、深度。

(3) 是否加了防护铁管。

(4) 回填土复原是否夯实。

4) 隧道线缆布线

(1) 线缆规格。

(2) 安装位置、路由。

(3) 设计是否符合规范。

5. 线缆终端安装

(1) 信息插座安装是否符合规范。

(2) 配线架压线是否符合规范。

(3) 光纤头制作是否符合要求。

(4) 光纤插座是否符合规范。

(5) 各类路线是否符合规范。

上述五点均应在施工过程中由甲方和督导人员随工检查。发现不合格的地方，做到随时返工，如果完工后再检查，出现问题就不好处理了。

二、文档与系统测试验收

文档验收主要是检查乙方是否按协议或合同规定的要求，交付所需要的文档。系统测试验收就是由甲方组织的专家组对信息点进行有选择的测试，检验测试结果。

对于测试的内容主要有：

(1) 电缆的性能测试：

①5 类线要求：接线图、长度、衰减、近端串扰要符合规范。

②超 5 类线要求：接线图、长度、衰减、近端串扰、时延、时延差要符合规范。

③6 类线要求：接线图、长度、衰减、近端串扰、时延、时延差、综合近端串扰、回波损耗、等效远端串扰、综合远端串扰要符合规范。

（2）光纤的性能测试：

①类型（单模/多模、根数等）是否正确。

②衰减。

③反射。

（3）系统接地要求小于 4 Ω。

当验收通过后，就进入鉴定程序。

三、乙方要为鉴定会准备的材料

一般乙方为鉴定会准备的材料有：

（1）网络综合布线工程建设报告。

（2）网络综合布线工程测试报告。

（3）网络综合布线工程资料审查报告。

（4）网络综合布线工程用户意见报告。

（5）网络综合布线工程验收报告。

为了方便读者，编者对上述报告提供一个完整的样例，供读者参考使用。

样例 1：某医院计算机网络布线工程建设报告

2023 年 8 月，在某医院领导的大力支持下，该医院医学信息科与某网络系统集成公司的工程技术人员经过几个月的通力合作，完成了该医院计算机网络布线工程的施工建设。提请领导和专家进行检查验收。现将网络布线工程实施的情况作一简要汇报。

1. 工程概况

某医院计算机网络布线工程由某网络系统集成公司承接并具体实施。该工程于 2023 年 8 月经某医院主持召开的专家评审会评审，并通过了《某医院计算机网络系统工程方案》。

2023 年 9 月，某网络系统集成公司按合同要求开始进行工程实施。

2023 年 12 月中旬，完成结构化布线工程。

2023 年 12 月 20 日至 30 日，完成所有用户点和各种线路的测试。

2. 工程设计与实施

1）设计目标

该医院计算机网络布线工程是为该院的办公自动化、医疗、教学与研究，以及院内各单位资源信息共享而建立的基础设施。

2）设计指导思想

由于计算机与通信技术发展较快，本工程本着先进、实用、易扩充的指导思想，既要选用先进成熟的技术，又要满足当前管理的实际需要，采用了快速以太网技术，满足 100 Mbit/s 用户的需求，当要升级到宽带高速网络时，便可向千兆位以太网转移，以较低的投资取得较好的收益。

3）楼宇结构化布线的设计与实施

该医院计算机网络布线工程涉及 6 幢楼，它们是门诊楼、科技楼、住院处（包括住院处附楼）、综合楼、传染病研究所和儿科楼。计算机网络管理中心设在科技 3 楼的计算机中心机房。

网络管理中心与楼宇连接介质采用如下技术：

- 网络管理中心到综合楼光纤。
- 网络管理中心到传染病研究所光纤。
- 网络管理中心到住院处光纤。
- 网络管理中心到儿科楼光纤。
- 网络管理中心到门诊楼 5 类双绞线连接集线器。
- 网络管理中心到科技楼 5 类双绞线连接集线器。

4）设计要求

（1）根据楼宇与网络管理中心的物理位置，所有入网点到本楼（本楼层）的集线器距离不超过 100 m。

（2）网络的物理布线采用星状结构，便于提高可靠性和传输效率。

（3）结构化布线的所有设备（配线架、双绞线等）均采用 5 类标准，以满足 10 Mbit/s 用户的需求以及向 100 Mbit/s、1 000 Mbit/s 转移。

（4）入网点用户的线路走阻燃 PVC 管或金属桥架，在环境不便于 PVC 管或金属桥架施工的地方用金属蛇皮管与 PVC 管或金属架相衔接。

5）实施

（1）楼宇物理布线结构。楼宇间计算机网络布线系统结构略。

（2）建立用户结点数。该医院网络布线共建立了 339 个用户点，具体如下：

- 门诊楼 93 个用户点。
- 科技楼 73 个用户点。
- 住院处 130 个用户点。
- 综合楼 26 个用户点。
- 传染病研究所 9 个用户点。
- 儿科楼 8 个用户点。

（3）已安装 RJ－45 插座数。在 339 个用户点中，除住院处 9 层的 917、922 房间因故未能安装外，其他各用户均已安装到位。

6）布线的质量与测试

（1）布线时依据方案确定线路，对于承重墙或难以实施的地方，均与院方及时沟通，确定线路走向和选用的器材。

（2）在穿线工序时，做到穿线后，由监工确认是否符合标准后再盖槽和盖天花板，保证质量达到设计要求。

(3) 用户点的质量测试。对于入网的用户点和有关线路均进行质量测试。

7）入网用户点

入网的用户点均用 DATACOM 公司的 LANCATV5 类电缆测试仪进行线路测试，集线器－集线器间的线路测试结果全部合格，测试结果报告请见附录（略）。

3. 工程特点

该医院网络布线工程具有下列特点：

(1) 本网络系统是先进的，具有良好的可扩充性和可管理性。

(2) 支持多种网络设备和网络结构。

(3) 不仅能够支持华为公司的高性能以太网交换机和智能集线器实现的快速以太网交换机为主干的网络，在需要开展宽带应用时，只要升级相应的设备，便可转移到千兆位以太网。

4. 工程文档

网络系统集成公司向该医院提供下列文档：

(1) 该医院计算机网络系统一期工程技术方案。

(2) 该医院计算机网络结构化布线系统设计图。

(3) 该医院计算机网络结构化布线系统工程施工报告。

(4) 该医院计算机网络结构化布线系统测试报告。

(5) 该医院计算机网络结构化布线系统工程物理施工图。

(6) 该医院计算机网络结构化布线系统工程设备连接报告。

(7) 该医院计算机网络结构化布线系统工程物品清单。

5. 结束语

在该医院计算机网络布线工程交付验收之时，感谢院领导和有关部门的支持和大力帮助；感谢医院计算中心的同志给予的大力协助和密切合作；为协同工程施工，医院的同志放弃了许多个节假日，加班加点工作，令我们非常感激。在此，还要感谢设备厂商给我们的支持和协助。

某网络系统集成公司

2024 年 1 月

样例 2：某医院计算机网络结构化布线工程测试报告

某医院网络结构化布线系统工程，于 2023 年 5 月立项，2023 年 9 月与某网络系统集成公司签订合同。2023 年 10 月开始施工，至 2023 年 12 月底完成合同中规定的门诊楼、科技楼、住院楼、综合楼、传染病研究所大楼套房的结构化布线。2023 年 12 月至 2024 年 1 月中旬某网络系统集成公司对上述布线工程进行了自测试。2024 年 2 月，该网络系统集成公司和该医院组成测试小组进行测试。

测试内容包括材料选用、施工质量、每个信息点的技术参数。现将测试结果报告如下：

1. 线材检验

经我们查验，所用线材为 AT&T 非屏蔽 5 类双绞线，符合 EIA/TIA—568 国际标准对 5 类电缆的特性要求；信息插座为 AMP 8 位/ 8 路模块化插座；有 EIA/TIA—568 电缆标记，符合 SYSTIMAAX SCS 的标准；光纤电缆为 8 芯光缆，符合 Bellcore、OFNR、100Base—FX、EIA/TIA—568、IEEE 802 和 ICE 标准。

2. 桥架和线槽查验

经我们检查，金属桥架牢固，办公室内明线槽美观稳固。施工过程中没有损坏楼房的整体结构，走线位置合理，整体工程质量上乘。

3. 信息点参数测试

信息点技术参数测试是整个工程的关键测试内容。我们采用 LANCATV5 网络电缆测试仪对所有信息点、电缆进行了全面测试，包括对 TDR 测量线缆物理长度、接线图、近端串扰、衰减串扰比（ACK)、电缆电阻、脉冲噪声及通信量和特征阻抗的测试。测试结果表明所有信息点都在合格范围内，详见测试记录。

综合上述，该医院网络布线工程完全符合设计要求，可交付使用。

2024 年 3 月，由几家公司组成的工程验收测试小组，认真地阅读了该医院计算中心和该网络系统集成公司联合测试组的网络结构化布线工程测试报告，并用 MICROTESE Penta Scannet 100 MHz 测试仪抽样测试了 20 个信息点，其结果完全符合上述联合测试小组的测试结果。

附件一：工程联合测试小组名单。

附件二：测试记录（略)。

附件三：抽样测试结果记录（略)。

特此报告

工程验收测试小组签字（×××、×××、×××、×××)

2024 年 3 月

某医院网络工程结构化布线系统测试组名单

姓名	单位	职称
×××	×××	×××
×××	×××	×××

样例 3：某医院网络工程布线系统资料审查报告

该网络系统集成公司在完成该医院网络工程布线之后，为医院提供了如下工程技术资料：

(1) 医院计算机网络系统布线工程方案。

(2) 医院计算机网络工程施工报告。

(3) 医院网络布线工程测试报告。

(4) 医院网络结构化布线方案之一。

(5) 医院网络结构化布线方案之二。

(6) 医院楼宇间站点位置图和接线表。

（7）医院计算中心主跳线柜接线表和主配线柜端口/位置对照表。

（8）医院网络结构化布线系统测试结果。

网络系统集成公司提供的上述资料，为工程的验收、今后的使用和管理提供了使用条件，经审查，资料翔实齐全。

资料审查组

2024 年 5 月

某医院网络工程结构化布线资料审查组名单

姓名	单位	职称
×××	×××	×××
×××	×××	×××

样例 4：某医院网络工程结构化布线系统用户试用意见

医院计算机网络工程结构化布线施工完成并经测试后，我们对其进行了试验和试用。通过试用，得到如下初步结论：

（1）该系统设计合理，性能可靠。

（2）该系统体现了结构化布线的优点，使支持的网络拓扑结构与布线系统无关，网络拓扑结构可方便、灵活地进行调整而无须改变布线结构。

（3）该结构化布线系统为医院内的局域网及实现虚拟网（VLAN）提供了良好的基础。

（4）布线系统上进行了高、低速数据混合传输试验，该系统表现了很好的传输性能。

综合上述，该布线系统实用安全，可以满足某医院计算机网络系统的使用要求。

某医院信息中心

2024 年 8 月

样例 5：某医院计算机网络综合布线系统工程验收报告

今天，召开医院计算机网络综合布线系统工程验收会，验收小组由网络系统集成公司和该医院的专家组成，验收小组和与会代表听取了医院计算机网络结构化布线系统工程的方案设计和施工报告、测试报告、资料审查报告和用户试用情况报告；实地考察了该医院计算中心主机房和布线系统的部分现场。验收小组经过认真讨论，一致认为：

（1）工程系统规模较大。医院计算机网络工程综合布线工程是一个较大的工程项目，具有 5 幢楼宇，339 个用户结点。该工程按照国际标准 EIA/TIA—568 设计，参照 AT&T 结构化布线系统技术标准施工，是一个标准化、实用性强、技术先进、扩充性好、灵活性强和开放性好的信息通信平台，既能满足目前的需求，又兼顾未来发展需要，工程总体规模覆盖了门诊楼、科技楼、住院楼、综合楼、传染病研究所大楼。

（2）工程技术先进，设计合理。该系统按照 EIA/TIA—568 国际标准设计，工程采用一级集中式管理模式，水平线缆选用符合国际标准的 AT&T 非屏蔽 5 类双绞线，主干线选用8芯光缆，信息插座选用AMP 8位/8路模块化插座，符合Bellcore、OFNR、FDDI、EIA/TIA—568、IEEE802和ICEA标准。某医院网络布线采用金属线槽、PVC管和塑料线槽规范布线，除室内明线槽外，其余均在天花板吊顶内，布局合理。

（3）施工质量达到设计标准。在工程实施中，由某医院计算中心和某网络系统集成公司联合组成了工程指挥组，协调工程施工组、布线工程组和工程监测组，双方人员一起进行协调，监督工程施工质量，由于措施得当，保障了工程的质量和进度。工程实施完全按照设计的标准完成，做到了布局合理、施工质量高，对所有的信息点、电缆进行了自动化测试，测试的各项指标全部达到合格标准。

（4）文档资料齐全。网络系统集成公司为医院提供了翔实的文档资料。这些文档资料为工程的验收、计算机网络的管理和维护提供了必不可少的依据。

综合上述，医院计算机网络工程的方案设计合理、技术先进、工程实施规范、质量好。

布线系统具有较好的实用性、扩展性，各项技术指标全部达到设计要求，是“全卫工程”的一个良好开端。验收小组一致同意通过布线工程验收。

某医院计算机网络结构化布线工程验收小组

组长：×××

副组长：×××

2025年9月

四、验收技术文件（模板）

验收技术文件

建设项目名称：

建设单位：

施工单位：

20　年　月　日

验收技术总目录

工程名称：			
序　号	目　录	页　数	备　注
1	已安装设备清单		
2	设备安装工艺检查情况表		
3	线缆穿布检查记录表		
4	信息点电气测试记录表		
5	机柜安装检查记录表		
6	线缆配线信息点对应表		
7	网络拓扑图（附大图一份）		
8	系统集成测试记录表		

信息点电气测试记录表

项目名称：

项目编号：

信息总点数		其中	光纤信息点		检验总点数	
			网络信息点			
测试标准	TIA/EIA568A 、ISO/IECII801 标准				测试仪器	
设计单位			施工单位			
信息点检验结果						

序号	配线点	长度	信息点编号	时　延	时延差	近端串扰	直流电阻	回波损耗	结　果
1	光纤								
2	6 类线								
3	5 类线								

测量人：　　　　　　　　监督人：　　　　　　　　记录人：

已安装设备清单

项目名称：

项目编号：

序　　号	设备名称及型号	单　位	数　量	安装地点	备　注

注：1. 本报告一式两份，建设单位、施工单位各执一份。

2. 填写主要内容：中心机房、配线、终端设备的安装情况。

设备安装工艺检查情况表

项目名称：

项目编号：

序　号	检查项目	检查数量	检查情况	备　注
1	光纤熔接点			
2	光纤适配器安装			
3	PVC 线槽安装			
4	线盒、面板安装			
5	线缆敷设、固定、扎放			
6	RJ－45 模块端接			
7	机柜安装			
8	交换机安装			
9	配线架安装			
10	各类标识标注			

检查人员：　　　　　　　　记录人员：　　　　　　　　记录日期：

注：1. 本报告一式两份，建设单位、施工单位各执一份。

2. 报告填写主要内容：线槽安装，布线、接线盒、网络设备、辅助设备安装情况，标签标识等情况。

线缆穿布检查记录表

项目名称：

项目编号：

施工单位		施工负责人		完成日期	
工程完成检查情况记录					
序　号	规格型号	品　牌	根　数	均　长	备　注
1	光纤				
2	非屏蔽 6 类双绞线				
3	非屏蔽 5 类双绞线				
4					
检查情况					
1	线缆两端有无编号				
2	信息点有无编号				
3	有无线缆弯折情况				
	线缆是否有破损				
	线缆松紧、冗余				
	线槽安装、利用率				
	信息点安装是否标准美观				
	终端有无跳线				

检查人员：　　　　　　　　记录人员：　　　　　　　　记录日期：

注：本报告一式两份，建设单位、施工单位各执一份。

机柜安装检查记录表

项目名称：

项目编号：

<table>
<tr><td>施工单位</td><td colspan="2"></td><td>施工负责人</td><td></td><td>完成日期</td><td></td></tr>
<tr><td colspan="7">工程完成检查情况记录</td></tr>
<tr><td>序号</td><td>机柜型号</td><td>生产厂家</td><td>安装数量</td><td>安装地点</td><td>安装方式</td><td>备　注</td></tr>
<tr><td>1</td><td></td><td></td><td></td><td></td><td></td><td></td></tr>
<tr><td>2</td><td></td><td></td><td></td><td></td><td></td><td></td></tr>
<tr><td>3</td><td></td><td></td><td></td><td></td><td></td><td></td></tr>
<tr><td>4</td><td></td><td></td><td></td><td></td><td></td><td></td></tr>
<tr><td>5</td><td></td><td></td><td></td><td></td><td></td><td></td></tr>
<tr><td colspan="7">检查情况</td></tr>
<tr><td>1</td><td colspan="2">检查内容</td><td colspan="2">检查情况</td><td>检查数量</td><td>备注</td></tr>
<tr><td>2</td><td colspan="2">机柜外表安装美观有无划痕破损等</td><td colspan="2"></td><td></td><td></td></tr>
<tr><td>3</td><td colspan="2">安装是否稳固</td><td colspan="2"></td><td></td><td></td></tr>
<tr><td>4</td><td colspan="2">配线、理线是否方便</td><td colspan="2"></td><td></td><td></td></tr>
</table>

检查人员：　　　　　　　　　　记录人员：　　　　　　　　　　记录日期：

注：本报告一式两份，建设单位、施工单位各执一份。

线缆配线信息点对应表

项目名称：

项目编号：

序　　号	线缆号	配线号	信息点位置	IP 地址	备　　注

检查人员：　　　　　　　　　　记录人员：　　　　　　　　　　记录日期：

附录A

各级电子信息系统机房技术要求

项　　目	技术要求			备　　注
	A级	B级	C级	
机房位置选择				
距离停车场	不宜小于20 m	不宜小于10 m	—	
距离铁路或高速公路的距离	不宜小于800 m	不宜小于100 m	—	不包括各场所自身使用的机房
距离飞机场	不宜小于8 000 m	不宜小于1 600 m		不包括各场所自身使用的机房
距离化学工厂中的危险区域\ 垃圾填埋场	不宜小于400 m			不包括化学工厂自身使用的机房
距离军火库	不应小于1 600 m		不宜小于1 600 m	不包括军火库所自身使用的机房
距离核电站的危险区域	不宜小于1 600 m		不宜小于1 600 m	不包括核电站所自身使用的机房
有可能发生洪水的地区	不应设置机房		不宜设置机房	—
地震断层附近或有滑坡危险区域			不宜设置机房	—
高犯罪率的地区	不应设置机房	不宜设置机房	—	—
环境要求				
主机房温度（开机时）	(23 ±1) ℃		18 ~28 ℃	不得结露
主机房相对湿度（开机时）	40% ~55%		35% ~75%	
主机房温度（停机时）	(5 ~35) ℃			
主机房相对湿度（停机时）	40% ~70%		20% ~80%	

续表

项　目	技术要求			备　注
	A 级	B 级	C 级	
主机房和辅助区温度变化率（开\停机时）	<5 ℃/h		<10 ℃/h	不得结露
辅助区温度\相对湿度（开机时）	18~28 ℃，35%~75%			
辅助区温度\相对湿度（停机时）	5~35 ℃，20%~80%			
不间断电源系统电池室温度	15~25 ℃			
建筑与结构				
抗震设防分类	不应低于乙类	不应低于丙类	不宜低于丙类	-
主机房活荷载标准值（kN/m^2）	8~10 组合值系数 $\psi_c=0.9$ 频遇值系数 $\psi_f=0.9$ 准永久值系数 $\psi_q=0.8$			根据机柜的摆放密度确定荷载值
主机房吊挂荷载（kN/m^2）	1.2			
不间断电源系统室活荷载标准值（kN/m^2）	8~10			
电池室活荷载标准值（kN/m^2）	16			
监控中心活荷载标准值（kN/m^2）	6			
钢瓶间活荷载标准值（kN/m^2）	8			
电磁屏蔽室活荷载标准值（kN/m^2）	8~10			
主机房外墙设采光窗	不宜			
防静电活动地板的高度	不宜小于 400 mm			作为空调静压箱时
防静电活动地板的高度	不宜小于 250 mm			仅作为电缆布线使用时
屋面的防水等级	Ⅰ	Ⅰ	Ⅱ	—
空气调节				
主机房和辅助区设置空气调节系统	应		可	
不间断电源系统电池室设置空调降温系统	宜		可	

续表

项　　目	技术要求			备　　注
	A 级	B 级	C 级	
主机房保持正压	应		可	
冷冻机组、冷冻和冷却水泵	$N+X$ 冗余（$X=1\sim N$）	$N+1$ 冗余	N	
机房专用空调	$N+X$ 冗余（$X=1\sim N$）主机房中每个区域冗余 X 台	$N+1$ 冗余 主机房中每个区域冗余一台	N	
主机房设置采暖散热器	不应	不宜	允许但不建议	
电器技术				
供电电源	两个电源供电两个电源不应同时受到损坏		两回线路供电	
变压器	M（1+1）冗余（$M=1$，2，3…）		N	用电容量较大时，设置专用电力变压器供电
后备柴油发电机系统	N 或（$N+X$）冗余（$X=1\sim N$）	N 供电电源不能满足需求时	不间断电源系统的供电时间满足信息存储要求时，可不设置柴油发电机	
后备柴油发电机的基本容量	应包括不间断电源系统的基本容量、空调和制冷设备的基本容量、应急照明和消防等涉及生命安全的负荷容量			
柴油发电机燃料存储量	72 h	24 h		
不间断电源系统配置	$2N$ 或 M（$N+1$）冗余（$M=2$，3，4…）	$N+X$ 冗余（$X=1\sim N$）	N	
不间断电源系统电池备用时间	15 min 柴油发电机作为后备电源时		根据实际需要确定	
空调系统配电	双路电源（其中至少一路为应急电源），末端切换。采用放射式配电系统	双路电源，末端切换。采用放射式配电系统	采用放射式配电系统	
电子信息设备供电电源质量要求				
稳态电压偏移范围（%）	±3		±5	
稳态频率偏移范围（Hz）	±0.5			电池逆变工作方式
输入电压波形失真度（%）	≤5			电子信息设备正常工作时

续表

项目	技术要求			备注
	A级	B级	C级	
零地电压（V）	<2			应满足设备使用要求
允许断电持续时间（ms）	0~4	0~10		
不间断电源系统输入端THDI含量（%）	<15			3~39次谐波
机房布线				
承担信息业务的传输介质	光缆或六类及以上对绞电缆采用1+1冗余	光缆或六类及以上对绞电缆采用3+1冗余		
主机房信息点配置	不少于12个信息点，其中冗余信息点为总信息点的1/2	不少于8个信息点，其中冗余信息点为总信息点的1/4	不少于6个信息点	表中所列为一个工作区的信息点
支持区信息点配置	不少于4个信息点		不少于2个信息点	表中所列为一个工作区的信息点
采用实时只能管理系统	宜	可		
线缆标识系统	应在线缆两端打上标签			配电电缆宜采用线缆标识系统
通信缆线防火等级	应采用CMP级电缆，OFNP或OFCP光缆	宜采用CMP级电缆，OFNP或OFCP光缆		也可采用同级的其他电缆或光缆
公用电信配线网络接口	2个以上	2个	1个	
环境和设备监控系统				
空气质量	含尘浓度			离线定期检测
空气质量	温度、相对湿度、压差		温度、相对湿度	在线检测或通过数据接口将参数接入机房环境和设备监控系统中
漏水检测报警	装设漏水感应器			
强制排水设备	设备的运行状态			
集中空调和新风系统、动力系统	设备运行状态、滤网压差			
机房专用空调	状态参数：开关、制冷、加热、加湿、除湿报警参数、温度、相对湿度、传感器故障、压缩机压力、加湿器水位、风量			

续表

项目	技术要求			备注
	A级	B级	C级	
供配电系统（电能质量）	开关状态、电流、电压、有功功率、功率因数、谐波含量		根据需要选择	在线检测或通过数据接口将参数接入机房环境和设备监控系统中
不间断电源系统	输入和输出功率、电压、频率、电流、功率因数、负荷率； 电池输入电压、电流、容量； 同步/不同步状态、不间断电源系统/旁路供电状态、市电故障、不间断电源系统故障		根据需要选择	
电池	监控每一个蓄电池的电压、阻抗和故障	监控每一组蓄电池的电压、阻抗和故障		
柴油发电机系统	油箱（罐）油位、柴油机转速、输出功率、频率、电压、功率因数			
主机集中控制和管理	采用 KVM 切换系统			
安全防范系统				
发电机房、变配电室、不间断电源系统室、动力站室	出入控制（识读设备采用读卡器）、视频监视	入侵探测器	机械锁	
紧急出口	推杆锁、视频监视监控中心连锁报警		推杆锁	
监控中心	出入控制（识读设备采用读卡器）、视频监视		机械锁	
安防设备间	出入控制（识读设备采用读卡器）	入侵探测器	机械锁	
主机房出入口	出入控制（识读设备采用读卡器）或人体生物特征识别、视频监视	出入控制（识读设备采用读卡器）、视频监视	机械锁、入侵探测器	
主机房内	视频监视			
建筑物周围和停车场	视频监视			适用于独立建筑的机房
给水排水				